Digitale Führung und Zusammenarbeit

Conny H. Antoni • Ulrike Hellert •
Erich Latniak
Hrsg.

Digitale Führung und Zusammenarbeit

Konzepte, Tools, Erfahrungen für die Arbeitswelt 4.0

Springer Vieweg

Hrsg.
Conny H. Antoni
Arbeits-, Betriebs- und Organisationspsychologie
Universität Trier
Trier, Deutschland

Ulrike Hellert
Institut für Arbeit & Personal (ipa)
FOM Hochschule fuer Oekonomie und Management
Nürnberg, Deutschland

Erich Latniak
Institut Arbeit und Qualifikation
Universität Duisburg-Essen
Duisburg, Deutschland

ISBN 978-3-662-63763-0 ISBN 978-3-662-63764-7 (eBook)
https://doi.org/10.1007/978-3-662-63764-7

Die Deutsche Nationalbibliothek verzeichnet diese Publikation in der Deutschen Nationalbibliografie; detaillierte bibliografische Daten sind im Internet über https://portal.dnb.de abrufbar.

Dieses Werk wurde gefördert durch das Bundesministerium für Bildung und Forschung (BMBF) und den Europäischen Sozialfonds (ESF)

Planung/Lektorat: Alexander Grün
Springer Vieweg ist ein Imprint der eingetragenen Gesellschaft Springer-Verlag GmbH, DE und ist ein Teil von Springer Nature.
Die Anschrift der Gesellschaft ist: Heidelberger Platz 3, 14197 Berlin, Germany

Förderhinweis

Dieses Forschungs- und Entwicklungsprojekt wurde im Rahmen des Programms „Zukunft der Arbeit“ vom Bundesministerium für Bildung und Forschung (BMBF) und dem Europäischen Sozialfonds (ESF) mit den Förderkennzeichen 02L15A080, 02L15A081, 02L15A082, 02L15A083 und 02L15A085 gefördert und vom Projektträger Karlsruhe (PTKA) betreut.

Die Verantwortung für den Inhalt dieser Veröffentlichung liegt bei den Autoren.

GEFÖRDERT VOM

Bundesministerium für Bildung und Forschung

ESF Europäischer Sozialfonds für Deutschland

EUROPÄISCHE UNION

Zusammen. Zukunft. Gestalten.

BETREUT VOM

PTKA Projektträger Karlsruhe Karlsruher Institut für Technologie

vLEAD Digitale Teamarbeit

vLead – Modelle ressourcenorientierter und effektiver Führung digitaler Projekt- und Teamarbeit

Grußwort

Die Digitalisierung der Arbeit ermöglicht sowohl die zeitliche, räumliche und organisatorische Flexibilisierung als auch die Beschleunigung der Arbeit. Dank neuer Technologien sind die Beschäftigten in der Lage, immer und überall ‚online' zu sein, d. h. auch die Arbeit an die eigenen Lebensentwürfe und -phasen anzupassen. Gleichzeitig drohen Überforderung und Selbstgefährdung durch die Entgrenzung von Arbeits- und Privatleben. Führungskräfte sind zunehmend gefordert ihre Beschäftigten zu motivieren, Überlastungen zu identifizieren, digital vernetzte Teamprozesse zu koordinieren und die Beschäftigten in der Entwicklung ihrer Kompetenzen für digitale Arbeit zu unterstützen.

Im Vorhaben wurden deshalb Instrumente zur ressourcenorientierten und effektiven Führung digitaler Projekt- und Teamarbeit insbesondere für Kleine und Mittlere Unternehmen (KMU) partizipativ erforscht, entwickelt und erprobt. Diese wurden als Projektergebnis in der sogenannten vLead Toolbox zusammengefasst und veröffentlicht und dienen Führungskräften dabei, Anforderungen digitaler Arbeit zu identifizieren, Teamprozesse informationstechnisch zu unterstützen, Meetings und Innovationsprozessen partizipativ zu gestalten sowie Kompetenzen für die Projektarbeit zu entwickeln. Auf diese Weise förderte die vLead Toolbox die Innovations- und Leistungsfähigkeit sowie die Gesundheit der Führungskräfte und Beschäftigten unter den Bedingungen digitaler Arbeit.

Die Entwicklung und Erprobung der vLead Toolbox erfolgten in enger Abstimmung mit KMU-Netzwerken und Transferpartnern. Die Entwicklung der vLead Toolbox erfolgte dabei in vier Projektphasen. Von der Konzeptionierung und Erhebung mit qualitativer und quantitativer Ist-Analyse, über die partizipative Konzept- und Instrumentenentwicklung sowie die pilothafte Implementierung und Erprobung der vLead Tools bis zu deren Überprüfung auf die Transferfähigkeit, Optimierung und Veröffentlichung.

Die vLead-Toolbox und die zugehörigen Praxisleitfäden eröffneten insbesondere KMU kostengünstige, einfach handhabbare Alternativen im Vergleich zu bestehenden Angeboten. Die Projektergebnisse wurden in die Schulungs- und Ausbildungskonzepte der Verbundpartner integriert und weiteren Transferpartnern angeboten, um eine breite Umsetzung in KMU zu erreichen. Die wissenschaftlichen Partner haben die Ergebnisse in dafür geeigneten Formaten und Medien veröffentlicht und in ihre Lehrveranstaltungen integriert.

Die Partner in diesem Verbundprojekt wurden im Rahmen des Programms „Zukunft der Arbeit“ vom Bundesministerium für Bildung und Forschung (BMBF) und dem Europäischen Sozialfonds (ESF) gefördert. Allen sei an dieser Stelle gedankt, die mit ihrem Wissen, Engagement und ihren Erfahrungen an dieser richtungsweisenden Forschungs- und Entwicklungsarbeit mitgewirkt haben.

Stefan Scherr
Projektträger Karlsruhe (PTKA)
Produktion, Dienstleistung und Arbeit
Karlsruher Institut für Technologie (KIT)

Inhaltsverzeichnis

Autorenverzeichnis

Prof. Dr. Conny H. Antoni Abteilung für ABO-Psychologie, Universität Trier, Trier, Deutschland

Valeria Bernardy Abteilung für ABO-Psychologie, Universität Trier, Trier, Deutschland

Ulrike Grün Avalution GmbH, Kaiserslautern, Deutschland

Gaby Hampel perbit Software GmbH, Deutschland

Prof. Dr. Ulrike Hellert FOM Hochschule für Oekonomie& Management gemeinnützige Gesellschaft mbH, iap Institut für Arbeit & Personal, Essen, Deutschland

Lisa Krüger perbit Software GmbH, Deutschland

Dr. Erich Latniak Institut Arbeit und Qualifikation (IAQ), Universität Duisburg-Essen, Duisburg, Deutschland

Dr. Rebekka Mander FOM Hochschule für Oekonomie & Management gemeinnützige Gesellschaft mbH, iap Institut für Arbeit & Personal, Essen, Deutschland

Dr. Rebecca Müller Abteilung für ABO-Psychologie, Universität Trier, Trier, Deutschland

Anna T. Niesen Abteilung für ABO-Psychologie, Universität Trier, Trier, Deutschland

Matthias Quinten Data One GmbH, Saarbrücken, Deutschland

Jennifer Schäfer Institut Arbeit und Qualifikation (IAQ), Universität Duisburg-Essen, Saarbrücken, Deutschland

Dr. Rainer Trieb Human Solutions Verwaltungs GmbH, Kaiserslautern, Deutschland

1 Konzepte, Herausforderungen und Auswirkungen digitaler Führung und Zusammenarbeit

Conny H. Antoni, U. Hellert und Erich Latniak

Der Einsatz digitaler Informations- und Kommunikationstechnologien (IKT) und generativer künstlicher Intelligenz (KI), verändert nicht nur die Entwicklungs-, Produktions- und Dienstleistungsprozesse, etwa durch die automatisierte Analyse und Steuerung von Geschäftsprozessen, sondern auch der Führung und Zusammenarbeit. Die Nutzung digitaler IKT, seien es KI unterstützte Managementinformations-, Wissensmanagement- oder Videokonferenzsysteme und Kollaborationssoftware mit untereinander vernetzten Datenbanken, ermöglicht die zeitliche, räumliche und organisatorische Flexibilisierung und Beschleunigung der Arbeitsprozesse und eine mehr oder weniger starke Digitalisierung der Führung und Zusammenarbeit. Dies verändert die Anforderungen an Unternehmen und ihre Führungskräfte und deren Teammitglieder. Waren vor der Corona Pandemie vor allem globale Projektteams betroffen, wurden Unternehmen und Beschäftigten die veränderten Anforderungen digitaler Führung und Zusammenarbeit durch den in der Pandemie abrupt geforderten Wechsel vom Büro ins Homeoffice schnell in breiter Front bewusst (Chamakiotis et al., 2021).

C. H. Antoni (✉)
Abteilung für Arbeits-, Betriebs- und Organisationspsychologie, Universität Trier, Trier, Deutschland
E-Mail: antoni@uni-trier.de

U. Hellert
Institut für Arbeit und Personal (iap), FOM Hochschule für Oekonomie und Management, Nürnberg, Deutschland
E-Mail: ulrike.hellert@fom.de

E. Latniak
Institut Arbeit und Qualifikation, Universität Duisburg-Essen, Duisburg, Deutschland
E-Mail: erich.latniak@uni-due.de

C. H. Antoni et al. (Hrsg.), *Digitale Führung und Zusammenarbeit*,
https://doi.org/10.1007/978-3-662-63764-7_1

Auch nach dem Ende der Coronapandemie sind digitale Formen der Führung und Zusammenarbeit weit verbreitet. So arbeiteten in Deutschland 2022 nahezu doppelt soviele Erwerbstätige zumindest gelegentlich zu Hause wie vor der Pandemie (24 % zu 12 %). Im Bereich der Wissensarbeit lag der Anteil noch deutlich höher, so arbeiteten etwa 70 % bis 76 % der Beschäftigten von Versicherungen, Unternehmensverwaltungen und IT-Dienstleistungen auch von zu Hause aus (Destatis, 2024). In diesen Zahlen enthalten sind auch hybride Arbeitsformen, mit einer Durchmischung von Präsenz und digital vermittelter Führung und Zusammenarbeit. Trotz dieser unterschiedlichen und wechselnden Arbeitskonstellationen sind Unternehmen und Führungskräfte gefordert, möglichst alle Teammitglieder in den Kommunikationsprozess einzubinden (Bernardy et al., 2021).

Was unter digitaler Führung und Zusammenarbeit zu verstehen ist und welche Herausforderungen und Folgen damit verbunden sind, wird im Folgenden zunächst kurz skizziert. Es werden dann Ansätze und Instrumente zur ressourcenorientierten und effektiven Führung digitaler Projekt- und Teamarbeit skizziert, die insbesondere für Kleine und Mittlere Unternehmen (KMU) zur Bewältigung dieser Herausforderungen in dem Verbundforschungsprojekt v „vLead – Modelle ressourcenorientierter und effektiver Führung digitaler Projekt- und Teamarbeit“ partizipativ erforscht, entwickelt und erprobt wurden und die in den folgenden Kapiteln näher dargestellt werden.

1.1 Konzepte digitaler Führung und Zusammenarbeit

In der Literatur finden sich neben dem Begriff der digitalen Führung vor allem die Begriffe e-leadership (E-Führung; Aviolo & Kahai, 2003) und virtuelle Führung, die oft synonym verwandt werden (Antoni & Syrek, 2017). Sie beschreiben den über digitale IKT vermittelten Prozess sozialer Einflussnahme auf einzelne Beschäftigte, aber auch auf Gruppen und Organisationen, um Einstellungen, Gefühle, Denken, Verhalten und Leistung zu verändern (vgl. Avolio et al., 2000). Sozialer Einfluss mittels IKT kann von Personen ausgeübt werden (personale Führung), seien es Führungskräfte mit fachlicher und oder disziplinarer Weisungsbefugnis oder von gleichgestellten Personen im Rahmen der Selbstführung bzw. geteilten Führung, die in Dyaden und Teams in räumlicher Nähe oder auf Distanz erfolgen kann (Avolio et al., 2014). Aber auch IKT basierte Strukturen und Prozesse, wie die automatisierte Erfassung von Reaktions- und Bearbeitungszeiten, können das Arbeitsverhalten beeinflussen (strukturale Führung).

Die Begriffe digitale Führung und E-Führung betonen die digitale Vermittlung des Einfluss- bzw. Führungsprozesses mittels IKT, unabhängig davon, ob die Teammitglieder vor Ort oder räumlich und zeitlich verteilt sind (Sheninger, 2014). Dagegen beinhalten viele Definitionen virtueller Führung und Zusammenarbeit neben der digitalen Vermittlung der Einflussnahme und Kommunikation auch die Aspekte der räumlichen und zeitlichen Verteilung der Teammitglieder (Antoni, 2023; Gilson et al., 2015). Wenn Beschäftigte verteilt an verschiedenen Standorten und ggf. auch in verschiedenen Zeitzonen arbeiten wird bisweilen auch von Führung auf Distanz gesprochen (Hertel & Lauer, 2012). Auch diese kommt kaum ohne die Unterstützung elektronischer Medien aus.

Die Begriffe digitale und virtuelle Führung überlappen sich somit und lassen sich nicht eindeutig abgrenzen. Wir bevorzugen den Begriff der digitalen Führung, und sehen ihn gleichbedeutend mit dem von Avolio und Kollegen (2000; 2014) geprägten Begriff e-leadership. Beide Begriffe fokussieren im Unterschied zu dem der virtuellen Führung primär die digitale Vermittlung des Einfluss- bzw. Führungsprozesses. Digitale Führung beschreibt damit auch die digital vermittelte Einflussnahme, etwa einer Führungskraft, auf ein Teammitglied, bspw. mittels chat oder E-Mail, selbst wenn alle Beteiligten in einem Büro oder Tür an Tür arbeiten und bei anderer Gelegenheit auch persönlich kommunizieren. Digitale und Face-to-Face-Führung und Kommunikation in Präsenz können sich somit ergänzen, sodass der Digitalisierungsgrad der Kommunikation und Führung variieren kann. Gleiches gilt für den Begriff der digitalen Zusammenarbeit, der die mehr oder weniger stark IKT vermittelte Zusammenarbeit beschreibt.

Digitale Führung und Zusammenarbeit ist in verschiedensten Formen von Teams gefordert. Wurde vor der Corona Pandemie vor allem in globalen bzw. räumlich verteilten Projektteams digital zusammengearbeitet, gilt dies nun auch für lokale Projektteams und dauerhaft zusammenarbeitende Teams (Chamakiotis et al., 2021). In globalen Projekteams bearbeiten Teammitglieder in verschiedenen Ländern und über verschiedene Zeitzonen hinweg für eine begrenzte Zeit ein gemeinsames Projekt und sind häufig neben dem Projektleiter unterschiedlichen disziplinarischen Führungskräfte unterstellt. Um den Grad der virtuellen Zusammenarbeit zu bestimmen, werden neben dem Ausmaß und der Art der elektronisch vermittelten Kommunikation und der Merkmale der IKT, wie deren Informationsgehalt und Synchronizität, meist auch die räumliche und zeitzonenbezogene Verteilung und die kulturelle Heterogenität des Teams herangezogen (Antoni, 2023). Bei lokalen Teams können interkulturelle Faktoren zwar auch eine Rolle spielen, bei der Bestimmung des Grads der digitalen Zusammenarbeit steht aber Ausmaß und der Art der elektronisch vermittelten Kommunikation im Mittelpunkt. Bei hybriden Teams, bei denen ein ggfs. wechselnder Teil der Teammitglieder vor Ort, z. T. Face-to-Face, z. T. digital und ein anderer Teil räumlich verteilt digital zusammenarbeitet, spielt darüber hinaus eine Rolle, ob und wie sich diese Konfiguration verändert, und ob, und zu welchen Themen eine synchrone Kommunikation und Zusammenarbeit vor Ort stattfindet (Bernardy et al., 2021).

1.2 Herausforderungen digitaler Führung und Zusammenarbeit

Bereits bei Face-to-Face-Teams stellt die Entwicklung effektiver Teamprozesse und einer hohen Teamleistung, von Kreativität und Innovation hohe Anforderungen an die Zusammenarbeit und die Führung. Komplexe interdependente Aufgaben erfordern intensive, inhaltliche und zeitliche Abstimmungsprozesse in und zwischen Teams und der Führung. Bei digitaler Zusammenarbeit erhöhen sich diese Anforderungen weiter. Es fehlt der unmittelbare persönliche Kontakt und es gibt wenige Gelegenheiten zum informellen Austausch. Die Kommunikationskanäle und -wahrnehmungen sind eingeschränkt. Dadurch ist es schwieriger als bei Face-to-Face Kommunikation ein gemeinsames Aufgaben-

und Rollenverständnis zu entwickeln. Dies erschwert in der Folge die Koordination bei der Aufgabenbearbeitung. Ferner ist es schwieriger, Vertrauen und eine Identifikation mit dem Team aufzubauen und Missverständnisse in der Kommunikation zu vermeiden und Konfliktsignale zu erkennen (Breuer et al., 2016; Morrison-Smith & Ruiz, 2020), auch wenn Teams mit der Zeit lernen können, IKT-Defizite zumindest zum Teil zu kompensieren (Antoni, 2023, Handke & Wesche, 2024).

Die eingeschränkteren Kontakte und Wahrnehmungen bei IKT gestützter Kommunikation können es auch erschweren, die Arbeitsbelastung, das Wohlbefinden bzw. den Stress der Teammitglieder zu erkennen. Die IKT-Nutzung kann zu weiterem Stress (Technostress) führen, wenn sich Teammitglieder aufgrund der häufigen technischen Veränderungen unter Druck fühlen und glauben ständig präsent sein zu müssen (Gerlmaier, 2011; Tarafdar et al., 2015). Die Möglichkeiten immer und überall ‚online' zu sein, kann zur Entgrenzung von Arbeits- und Privatleben führen, die Balance von Arbeit und Privatleben erschweren und die Regeneration von Ressourcen und Entwickelung von Kompetenzen behindern.

Andererseits ermöglicht die Digitalisierung die zeitliche, räumliche und organisatorische Flexibilisierung der Arbeit und eröffnet Beschäftigten und Führungskräften damit die Chance, die Arbeit an die eigenen Lebensentwürfe und -phasen anzupassen und eigenverantwortlich zu gestalten. Gerade das damit verbundene große Motivationspotenzial kann jedoch zu einem erhöhten Risiko der Selbstgefährdung durch Überforderung führen. Daher ist es Aufgabe der Führungskräfte darauf zu achten, dass Teammitglieder auch bei digitaler Arbeit die Grenzen zwischen beruflicher Arbeit und anderen Lebensbereichen so ziehen, dass sie sich von der Arbeit erholen können (Latniak et al., 2016).

In dieser Hinsicht tragen Führungskräfte als Rollenvorbild besondere Verantwortung. Studien zeigen den Einfluss der Vorbildfunktion der Führungskraft für eine Work-Life Balance-förderliche Unternehmenskultur (Koch & Binnewies, 2015). Jedoch sind gerade die operativen Führungskräfte wie Projekt- oder Teamleitende in IT- und Entwicklungsbereichen selbst durch die Vielzahl ihrer Aufgaben mit einer erheblichen Aufgabenverdichtung konfrontiert und gesundheitlich besonders gefährdet (Latniak & Schäfer, 2021). Das Crowdsourcing von (Teil)Aufgaben, die international ausgeschrieben werden, steigert die standort-, unternehmensübergreifenden Koordinationsanforderungen an Führungskräfte weiter (Leimeister, 2014). Ihre Ressourcenfunktion können Führungskräfte jedoch nur erfüllen, wenn sie selbst gesund, handlungs- und leistungsfähig sind – gestresste Führungskräfte sind dazu nicht in der Lage. Zudem benötigen sie organisatorische Spielräume für eine gesundheitsförderliche Gestaltung der eigenen Arbeitsbedingungen wie auch der Arbeit ihrer Teams (Felfe, 2015).

Erfolgversprechende Ansatzpunkte für die Gestaltung digitaler Arbeitsprozesse liefern Konzepte der sozio-technischen Systemtheorie. Diese betonen die Notwendigkeit einer gemeinsamen Optimierung der technischen und sozialen Systeme, d. h. sowohl der digitalen IKT als auch der Kompetenzen und Bedürfnissen der Teammitglieder, damit sie in der Lage sind, die gestellten Anforderungen zu bewältigen. Wenn Teams mit sich dynamisch verändernden Anforderungen konfrontiert sind, postuliert die sozio-technische Systemtheorie Teamstrukturen, Technik und Teamkompetenzen so zu gestalten, dass die Teams in der

Lage sind, sich selbst zu regulieren (Bendel & Latniak, 2020). Die Digitalisierung der Arbeitsprozesse muss somit bewusst gestaltet werden, um die Innovations- und Leistungsfähigkeit von Teams und die Kompetenzen, Arbeits- und Lebensqualität und Gesundheit von Beschäftigten und Führungskräften zu fördern sowie Belastungen und Beanspruchungen zu reduzieren. Dabei gilt es die betroffenen Führungskräfte und Mitarbeitenden frühzeitig in die Analyse, Planung und Gestaltungsprozesse einzubeziehen. Durch die frühzeitige Partizipation können ihre Bedürfnisse, Interessen und vor Ort Kenntnisse berücksichtigt und zugleich ihre Gestaltungskompetenzen entwickelt werden (Latniak & Gerlmaier 2019).

Die Führung spielt somit für die Kompetenzentwicklung und nachhaltige Leistungsfähigkeit und die Gesunderhaltung der Beschäftigten eine zentrale Rolle. Kompetenzentwicklung umfasst auch die eigene Zeitkompetenz der Führungskräfte, der Teammitglieder und Teams als Ganzes sowie deren gegenseitiges Vertrauen. Ohne direkte Interaktionen ist Zeitkompetenz und Vertrauen deutlich schwieriger zu entwickeln als in Präsenzteams (Kremer & Janneck, 2013). Zeitkompetenz ist die Handlungsfähigkeit, die es einer Person ermöglicht, selbstorganisiert auch in ungewissen Situationen Zeit zu verwenden, um gesteckte Ziele zu erreichen (vgl. Hellert, 2014). Die Entwicklung von Vertrauen und von Zeit- und Selbstregulationskompetenz sind wichtige Ansatzpunkte für die Stärkung der Leistungsfähigkeit und Autonomie bei digitaler Führung und Zusammenarbeit (Mander et al., 2021).

Da Führungskräfte bei digitaler Teamarbeit nur sehr begrenzt direkte Steuerungsmöglichkeiten haben, sind sie gefordert, indirekte Steuerungsmöglichkeiten zu nutzen. Bell und Kozlowski (2002) vertreten sogar die These, dass bei verteilter und durch IKT vermittelter Arbeit effektive Teamarbeit nur gelingt, wenn Führungsaufgaben an das Team delegiert werden. Hierarchische personale Führung solle auf diese Weise durch geteilte und strukturelle Führung ergänzt werden. Bei digitaler Zusammenarbeit sei es für die Entwicklung effektiver Teamprozesse daher erforderlich, ein gemeinsames Verständnis der Teammitglieder (geteilte mentale Modelle) für die situativen Anforderungen, die Ziele und die zu deren fristgemäßen Erreichung erforderlichen Handlungsstrategien zu schaffen und die Aufgaben und Rollen im Team zu klären sowie für möglichst stabile Rahmenbedingungen und die erforderlichen personellen und materiellen Ressourcen zu sorgen und deren Entwicklung im Auge zu behalten und bei absehbaren Problemen möglichst proaktiv einzugreifen.

1.3 Auswirkungen digitaler Führung

Bislang liegen nur wenige Arbeiten vor, die Auswirkungen und Wirkungsmechanismen der Führung von IKT vermittelter Teamarbeit empirisch untersuchen (Liao, 2017). Zu ihnen gehört eine Studie zu virtueller Teamarbeit in der Hoch und Kozlowski (2014) empirische Belege für die These von Bell und Kozlowski (2002) fanden. Es zeigte sich, dass mit zunehmender geografischer Verteilung, Nutzung elektronischer Medien und kultureller Unterschiede, hierarchische Führung zu weniger Leistung führte, während geteilte Führung und strukturelle Unterstützung durch Führungskräfte, etwa durch Leistungsfeedback und Belohnung, zu höherer Teamleistung führten. Damit geteilte Führung zu diesen positiven

Ergebnissen führt, müssen Teammitglieder über die entsprechenden Selbstführungskompetenzen verfügen (Gilson et al., 2015). Ein Weg zur schrittweisen Entwicklung der erforderlichen Selbstführungskompetenzen könnte die sukzessive Einbindung der Teammitglieder in Entscheidungen sein. Dies erfordert intensive digitale Kommunikation zwischen Führungskräften und Teammitgliedern. So konnten Gajendran und Joshi (2012) zeigen, dass durch häufige Kommunikation und Austausch zwischen Führung und Mitgliedern global verteilter Teams, die Teammitglieder mehr Einfluss auf Entscheidungen erhalten und dadurch geteilte Führung und Teaminnovationen gefördert werden. Belege für die positiven Effekte partizipative Entscheidungsfindung fanden Hill und Bartol (2016). Ihre Ergebnisse belegen, dass je stärker Führungskräfte die Teammitglieder an Entscheidungen beteiligen, sich dies positiv auf das individuelle situative Entscheidungsverhalten und darüber vermittelt auf die Leistungen der Teammitglieder auswirkt. Darüber hinaus verbesserte die Beteiligung der Teammitglieder auch die Zusammenarbeit im Team und dadurch die Teamleistung. Zudem wurden diese Effekte stärker je räumlich verteilter die Teams arbeiteten.

Die Bedeutung der Führungskommunikation in global Teams unterstreichen auch die Befunde von Joshi et al. (2009), dass Führungskräfte das Teamcommitment und Vertrauen fördern, wenn sie den Mitgliedern eine überzeugende Vision für das Team vermitteln. Das Vertrauen in die Beziehung zur Führungskraft, dass die Führungskraft die Anliegen der Teammitglieder versteht und bei der Lösung von Problemen helfen würde, hängt wiederum mit der intrinsischen Motivation der Mitglieder globaler Teams zusammen. Darauf lassen die Ergebnisse von Hill et al. (2014) schließen. In deren Studie findet sich ein umso stärkerer positiver Zusammenhang zwischen der von den Teammitgliedern wahrgenommenen Qualität ihrer Beziehung zur Führung und ihrem wahrgenommenem „Empowerment", je mehr sie mittels IKT kommunizieren. Empowerment meint seine Arbeit als bedeutsam und sich als kompetent sowie autonom und einflussreich zu erleben. Ferner fanden sie vermittelt über das wahrgenommene Empowerment einen indirekten positive Zusammenhang der Qualität der Führung und der Arbeitszufriedenheit und dem Commmitment der Mitarbeitenden zum Unternehmen und zu der von der Führung beurteilten Leistung.

Neben dem Führungsverhalten und dem eigenen Verhalten als Rollenvorbild könnten Führungskräfte auch IKT gestützte Strukturen und Prozesse nutzen, um zu erkennen, wann ihr Team Unterstützung braucht, um Innovations- und Leistungsfähigkeit digitaler Projekt- und Teamarbeit sowie Work-(Learn)-Life Balance und Gesundheit der Teammitglieder und Führungskräfte zu fördern (Antoni et al., 2014; Malhotra et al., 2007). Diese Überlegung war Ausgangspunkt des Verbundprojekts „vLead" dessen Ergebnisse in diesem Buch präsentiert werden.

1.4 Beiträge und Beitragende in diesem Buch

In dem Verbundprojekt vLead analysierten wir die Anforderungen und Ressourcen sowie Ansatzpunkte zur Verbesserung digitaler Führung und Teamarbeit. Auf der Basis dieser Erkenntnisse wurden in Zusammenarbeit zwischen Wissenschaft und Unternehmen Instrumente und Ansätze entwickelt und erprobt, die verschiedene Aspekte der digitalen

Team-/Projektarbeit beleuchten und unterstützen. Diese werde im Folgenden kurz skizziert und in den folgenden Kapiteln des Buches näher dargestellt (weitere Infomationen und Materialien sowie die Zugänge zu den Tools finden sich auch auf der Website des Projektes www.vlead.de).

(1) Der Orgacheck zur Analyse des Stands digitaler Führung und Zusammenarbeit im Unternehmen.
(2) Der Teamcheck zur Analyse und Unterstützung für digitale Teamarbeit.
(3) Der Ideacheck zur Unterstützung digitaler Innovationsprozesse.
(4) Ansätze zur Unterstützung und Reflexion der Arbeitsbedingungen operativer Führungskräfte
(5) Kompass – Instrumente zur Entwicklung von Zeitkompetenz und Vertrauen bei digitaler Teamarbeit

1.4.1 OrgaCheck

Im zweiten Kapitel dieses Buches stellen Anna Niesen und Conny Antoni das vLead-Tool OrgaCheck dar, das im Teilprojekt der Abteilung Arbeits-, Betriebs- und Organisationspsychologie der Universität in Zusammenarbeit mit dem Unternehmen DataOne entwickelt wurde. Eine erfolgreiche Digitalisierung der Arbeit und der Geschäftsprozesse von Organisationen erfordert Veränderungen auf den drei Ebenen Technik, Organisation und Personal. Ziel des Orgachecks ist es, der Unternehmensleitung ein Führungsinstrument an die Hand zu geben, mit dem sie Stand und Herausforderungen der digitalen Führung und Zusammenarbeit aus Sicht von Führungskräften und Mitarbeitenden auf diesen drei Ebenen identifizieren können.

Mit dem Orgacheck kann anhand einer onlinebasierten Umfrage die Sicht von Führungskräften und Mitarbeitenden erfasst werden, welche Voraussetzungen im Unternehmen für die digitale Führung und Zusammenarbeit auf den Ebenen Technik, Organisation und Personal vorhanden sind oder geschaffen werden müssen, um effektive digitale Teamarbeit und Teamführung zu ermöglichen. Hierzu werden situative Bedingungen/Einflussfaktoren, Belastungen und Ressourcen sowie Effizienzindikatoren, auf diesen drei Ebenen betrachtet. Die Unternehmensleitung oder eine von ihr beauftragte Person kann mithilfe von vorgegebenen optionalen Fragemodulen eine Befragung einfach zusammenstellen. Fragemodule auf Ebene der Technik sind als Effizienzindikator die Zufriedenheit mit der Technik und als zentrale Einflussfaktoren einer effizienten digitalen Zusammenarbeit der Digitalisierungsgrad, die Nützlichkeit der digitalen Geschäftprozesse oder die Ausstattung und Funktionsfähigkeit der ITK. Fragemodule auf Ebene der Organisation sind als Effizienzindikatoren die Effektivität der Unternehmensprozesse und die Identifikation mit dem Unternehmen, sowie als Einflussfaktoren der IT-Support, die digitale Führung und Zusammenarbeit, sowie als Belastungen Erreichbarkeitserwartungen, Zeitdruck und Arbeitsunterbrechungen. Fragemodule auf der Ebene Personal sind als Effizienzindikatoren Nutzen der digitalen Zusammenarbeit, Informationsüberlastung, Zufriedenheit mit Auswirkungen von

Aspekten der digitalen Arbeit. Als zentrale Einflussfaktoren können Fragen zu ITK-Kompetenzen und zur Selbstführungskompetenz ausgewählt werden.

Die von der Unternehmensleitung ausgewählten Fragenmodule können dann von den Mitarbeitenden ausgefüllt werden. Dic Unternehmensleitung erhält unmittelbar nach Abschluss der Befragung eine automatisierte Auswertung und Ergebnisdarstellung sowie Hinweise für die Interpretation der Ergebnisse und Handlungsempfehlungen, als Anregung für Verbesserungsmaßnahmen. Diese Ergebnisrückmeldungen können für das gesamte Unternehmen oder einzelne Unternehmenseinheiten oder vorab definierten Kategorien von Mitarbeitenden erfolgen. Die Ergebnisse für einzelne Einheiten können dabei im Vergleich zu Ergebnis des Gesamtunternehmens dargestellt werden.

1.4.2 TeamCheck

Im dritten Kapitel dieses Buches stellen Rebecca Müller und Conny Antoni das vLead-Tool TeamCheck vor. Das Tool wurde ebenfalls im Teilprojekt der Abteilung Arbeits-, Betriebs- und Organisationspsychologie der Universität in Zusammenarbeit mit dem Unternehmen DataOne entwickelt. Mathias Quinten berichtet über seine Erfahrungen bei der Entwicklung und Erprobung des Tools im Unternehmen DataOne.

Digitale Teamarbeit ermöglicht zwar flexibel synchron und asynchron zusammenzuarbeiten, aber selbst bei synchroner Zusammenarbeit, etwa in Audio- oder Videokonferenzen, fehlen wichtige nonverbale Signale, was den Informationsaustausch erschweren kann. Asynchrone Zusammenarbeit kann zu zeitaufwendiger Informationssuche führen, wenn unklar ist, welche Informationen in welchem Medium dokumentiert sind. Ziel des Teamchecks ist es daher, Teams und Teamleitungen ein einfaches Instrument an die Hand zu geben, mit dem sie Informationsbedarfe und eventuelle Missverständnisse, z. B. zur Aufgaben- und Rollenverteilung im Team, schnell aufdecken sowie Stimmungsbilder bzw. Auslastung der Teammitglieder transparent machen können, um ein gemeinsam geteiltes Aufgaben- und Rollenverständnis (geteilte mentale Modelle) und eine vertrauensvolle und offene Zusammenarbeit zu entwickeln. Auf diese Weise kann die Effizienz virtueller Meetings und der digitalen Führungs- und Teamprozesse gefördert werden (DeChurch & Mesmer-Magnus, 2010).

Der TeamCheck bietet hierzu die Möglichkeit, kurze online Umfragen im Team anhand auswählbarer optionaler Fragemodule einfach zu erstellen und die Ergebnisse unmittelbar nach der Umfrage im Tool zu sehen. Die Fragenmodule umfassen die Vorstellungen der Teammitglieder zu Aufgaben und Rollen, aktuelle Anforderungen, Zeitplanung und Mediennutzung im Team, zu Aspekten von Teamprozessen, wie Vertrauen, Offenheit der Kommunikation, Lernprozesse und Teamsteuerung sowie eine Einschätzung der Arbeitsbelastung und der Teameffektivität. Ferner erhalten die Teams und die Teamleitung einen Ergebnisbericht als PDF-Datei zum download, der wissenschaftlich fundierte und aufbereitete Hinweise zur Gestaltung virtueller Meetings und der digitalen Zusammenarbeit im Team and Anregungen für die gemeinsame Reflexion zur Verbesserung der Teamprozesse gibt.

1.4.3 IdeaCheck

Im vierten Kapitel beschreiben Valeria Bernardy, Anna Niesen und Conny Antoni das vLead-Tool IdeaCheck als online Plattform zur Förderung von Innovationen in Unternehmen und berichten die Evaluationsergebnisse der Erprobung dieses Tools. Da digitale Arbeit den für Innovationen notwendigen Austausch und das Vertrauen zwischen Führungskräften und Teammitgliedern reduzieren (Breuer et al., 2016) kann, setzt der IdeaCheck an dieser Stelle an und ermöglicht es, Innovation im Unternehmen transparent zu gestalten und Mitarbeitende abteilungsübergreifend an Innovationen zusammenarbeiten zu lassen. Ulrike Grün und Rainer Trieb berichten über ihre Erfahrungen beim Einsatz des Idea-Checks bei der Human Solutions Gruppe.

Der IdeaCheck wurde im Teilprojekt der Abteilung Arbeits-, Betriebs- und Organisationspsychologie der Universität in Zusammenarbeit mit dem Unternehmen Human Solutions entwickelt. Ziel des IdeaChecks ist es, Mitarbeitende zu Innovationen zu motivieren und die Innovationsfähigkeit des Unternehmens zu stärken. Um dies zu erreichen, bietet der IdeaCheck die Möglichkeit, eigene Ideen sichtbar zu machen und Unterstützende im gesamten Unternehmen zu finden, die diese Idee fördern und mit vorantreiben. Durch transparente Prozesse, Entscheidungskriterien und Rückmeldungen ermöglicht er Orientierung, welche Art von Ideen vom Unternehmen erwünscht sind, welchen Kriterien sie genügen sollten und welche Schritte zu gehen sind, um Ideen bis hin zu Innovationen zu entwickeln. Zugleich ermöglicht der IdeaCheck einen Überblick darüber, welche Ideen im Unternehmen schon existieren und an welchen mitgearbeitet und die eigene Expertise eingebracht werden kann.

Der IdeaCheck ermöglicht es den gesamtem Innovationsprozess im Unternehmen, von der Idee im Anfangsstadium bis zur Umsetzungsentscheidung, abzubilden und zu begleiten. Hierzu werden diese Schritte im Tool digital dokumentiert und für alle Beschäftigten im Unternehmen sichtbar gemacht. Der IdeaCheck ist damit als *Wissensspeicher* von Ideen im Unternehmen nutzbar und erhöht die *Transparenz* und *Nachvollziehbarkeit* von Entscheidungsprozessen bei Innovationen. Der IdeaCheck knüpft dazu an die Stage-Gate-Struktur der Produktentwicklung (Cooper, 2014) an, wonach Idee unterschiedliche Stufen (Stages) durchlaufen und „Gates" passieren müssen, wo anhand vorher festgelegter Kriterien Bewertungsgremien entscheiden, ob der Übergang in die nächste Stufe erfolgen kann. Unternehmen können dabei das Tool individuell konfigurieren und die Anzahl der Stufen und Gates sowie die Art der Entscheidungskriterien für einzelne Unternehmensbereiche, Produkte oder Dienstleistungen festlegen.

Die transparente und partizipative Gestaltung des Innovationsprozesses mit Hilfe des Idea-Checks adressiert damit zentrale Erfolgsfaktoren für Innovationen auf individueller, Team- und Unternehmensebene (Amabile & Pratt, 2016). Auf individueller und Teamebene gehört hierzu, dass Teammitglieder intrinsisch motiviert sind, ihre jeweilige Fachexpertise in die Innovationsentwicklung einzubringen. Auf Unternehmensebene gehört dazu, dass sich die Unterstützung und Offenheit des Managements für neue Ideen und die Bereitschaft Risiken einzugehen in deren Aussagen und Verhalten zeigt. Dies zeigt sich in klaren Zielsetzungen, einer offenen Kommunikations-, Feedback- und Kollaborationskultur, in der Ideen ausgetauscht und gemeinsam weiterentwickelt werden können, sowie der Bereitstellung finanzieller, personeller und zeitlicher Ressourcen, um Ideen ausarbeiten zu können.

1.4.4 Ressourcenmanagement für operative Führungskräfte

Im vierten Kapitel stellen Erich Latniak und Jennifer Schäfer Ansätze zur Unterstützung und Reflexion der Arbeitsbedingungen operativer Führungskräfte vor, um diese in virtuellen Kontexten zu stärken und gesund zu erhalten, die im Teilprojekt des Instituts Arbeit und Qualifikation (IAQ) der Universität Duisburg-Essen entwickelt wurden. Als operative Führungskräfte bezeichnen sie Team- und Projektleitende. Teamleitende sind disziplinarisch und fachlich für ‚ihr' Team verantwortlich. Projektleitende tragen in der Regel für ihr(e) Projekt(e) die zeitlich befristete inhaltlich-fachliche Verantwortung. Operative Führungskräfte müssen zwischen den Interessen ihres Teams, ihrer internen und externen Kunden und den Interessen der höheren Führungskräfte vermitteln. Operativen Führungskräfte kommt einerseits eine zentrale Rolle für Erfolg und Leistungsfähigkeit virtueller Teams (Akin & Rumpf, 2013) und für die Gesundheit und Leistungsfähigkeit deren Mitglieder zu (Gregersen et al., 2011). Andererseits sind sie selbst oft stärkeren Stressoren ausgesetzt und haben geringere Ressourcen und erleben daher häufig stärkeren Stress als höhere Führungskräfte (Latniak, 2017; Pinto et al., 2016; Pangert & Schüpbach, 2011).

Ziel war es vor diesem Hintergrund, die Arbeitsbedingungen, Belastungen und Ressourcen der operativen Führungskräfte explorativ zu untersuchen, um ein Feedback- und Reflexionstool auf Screening-Niveau als Fragebogen zu erarbeiten, das die individuelle Reflexion der Arbeitsbedingungen und des Bewältigungshandelns der operativen Führungskräfte unterstützt. Zum anderen wurden Vorschläge für Maßnahmen in Form einer Handreichung ausgearbeitet, die operativen Führungskräfte individuell nutzbare Anregungen und Hilfen geben und so ein verbessertes individuelles Ressourcenmanagement fördern sollen. In dem Feedback- und Reflexionstool werden Ressourcen und Belastungen, individuelle und organisatorische Rahmenbedingungen sowie deren Auswirkungen auf Motivation und Befinden thematisiert. Als Ressourcen werden arbeitsorganisatorische und kapazitätsbezogene, Team- und soziale, Qualifikations- und persönliche sowie Bewältigungsressourcen erfragt. Bei den Belastungen wird nach Widersprüchen gefragt, mit denen sich die Operativen Führungskräfte konfrontiert sehen. Diese umfassen widersprüchliche Ziele, Widersprüche zwischen Aufgaben und Ausführungsbedingungen, zwischen Aneignung und Kapazität, zwischen Erwartungen und Zielen sowie widersprüchliche Anforderungen zwischen Arbeits- und Privatleben. Bei den Vorschlägen für Maßnahmen lag der Schwerpunkt auf individuell arbeitsgestaltenden Maßnahmen, wie z. B. die Nutzung von Blockzeiten und von über den Tag verteilten Kurzpausen, der Wechsel zwischen anspruchsvollen und weniger konzentrationsintensiven Aufgaben, und der gezielten Nutzung von Home-Office-Zeiten. Weitere Maßnahmen zielten auf die Verbesserung der Effektivität der digitalen Kommunikation und Zusammenarbeit, der Gestaltung der Teamarbeit sowie der Abgrenzung von Arbeits- und Privatleben und zur Regeneration.

1.4.5 Kompass Zeit & Vertrauen

Im sechsten Kapitel stellen Rebekka Mander und Ulrike Hellert die Entwicklung des Handbuchs „Kompass – Zeit & Vertrauen" und der Evaluation der darin beschriebenen Instrumente dar, das im Teilprojekt des iap Institut für Arbeit & Personal der FOM Hochschule für Oekonomie& Management entwickelt wurde. Gabi Hempel und Lisa Krüger von der perbit Software GmbH berichten über ihre Erfahrungen drei dieser Instrumente zur Verbesserung der virtuellen Zusammenarbeit und der agilen Unternehmenskultur in ihrem Unternehmen umzusetzen. Bei digitaler Zusammenarbeit ist der Aufbau von Teamvertrauen erschwert und Zeitkompetenz verstärkt gefordert. Unter Zeitkompetenz verstehen die Autorinnen die Handlungsfähigkeit einer Person, selbstorganisiert Zeit zu verwenden, um kreativ gesteckte Ziele zu erreichen, aber auch die Fähigkeit, mit den individuellen Zeitbedürfnissen anderer umzugehen. Das Handbuch fokussiert auf diese beiden Aspekte Zeitkompetenz und Vertrauen und beschreibt elf Instrumente die Teams und Teamleitungen nutzen können, um ihre Zeitkompetenz und ihr Vertrauen zu fördern und dadurch ihre digitale Teamarbeit weiterzuentwickeln.

Die elf Instrumente lassen sich drei Kategorien „Überblick", „Impulse" und „Zentrale Elemente" einordnen. Wie der Name bereits sagt, geben die Überblicksinstrumente eine Übersicht über Grundvoraussetzungen, grundlegende Maßnahmen und Verhaltensweisen bei virtueller Teamarbeit (Mander et al., 2020). Im Fokus des Kapitels stehen jedoch Instrumente der Katgeorien Impulse und zentrale Elemente. Zu den Impulsen gehören beispielsweise die Nutzung einer Checkliste (*Ready to fly*), um die Kommunikation und den Ablauf von Videokonferenzen zu verbessern; *der E-Coffee, um* sich bei einem persönlich auszutauschen; das *E-Daily*, um sich, z. B. täglich für 15 Minuten, zum Austausch über Telefon zu verabreden. Zu den zentralen Elementen gehören *E-Talk – Unsere Sprache,* um Teams zur Reflexion der Kommunikationsstrukturen und -regeln im Team anzuregen und um Kommunikation und Vertrauen zu verbessern. Das Tool *E-Leadership-Kompetenz* ermöglicht einen Selbst- und Fremdcheck der E-Leadership-Kompetenz und bietet Empfehlungen zu deren Verbesserung. Das *Dashboard* liefert, wie ein Cockpit, Informationen zur Aufgabenverwaltung auf Team-Ebene und auf individueller Ebene zum Umgang mit Zeit. Die *Vereinbarung – Zeit & Vertrauen* ermöglicht Teams die teaminternen Kommunikationsrichtlinien, die sie z. B. im *E-Talk* erarbeitet haben, verbindlich festzuhalten. Das Instrument *Overload – Wahrnehmung und Bewältigung von Überlast* liefert Informationen und Hilfestellungen bei der Einordnung und für die Bewältigung von Überlastsituation.

1.4.6 Fazit

In den folgenden Kapiteln werden die Tools bzw. Maßnahmen näher beschrieben, die im Verbundprojekt vLead entwickelt wurden. Hierzu werden jeweils die Konzepte, auf denen das Tool bzw. die Maßnahmen basieren, auf Basis der vorliegenden Literatur und den Ergebnissen der Untersuchungen bei den am Projekt vLead beteiligten Unternehmen erläutert, bevor das Tool bzw. die Maßnahmen detailliert vorgestellt werden. Im nächsten Schritt werden die Erfahrungen und Evaluationsergebnisse berichtet, die bei der Erprobung der Tools und Maßnahmen bei den beteiligten Unternehmen gesammelt wurden.

Literatur

Akin, N., & Rumpf, J. (2013). Führung virtueller Teams. *Gruppendynamik und Organisationsberatung, 44*(4), 373–387. https://doi.org/10.1007/s11612-013-0228-9

Amabile, T. M., & Pratt, M. G. (2016). The dynamic componential model of creativity and innovation in organizations: Making progress, making meaning. *Research in Organizational Behavior, 36*, 157–183. https://doi.org/10.1016/j.riob.2016.10.001

Antoni, C. H. (2023). Virtual teams and digital collaboration. In C. H. Antoni (Hrsg.), *Oxford research encyclopedia of psychology*. Oxford University Press. https://doi.org/10.1093/acrefore/9780190236557.013.881

Antoni, C. H., Friedrich, P., Haunschild, A., Josten, M., & Meyer, R. (Hrsg.). (2014). *Work-Learn-Life-Balance in der Wissensarbeit: Herausforderungen, Erfolgsfaktoren und Gestaltungshilfen für die betriebliche Praxis*. Springer VS. https://doi.org/10.1007/978-3-658-04079-6

Antoni, C. H., & Syrek, C. (2017). Digitalisierung der Arbeit: Konsequenzen für Führung und Zusammenarbeit. Gruppe. Interaktion. *Organisation. Zeitschrift für Angewandte Organisationspsychologie (GIO), 48*(4), 247–258. https://doi.org/10.1007/s11612-017-0391-5

Avolio, B. J., & Kahai, S. S. (2003). Adding the "E" to E-Leadership: How it may impact your leadership. *Organizational Dynamics, 31*(4), 325–338. https://doi.org/10.1016/S0090-2616(02)00133-X

Avolio, B. J., Kahai, S., & Dodge, G. E. (2000). E-leadership. *The Leadership Quarterly, 11*(4), 615–668. https://doi.org/10.1016/S1048-9843(00)00062-X

Avolio, B. J., Sosik, J. J., Kahai, S. S., & Baker, B. (2014). E-leadership: Re-examining transformations in leadership source and transmission. *The Leadership Quarterly, 25*(1), 105–131. https://doi.org/10.1016/j.leaqua.2013.11.003

Bell, B. S., & Kozlowski, S. W. J. (2002). A typology of virtual teams: Implications for effective leadership. *Group & Organization Management, 27*(1), 14–49. https://doi.org/10.1177/1059601102027001003

Bendel, A., & Latniak, E. (2020). Soziotechnisch – agil – lean: Konzepte und Vorgehensweisen für Arbeits- und Organisationsgestaltung in Digitalisierungsprozessen. Gruppe. Interaktion. Organisation. *Zeitschrift für Angewandte Organisationspsychologie (GIO), 51*(3), 285–297. https://doi.org/10.1007/s11612-020-00528-8

Bernardy, V., Müller, R., Röltgen, A. T., & Antoni, C. H. (2021). Führung hybrider Formen virtueller Teams – Herausforderungen und Implikationen auf Team- und Individualebene. In S. Mütze-Niewöhner, W. Hacker, T. Hardwig, S. Kauffeld, E. Latniak, M. Nicklich, & U. Pietrzyk (Hrsg.), *Projekt- und Teamarbeit in der digitalisierten Arbeitswelt* (S. 115–138). Springer. https://doi.org/10.1007/978-3-662-62231-5_6

Breuer, C., Hüffmeier, J., & Hertel, G. (2016). Does trust matter more in virtual teams? A meta-analysis of trust and team effectiveness considering virtuality and documentation as moderators. *Journal of Applied Psychology, 101*(8), 1151–1177. https://doi.org/10.1037/apl0000113

Chamakiotis, P., Panteli, N., & Davison, R. M. (2021). Reimagining e-leadership for reconfigured virtual teams due to Covid-19. *International Journal of Information Management, 60*, 102381. https://doi.org/10.1016/j.ijinfomgt.2021.102381

Cooper, R. G. (2014). What's next?: After stage-gate. *Research-Technology Management, 57*(1), 20–31. https://doi.org/10.5437/08956308X5606963

DeChurch, L. A., & Mesmer-Magnus, J. R. (2010). The cognitive underpinnings of effective teamwork: A meta-analysis. *Journal of Applied Psychology, 95*(1), 32–53. https://doi.org/10.1037/a0017328

Destatis. (2024). *Zahl der Woche Nr. 28 vom 11. Juli 2023*. Destatis. https://www.destatis.de/DE/Presse/Pressemitteilungen/Zahl-der-Woche/2023/PD23_28_p002.html

Felfe, J. (2015). *Trends der psychologischen Führungsforschung: Neue Konzepte, Methoden und Erkenntnisse*. Hogrefe.

Gajendran, R. S., & Joshi, A. (2012). Innovation in globally distributed teams: The role of LMX, communication frequency, and member influence on team decisions. *Journal of Applied Psychology, 97*(6), 1252–1261. https://doi.org/10.1037/a0028958

Gerlmaier, A. (2011). Stress und Burnout bei IT-Fachleuten – auf der Suche nach Ursache. In A. Gerlmaier & E. Latniak (Hrsg.), *Burnout in der IT-Branche: Ursachen und betriebliche Prävention* (S. 53–90). Asanger.

Gilson, L. L., Maynard, M. T., Jones Young, N. C., Vartiainen, M., & Hakonen, M. (2015). Virtual teams research: 10 years, 10 themes, and 10 opportunities. *Journal of Management, 41*(5), 1313–1337. https://doi.org/10.1177/0149206314559946

Gregersen, S, Kuhnert, S, Zimber, A, & Nienhaus A. (2011). Führungsverhalten und Gesundheit – Zum Stand der Forschung. *Gesundheitswesen (Bundesverband der Ärzte des Öffentlichen Gesundheitsdienstes (Germany)) 73*(1):3–12. https://doi.org/10.1055/s-0029-1246180.

Handke, L., & Wesche, J. S. (2024). Virtuelle Teamarbeit: Was sie kennzeichnet, wie sie wirkt und wie man sie gestaltet. *Psychologische Rundschau, 50*, 33–41. https://doi.org/10.1026/0033-3042/a000661

Hellert, U. (2014). *Arbeitszeitmodelle der Zukunft. Arbeitszeiten flexibel und attraktiv gestalten*. Haufe.

Hertel, G., & Lauer, L. (2012). Führung auf Distanz und E-Leadership – die Zukunft der Führung? In S. Grote (Hrsg.), *Die Zukunft der Führung* (S. 103–117). Springer.

Hill, N. S., & Bartol, K. M. (2016). Empowering leadership and effective collaboration in geographically dispersed teams. *Personnel Psychology, 69*(1), 159–198. https://doi.org/10.1111/peps.12108

Hill, N. S., Kang, J. H., & Seo, M.-G. (2014). The interactive effect of leader–member exchange and electronic communication on employee psychological empowerment and work outcomes. *The Leadership Quarterly, 25*(4), 772–783. https://doi.org/10.1016/j.leaqua.2014.04.006

Hoch, J. E., & Kozlowski, S. W. J. (2014). Leading virtual teams: Hierarchical leadership, structural supports, and shared team leadership. *Journal of Applied Psychology, 99*(3), 390–403. https://doi.org/10.1037/a0030264

Joshi, A., Lazarova, M. B., & Liao, H. (2009). Getting Everyone on Board: The Role of Inspirational Leadership in Geographically Dispersed Teams. *Organization Science, 20*(1), 240–252. https://doi.org/10.1287/orsc.1080.0383

Koch, A. R., & Binnewies, C. (2015). Setting a good example: Supervisors as work-life-friendly role models within the context of boundary management. *Journal of Occupational Health Psychology, 20*(1), 82–92. https://doi.org/10.1037/a0037890

Kremer, M., & Janneck, M. (2013). Kommunikation und Kooperation in Virtuellen Teams. *Gruppendynamik und Organisationsberatung, 44*(4), 361–371.

Latniak, E. (2017). Ressourcenstärkende Führung – operative Führungskräfte in virtuellen Kontexten. Gruppe. Interaktion. Organisation. *Zeitschrift für Angewandte Organisationspsychologie (GIO), 48*(4), 263–271. https://doi.org/10.1007/s11612-017-0389-z

Latniak, E., Gerlmaier, A., & Hinrichs, S. (2016). Arbeitslebensphasensensibles Erholungsmanagement. In A. Gerlmaier, K. Gül, U. Hellert, T. Kämpf, & E. Latniak (Hrsg.), *Praxishandbuch lebensphasenorientiertes Personalmanagement. Fachkräftepotenziale in technischen Entwicklungsbereichen erschließen und fördern* (S. 269–283). Springer Gabler.

Latniak, E., & Gerlmaier, A. (2019). Ende der Arbeitsgestaltung durch Digitalisierung? Herausforderungen für Prävention und Arbeits- gestaltung in einer digitalisierten Produktion. In A. Gerlmaier & E. Latniak (Hrsg.), *Handbuch psycho-soziale Gestaltung digitaler Produktionsarbeit. Gesundheitsressourcen stärken durch organi- sationale Gestaltungskompetenz* (S. 19–36). Springer.

Latniak, E., & Schäfer, J. (2021). Belastungs- und Ressourcensituation 4 operativer Führungskräfte bei virtueller Teamarbeit. Herausforderungen für die Gestaltung der Arbeit. In S. Mütze-Niewöhner, E. Latniak, T. Hardwig, M. Nicklich, W. Hacker, M. Harlacher, U. Pietrzyk, & S. Kauffeld (Hrsg.), *Projekt- und Teamarbeit in der digitalisierten Arbeitswelt* (S. 75–95). Springer Vieweg.

Leimeister, J. M. (2014). *Collaboration Engineering. IT-gestützte Zusammenarbeitsprozesse systematisch entwickeln und durchführen*. Springer Gabler.

Liao, C. (2017). Leadership in virtual teams: A multilevel perspective. *Human Resource Management Review, 27*(4), 648–659. https://doi.org/10.1016/j.hrmr.2016.12.010

Malhotra, A., Majchrzak, A., & Rosen, B. (2007). Leading Virtual Teams. *Academy of Management Perspectives, 21*(1), 60–70. https://doi.org/10.5465/amp.2007.24286164

Mander, R., Müller, F., & Hellert, U. (2020). *Kompass – Zeit & Vertrauen (eBook)*. MA Verlag.

Mander, R., Müller, F., & Hellert, U. (2021). Mindset für Zeit- und Handlungsspielraum: Handlungsempfehlungen für Führungskräfte virtueller Teams. In S. Mütze-Niewöhner, W. Hacker, T. Hardwig, S. Kauffeld, E. Latniak, M. Nicklich, & U. Pietrzyk (Hrsg.), *Projekt- und Teamarbeit in der digitalisierten Arbeitswelt* (S. 139–154). Springer. https://doi.org/10.1007/978-3-662-62231-5_7

Morrison-Smith, S., & Ruiz, J. (2020). Challenges and barriers in virtual teams: A literature review. *SN Applied Sciences, 2*(6), 1096. https://doi.org/10.1007/s42452-020-2801-5

Pangert, B., & Schüpbach, H. (2011). Arbeitsbedingungen und Gesundheit von Führungskräften auf mittlerer und unterer Hierarchieebene. In B. Badura, A. Ducki, H. Schröder, J. Klose, & K. Macco (Hrsg.), *Fehlzeiten-Report 2011: Führung und Gesundheit: Zahlen, Daten, Analysen aus allen Branchen der Wirtschaft* (S. 71–79). Springer. https://doi.org/10.1007/978-3-642-21655-8_7

Pinto, J. K., Patanakul, P., & Pinto, M. B. (2016). Project personnel, job demands, and workplace burnout: The differential effects of job title and project type. *IEEE Transactions on Engineering Management, 63*(1), 91–100. https://doi.org/10.1109/TEM.2015.2509163

Sheninger, E. (2014). *Digital leadership: Changing paradigms for changing times*. Sage.

Tarafdar, M., Pullins, E. B., & Ragu-Nathan, T. S. (2015). Technostress: Negative effect on performance and possible mitigations. *Information Systems Journal, 25*(2), 103–132. https://doi.org/10.1111/isj.12042

vLead-OrgaCheck – Identifikation von Stellschrauben zur Verbesserung der digitalen Zusammenarbeit

2

Conny H. Antoni und A. T. Niesen

Im folgenden Kapitel wird das Online-Befragungs- und Feedback-Instrument OrgaCheck dargestellt, das im Rahmen des Forschungsprojekts „vLead" von Conny Antoni und Anna Niesen unter Mitarbeit von Valeria Bernardy und Rebecca Müller an der Universität Trier in Zusammenarbeit mit Mathias Quinten und dem Unternehmen DataOne entwickelt wurde. Mit dem Instrument können, alle Führungskräfte und Mitarbeitenden eines Unternehmens befragt werden, welche Voraussetzungen im Unternehmen für die digitale Führung und Zusammenarbeit auf den Ebenen Technik, Organisation und Personal (TOP) vorhanden sind oder geschaffen werden müssen, um effektive digitale Teamarbeit und Teamführung zu ermöglichen. Als Feedbackinstrument bietet der OrgaCheck eine automatisierte Auswertung und Ergebnisdarstellung für das Gesamtunternehmen und für einzelne Abteilungen. Im Folgenden werden zunächst die Bedeutung der Digitalisierung für kleine und mittelständische Unternehmen (KMU) und die damit verbundenen Chancen und Risiken digitaler Zusammenarbeit in Unternehmen auf Basis der vorliegenden Forschung dargestellt. Im Anschluss werden die Ergebnisse der Ist-Analyse in zwei KMUs aus dem IT-Bereich in Deutschland und die Konzeption des OrgaCheck mit seinen Funktionalitäten beschrieben. Daran anschließend werden die Ergebnisse und Erfahrungen der Erprobung des OrgaChecks dargestellt. Diese umfassen zum einen den Erfahrungsbericht eines Unternehmens zu den Einsatzmöglichkeiten und zum anderen die Ergebnisse der empirischen Evaluation des OrgaCheck. Das Kapitel schließt mit einem Ausblick auf die Einsatzmöglichkeiten und den Nutzen des OrgaChecks.

C. H. Antoni (✉) · A. T. Niesen
Abteilung für Arbeits-, Betriebs- und Organisationspsychologie, Universität Trier, Trier, Deutschland
E-Mail: antoni@uni-trier.de

C. H. Antoni et al. (Hrsg.), *Digitale Führung und Zusammenarbeit*,
https://doi.org/10.1007/978-3-662-63764-7_2

2.1 Der OrgaCheck zur Prüfung von technischen, organisationalen und personalen Voraussetzungen digitaler Zusammenarbeit

Anna T. Niesen und Conny H. Antoni

Der im Projekt vLead entwickelte OrgaCheck (orgacheck.vlead.de) richtet sich an Unternehmen, insbesondere KMUs, in denen die Zusammenarbeit ganz oder in Teilen digital bzw. virtuell erfolgt. Digitale oder virtuelle Zusammenarbeit bezieht sich auf den Einsatz digitaler Medien für die Kommunikation (z. B. Email, Telefon, Videokonferenzen) und Dokumentation (z. B. Ticketsysteme, Datenbanken). Durch digitale Medien kann die persönliche (Face-to-Face) Zusammenarbeit am gleichen Standort unterstützt werden oder die Zusammenarbeit insbesondere bei geografisch verteilten Teams medienvermittelt erfolgen (Hertel et al., 2005). Im Folgenden sprechen wir in diesen Fällen von digitaler Zusammenarbeit. Die Ausprägung der Digitalität von Teams kann dementsprechend variieren und unterscheidet sich auch zwischen Teams innerhalb eines Unternehmens. Teams, die ganz oder in Teilen digital zusammenarbeiten, werden nachfolgend einheitlich als *digitale Teams* bezeichnet und bilden die Zielgruppe des OrgaChecks.

Der OrgaCheck ist ein Führungsinstrument, welches durch eine Organisationsdiagnose Unternehmen dabei unterstützt, einen Überblick über die Ausprägung von Voraussetzungen für gelingende digitale Zusammenarbeit (Belastungen und Ressourcen) sowie deren Verlauf zu bekommen. Der OrgaCheck unterstützt damit Führungs- und Verbesserungsprozesse sowie die Transparenz über die für erfolgreiche digitale Zusammenarbeit wichtigen Aspekte. Die Organisationsdiagnose erfolgt auf drei Ebenen: Technik, Organisation und Personal (Individuum). Hierfür nutzt der OrgaCheck eine onlinebasierte Umfrage, die von der Unternehmensführung aufgesetzt und von den Mitarbeitenden ausgefüllt wird, sowie eine automatisierte Auswertung und Ergebnisdarstellung. Für die Praxis empfehlen wir im Rahmen von Digitalisierungsprozessen einen Einsatz alle zwölf Monate, um zuverlässige Verlaufsdaten zu erhalten.

2.1.1 Digitalisierung als zentraler Wettbewerbsfaktor

Der Mittelstand bildet das Rückgrat der deutschen Wirtschaft. Insbesondere kleine und mittelständische Unternehmen (KMUs) mit maximal 249 Beschäftigten stellten mit 3,1 Mio. Unternehmen den größten Anteil im Jahre 2022. Sie beschäftigten rund 55 % der arbeitenden Personen in Deutschland (Destatis, 2024). Zum Erhalt der Wettbewerbsfähigkeit ist auch für diese Unternehmen eine erfolgreiche Digitalisierung entscheidend. Allerdings verläuft diese bisher eher schleppend. Die Ursachen liegen insbesondere in hohen Investitionskosten aufgrund fehlender technologischer Infrastruktur sowie in den Herausforderungen an die IT-Sicherheit und in der mangelnden IT-Kompetenz (Saam et al., 2016).

Wie wichtig die Digitalisierung für die Wettbewerbsfähigkeit von KMU ist, zeigte sich in der Corona Krise. Von heute auf morgen mussten Logistikprozesse und die Zusammenarbeit mit Lieferanten, Mitarbeitenden und Kunden digitalisiert werden. Arbeiteten beispielsweise 2020 vor der Coronakrise nur ca. 4 % der Arbeitnehmenden von zu Hause, erhöhte sich Zahl der Mitarbeitenden im Home-Office während des ersten Lockdowns sprunghaft auf 27 % (Statista, 2024). Nicht zuletzt durch diese Umstände setzen Unternehmen vermehrt moderne Tools für die digitale Kommunikation und Zusammenarbeit ein.

Digitale Zusammenarbeit ist jedoch nicht nur zwischen Standorten und mit mobil oder im Home-Office arbeitenden Mitarbeitenden gefordert, sondern auch am gleichen Standort: angefangen bei digitalen Dokumentationssystemen über Emails und Chats, die zwischen Nachbarbüros ausgetauscht werden, bis hin zur Arbeit beim Kunden vor Ort.

Um die Digitalisierung des Unternehmens erfolgreich gestalten zu können, ist es jedoch wichtig, die Chancen und Risiken bzw. die Herausforderungen zu kennen, die mit der Digitalisierung verbunden sind. Diese betreffen nicht nur technische Fragen, sondern auch das Zusammenspiel von Technik, Organisation und Personal.

2.1.2 Chancen und Herausforderungen digitaler Zusammenarbeit

Digitalisierung eröffnet vielfältige Möglichkeiten, Mitarbeitende innerhalb eines Standorts sowie an unterschiedlichen Standorten miteinander zu vernetzen. Im Idealfall stärkt digitale Arbeit die Vereinbarkeit von Berufs- und Privatleben und ermöglicht den potenziell unbegrenzten Zugriff auf Wissen und die bessere Erreichbarkeit des benötigten Ansprechpartners oder Ansprechpartnerin, sodass Projekte und Teilaufgaben effektiv und effizient erledigt werden können (Altun, 2018; Antoni & Syrek, 2017). Praxisbeispiele zeichnen allerdings häufig ein anderes Bild: In der Kommunikation via E-Mail kommt es oft zu Missverständnissen und es werden keine Rückfragen gestellt, obwohl Themen unklar bleiben. Die Menge an Emails kann dennoch schnell zur Flut werden und Mitarbeitende erleben immer häufiger Informationsüberlastung. Außerdem ist die Dokumentation lückenhaft, Hard- und Software sind fehleranfällig und der zuverlässige Zugriff auf relevante Dokumente ist nicht gegeben.

Dementsprechend stellt digitale Zusammenarbeit Unternehmen vor vielfältige Herausforderungen auf den Ebenen Technik, Organisation und Personal. Auf Technikebene ist zuverlässige Hard- und Software gefordert, die zu den Geschäftsprozessen passt; auf Organisationsebene sind Führungsprozesse, das Schaffen von Rahmenbedingungen und das Aufstellen von Regeln entscheidende Voraussetzungen für erfolgreiche digitale Arbeit; auf Ebene des Personals sind beispielsweise Selbstführungskompetenzen und Kenntnisse im Umgang mit digitalen Medien gefordert.

Ob die digitalisierte Zusammenarbeit in Unternehmen funktioniert oder nicht, zeigt sich oft erst im Arbeitsergebnis. Die retrospektive Ursachenforschung gestaltet sich entsprechend schwierig. Mögliche Ursachen sind vielfältig und es fehlt an einer Methode, diese systematisch abzufragen und zu bewerten sowie Schwierigkeiten rechtzeitig zu diagnostizieren, um früh genug gegensteuern zu können.

An dieser Stelle setzt der OrgaCheck an: Er bietet eine ökonomische, genaue und ganzheitliche Diagnostik der vorhandenen Voraussetzungen digitalisierter Zusammenarbeit auf den Ebenen Technik, Organisation und Personal. Neben Handlungsbedarfen werden zudem Handlungsmöglichkeiten aufgezeigt, wie die Digitalisierung auf den Ebenen Technik, Organisation und Personal verbessert werden kann. Betriebliche Digitalisierung wird damit als sozio-technische Systemgestaltung verstanden, bei der es darum geht, das Zusammenspiel von Technik, Organisation und Personal innerhalb durchgängiger digitaler Geschäftsprozesse vom Kunden bis zum Lieferanten zu verbessern.

Um die relevanten Faktoren auf den Ebenen Technik, Organisation und Personal (TOP) zu erfassen, wurde zunächst der aktuelle Forschungsstand zu den zentralen Anforderungen bzw. Belastungen, Ressourcen und Beanspruchungen der Digitalisierung erfasst.

2.1.2.1 Was sind die Besonderheiten digitaler Zusammenarbeit?

Folgende Aspekte sind typische Herausforderungen bei digitaler Zusammenarbeit (Antoni, 2023): Der Austausch zwischen Mitarbeitenden und Führungskraft findet im Vergleich zu persönlicher Zusammenarbeit seltener statt, da es weniger Gelegenheiten gibt sich auszutauschen (Neufeld et al., 2010). Zum Beispiel werden Informationen seltener informell weitergegeben (z. B. durch sog. ‚Flurfunk'). Der Austausch ist zugleich in der Qualität eingeschränkt, da digitale Medien im Vergleich zur face-to-face Kommunikation meist weniger vor allem nonverbale Kommunikationskanäle besitzen und damit weniger reichhaltig sind und etwa bei Emails nur eine zeitverzögerte asynchrone Kommunikation erlauben (Daft & Lengel, 1986). Digitale Zusammenarbeit erfordert daher in vielerlei Hinsicht explizite Koordination und geplante Kommunikation sowie ein bewusstes Monitoring der Kommunikation.

Vertrauen unter den Mitarbeitenden und zur Führungskraft spielt bei digitaler Zusammenarbeit eine ebenso wichtige Rolle wie im persönlichen Kontakt, ist aber wesentlich schwieriger aufzubauen (Zaccaro & Bader, 2003). Für die Kommunikation im Team bedeutet dies, dass es Aufgabe der Führungskraft ist, Verhaltensregeln zu etablieren, Fortschritte im digitalen Arbeitsraum sichtbar zu machen und Herausforderungen in der Zusammenarbeit anzusprechen. Die Führungskraft sollte die aktive Vernetzung innerhalb des Teams fördern (Schönfelder, 2019). Nicht nur die Kommunikation im Team, sondern auch der bilaterale Austausch zwischen Führungskraft und Mitarbeitenden kann zur Vertrauensbildung bei digitaler Zusammenarbeit beitragen. Hier spielt neben hilfreicher Rückmeldung zur Arbeitsleistung sowie Lob und Interesse an den Mitarbeitenden auch die Kommunikationsfähigkeit der Führungskraft eine wichtige Rolle (Bernardy et al., 2020). Klarer und verständlicher Ausdruck und das Einhalten von Abmachungen sind für beide Seiten entscheidende Faktoren für das Vermeiden von Missverständnissen sowie für Arbeitszufriedenheit und Engagement. In der Praxis zeigt sich, dass Teammitglieder bei digitaler Zusammenarbeit weniger davon mitbekommen, woran andere Teammitglieder arbeiten. Unter diesem Phänomen kann insbesondere die Qualität des Ergebnisses von Teamprojekten mit (hohem) Anteil an interdependenten Aufgaben leiden. In Forschung und Praxis zeigt sich, dass ein gemeinsames Verständnis der Arbeitsaufgabe und Zuständigkeiten die Ergebnisqualität von Teamaufgaben ursächlich beeinflusst (Mohammed et al., 2010). Aus diesem Grund sollte durch regelmäßigen Austausch innerhalb des Teams, strukturierte Planung im Hinblick auf Aufgabenverteilung, Zeitplanung und Dokumentation von Wissen und Status Quo dem Qualitätsverlust entgegengewirkt werden.

2.1.2.2 Welche Forschungsergebnisse gibt es zu Anforderungen bei digitaler Zusammenarbeit?

Der Fokus des OrgaChecks liegt auf Anforderungen und Ressourcen der digitalen Zusammenarbeit. Ressourcen unterstützen Mitarbeitende dabei, Anforderungen zu bewältigen und bei dieser körperlichen und psychischen Beanspruchung gesund zu bleiben. Übersteigen die Anforderungen die Ressourcen, entsteht Stress. Reichen die Ressourcen dann über längere Zeit hinweg nicht aus, um die Anforderungen zu bewältigen, kann dieser chronische Stress zu körperlichen und psychischen Beeinträchtigungen führen (Schaper, 2011).

Bei digitaler Zusammenarbeit spielen folgende Anforderungen eine Rolle (Ragu-Nathan et al., 2008): Mitarbeitende können mit digitalen Medien prinzipiell immer und überall kontaktiert werden. Ständige Erreichbarkeit trägt jedoch dazu bei, dass Mitarbeitende sich gezwungen fühlen, direkt und damit auch außerhalb der Arbeitszeit auf Nachrichten zu antworten. Damit dringt die Arbeit gehäuft in den privaten Raum und die Freizeit ein. Darüber hinaus führen mobile Informations- und Kommunikationstechnologien (IKTs) wie Laptops, Smartphones und Kollaborationssoftware dazu, dass Mitarbeitende häufig eine Flut von Informationen aus internen und externen Quellen verarbeiten müssen. Das heißt Informationen, die ständig aus digitalen Kanälen auf die Mitarbeitenden einfließen, werden mit dem bisherigen Wissen verknüpft. Dadurch wird viel Arbeitszeit dafür aufgewendet, digitale Nachrichten abzuhören und zu lesen und es kann zu Informationsüberlastungen kommen. Hinzu kommt, dass öfter Multitasking genutzt wird, um mehr Aufgaben in kurzer Zeit zu erledigen. Diese parallele Aufgabenbearbeitung anhand unterschiedlicher Medien kann zu Stress, Anspannung und verminderter wahrgenommener Kontrolle führen (Brillhart, 2004). Auch sind die Inhalte digitaler Nachrichten nicht immer eindeutig und Missverständnisse entstehen durch reduzierte Hinweisreize, in welcher Situation die Nachricht verfasst wurde und wie sie zu verstehen ist. Emotionen können durch fehlende Körpersprache, Mimik und Gestik nicht oder nur eingeschränkt über digitale Medien übermittelt werden (Moskaliuk, 2019).

Aufgrund der Anforderung, immer die neueste Hardware, Software und Anwendungen zu verwenden, steigt der Wettbewerbsdruck. IKTs sind im betrieblichen Kontext häufig zunehmend komplex, ändern sich häufig und werden von technischen Problemen und Fehlern (z. B. Abstürze, Datenverlust) begleitet. Die Einarbeitung in diese neuen Technologien nimmt allerdings aufgrund deren steigender Komplexität auch immer mehr Zeit in Anspruch. Gleichzeitig sinkt aus diesem Grund die Begeisterungsfähigkeit für neue Technologien im Lauf der Zeit. Dieser Effekt wird verstärkt durch den steigenden Aufwand, IKTs so zu modifizieren, dass sie den Bedürfnissen der Unternehmen entsprechen (Ragu-Nathan et al., 2008). Die Folgen sind Stress, Frustration und das Gefühl, der Aufgabe nicht gewachsen zu sein. Dies kann zu Arbeitsunzufriedenheit und vermehrten Konflikten zwischen Mitarbeitenden sowie letztendlich zu einer geringeren Bindung an das Unternehmen führen (Ragu-Nathan et al., 2008).

2.1.2.3 Welche Forschungsergebnisse gibt es zu Ressourcen bei digitaler Zusammenarbeit?

Ressourcen haben das Potenzial, negative Auswirkungen aufgrund digitaler Zusammenarbeit zu reduzieren und zu verhindern. Dazu gehören technische, organisationale und personale Ressourcen. Ressourcen auf Ebene der Mitarbeitenden sind beispielsweise Selbstorganisation und digitale Kompetenzen. Die im europäische Referenzrahmen aufgeführten Kernkompetenzen für das digitale Zeitalter (DigComp) umfassen beispielsweise Sicherheit (z. B. Schutz digitaler Geräte und Inhalte, persönlicher Daten und Privatsphäre sowie der Gesundheit und Umwelt) und Problemlösung, Erstellung digitaler Inhalte sowie Kommunikation und Kooperation. DigComp soll die Verbesserung der digitalen Kompetenzen unterstützen, welche für die Beschäftigung, die persönliche Entwicklung und die soziale Eingliederung benötigt werden (Carretero et al., 2017) und diente bei der Entwicklung des OrgaChecks als Grundlage zur Erfassung der Kompetenzanforderungen.

Neben den Arbeitsmitteln (Hard- und Software), die als technische Ressourcen für die Bewältigung von Arbeitsaufgaben notwendig sind, ist die Unterstützung der Endanwender durch organisationale Ressourcen entscheidend. Dazu gehören Schulungen und Anleitungen im Umgang mit IKTs sowie Abhilfe bei technischen Problemen (z. B. Helpdesk, technischer Support; Ragu-Nathan et al., 2008). Hier gilt es zu beachten, dass die organisationale Unterstützung beeinflusst, wie Mitarbeitende zukünftig auf die Einführung neuer IKTs reagieren. Stressbedingten Folgen und Unsicherheiten durch die Einführung neuer IKTs kann entgegengewirkt werden, indem Mitarbeitende über deren Ziel und Zweck informiert werden (Parsons et al., 1991). Weitere organisationale Ressourcen umfassen die Zusammenarbeit auf Team- und Unternehmensebene, welche maßgeblich durch Führung und Kommunikation bestimmt wird (Antoni & Syrek, 2017).

2.1.2.4 Welche Beanspruchungen drohen bei digitaler Zusammenarbeit?

Insbesondere, wenn die Kapazitäten nicht ausreichen, um Menge und Inhalt der eingehenden Informationen aufzunehmen und zu verarbeiten, kann es zu Informationsüberlastung kommen. Aufgrund eingehender digitaler Nachrichten (z. B. E-Mails) werden häufig laufende Arbeiten unterbrochen, insbesondere, da die Dringlichkeit einer Nachricht erst eingeschätzt werden kann, nachdem deren Inhalt überprüft wurde (Dabbish & Kraut, 2006). Für diese Überprüfung werden aktuelle Aufgaben unterbrochen und so werden häufig ungeplant mehrere Aufgaben gleichzeitig erledigt (Multitasking; Misra & Stokols, 2012). Es wird unter solchen Bedingungen schwieriger, feste Zeiten bzw. eine längere Zeit am Stück für die Aufgabenbearbeitung einzuplanen. Eine engere Taktung von Terminen, z. B. von Videokonferenzen, wie sie die durch den Wegfall von Wegezeiten im Home-Office ermöglicht werden, kann zu Zeitdruck, fehlenden Pausen und Erholungszeiten und in der Folge damit zu steigender psychischer Beanspruchung und Erschöpfung führen. Während des Corona-bedingten Lockdowns wurde sogar der neue Begriff der Zoom-Fatigue geprägt. Inwieweit dieses Phänomen durch die Häufung von Videokonferenzen ohne Zwischenpausen und die geringere Bewegung, durch die höhere kognitive Belastung aufgrund der eingeschränkten Kommunikationsmöglichkeiten, durch die erzwungene Intimität aufgrund des nahen Blickkontakts am Bildschirm oder durch die erhöhte Selbstaufmerksamkeit durch das eigene Videobild gefördert wird, muss die Forschung noch zeigen (Bailenson, 2021). Kommt es zu Problemen bei der Nutzung digitaler Medien und funktionieren diese nicht zuverlässig, entsteht digitaler Stress. Neben diesen psychosozialen Konsequenzen erhöht die vermehrte Bildschirmarbeit auch die Entstehung gesundheitlicher Risiken wie Haltungsschäden und Beschwerden der Augen. Zur Reduktion dieser Risiken tragen die Ausstattung der (digitalen) Arbeitsplätze und die Einhaltung der Arbeitszeit- und Arbeitsschutzgesetze bei.

In der Forschung zeigt sich, dass es negative Auswirkungen für die Gesundheit der Mitarbeitenden haben kann, wenn der Nutzen digitaler Zusammenarbeit als gering wahrgenommen wird (Greenhaus et al., 2006). Dabei wurde ermittelt, dass die Passung zwischen der Präferenz (strikte Trennung bis hin zur Integration beider Lebensbereiche) und den tatsächlichen Arbeitsbedingungen (strikte Trennung bis hin zur ständigen Erreichbarkeitserwartung) entscheidend ist für die Zufriedenheit sowie die kurz- und langfristige Gesundheit der Mitarbeitenden (Badura et al., 2017). In Forschung und Praxis zeigt sich beispielsweise, dass oftmals keine expliziten Regeln hinsichtlich der Erreichbarkeit aufgestellt werden, während Mitarbeitende gleichzeitig aus dem Führungsverhalten implizite Regeln zur Erreichbarkeitserwartung ableiten (Syrek et al., 2018). Entsprechend können sich Mitarbeitende unter Druck gesetzt fühlen, außerhalb der Arbeitszeiten erreichbar sein zu müssen, obwohl keine Absprachen diesbezüglich getroffen wurden.

Diese in der Literatur berichteten Belastungen und Ressourcen digitaler Zusammenarbeit wurden im Rahmen des Projektes anhand verschiedener Datenerhebungen überprüft und erweitert. Die Erkenntnisse dazu werden im folgenden Kapitel dargestellt.

2.1.3 Erkenntnisse aus qualitativer und quantitativer Erhebung

Im Rahmen des Forschungsprojektes „vLead – Modelle ressourcenorientierter und effektiver Führung digitaler Projekt- und Teamarbeit" wurde zur Vorbereitung der Tool-Entwicklung eine Ist-Analyse in zwei deutschen KMUs aus dem IT-Bereich durchgeführt. Ziel dieser Ist-Analyse war es unter anderem herauszufinden, welche Belastungen und Herausforderungen bei der digitalisierten Zusammenarbeit aktuell bestehen, wie die Unternehmen diesen begegnen und welche Ressourcen für die Bewältigung genutzt werden. Hierzu wurden 2017 insgesamt 43 qualitative leitfadengestützte Interviews mit Mitarbeitenden und Führungskräften sowie im Jahr 2018 quantitative Online-Befragungen in den Unternehmen durchgeführt, in denen die Mitarbeitenden über unterschiedliche Kanäle digital zusammenarbeiten.

2.1.3.1 Qualitative Ist-Analyse

Es wurden insgesamt 43 Mitarbeitende zu ihren Erfahrungen in der digitalisierten Zusammenarbeit anhand von halbstrukturierten Interviews befragt. Die Interviewdaten wurden mithilfe der strukturierenden Inhaltsanalyse (Mayring & Fenzl, 2014) ausgewertet.

In den Interviews zeigte sich, dass die digitale Zusammenarbeit vielfältige Anforderungen auf unterschiedlichen Ebenen an Mitarbeitende und Führungskräfte stellt. Es können Anforderungen und Ressourcen auf den Ebenen Technik, Organisation und Personal unterschieden werden, so beispielsweise die Zuverlässigkeit von Hard- und Software (Technikebene), Führungsprozesse auf Organisationebene und Selbstorganisationskompetenzen der Mitarbeitenden (Ebene Personal). Diese Anforderungen werden im Folgenden dargestellt und durch Zitate aus den Interviews illustriert.

2.1.3.1.1 Ebene 1: Technik

Digitale Kommunikation und Zusammenarbeit ist nur möglich, wenn die technischen Voraussetzungen gegeben sind. Dazu gehören funktionierende Hard- und Software:

> „Heutzutage ist man schnell aufgeschmissen, wenn man nicht über eine zuverlässige Internet- und Telefonverbindung verfügt oder der Arbeitslaptop nicht funktioniert."

Technische Störungen beeinträchtigen schnell die Effektivität der Zusammenarbeit oder blockieren diese sogar:

> „Gibt es Probleme mit Bild oder Ton, ist das digitale Meeting geplatzt."

In solchen Fällen wird auch das Vertrauen in die eingesetzte Technik geschwächt. Üblicherweise wenden sich Betroffene bei diesen Problemen dann an die Firmen-IT bzw. die unternehmensinterne Systemadministration.

> „Auf die interne Systemadministration muss ich mich verlassen können. […] Das heißt, ich muss darauf vertrauen, bei technischen Problemen Hilfestellung zu erhalten […]."

Diese Systemadministratoren sind auch für die digitale Sicherheit der Verbindungen zu anderen Standorten, Kund*innen oder Geschäftspartner*innen verantwortlich:

> „Interne Systemadministratoren und Datenschutzbeauftragte sind die Kontrollinstanz für digitale Sicherheit. Dementsprechend sind die Zugriffsrechte in unserem Unternehmen verteilt."

Durch die Ausstattung mit Medien (Hard- und Software) ergeben sich vielfältige Möglichkeiten für die digitale Zusammenarbeit, da sie die Vernetzung von Personen an unterschiedlichen Standorten ermöglichen. Aus den Interviews ergibt sich die wichtige Erkenntnis, dass diese Medien allerdings nur genutzt werden können, wenn die Medien zuverlässig funktionieren, untereinander kompatibel sind und der Zugriff auf alle arbeitsrelevanten Informationen möglich ist. Nur unter diesen Voraussetzungen werden digitale Medien als unterstützend und sinnvoll wahrgenommen.

2.1.3.1.2 Ebene 2: Organisation

Aus Sicht der Befragten sollte eine geregelte Art und Weise, digital zu kommunizieren, im Unternehmen etabliert werden. Dies ist insbesondere wichtig, wenn sich die Teammitglieder beispielsweise im Alter oder in den Berufshintergründen voneinander unterscheiden:

> „Es gibt häufig unterschiedliche Sichtweisen. Ich denke, es hilft, festgeschriebene Spielregeln zu etablieren und festzulegen, wie Prozesse sinnvoll gestaltet werden können."

Wenn sich also ein Team aus Mitgliedern neu zusammensetzt, die bereits unterschiedlich lange im Unternehmen sind und vielleicht andere Kommunikationsgewohnheiten von ihren vorangegangenen Teams oder vorigen Arbeitsplätzen gewohnt sind, helfe es, über die gewünschte Art der Kommunikation zu sprechen. Diese „Spielregeln" könne man aus Sicht einer/s Befragten am besten zu Anfang eines Projekts, wenn das Team neu gebildet ist, explizit festlegen, um die Kommunikation zu vereinfachen:

> „Es ist wichtig, zu Beginn des Projekts Spielregeln festlegen. Beispielsweise über Verantwortlichkeiten und dazu, welche Einzelpersonen und Personengruppen in welche Projektthemen und die anfallende Kommunikation einbezogen werden sollten."

Für die Strukturierung von virtuellen Meetings könne das Aufstellen von Regeln ebenfalls die Effektivität des Austausches steigern. Strukturierungshilfen umfassen z. B. eine vorab kommunizierte Agenda sowie ein Protokoll, um die wichtigsten Ergebnisse festzuhalten:

> „Für anstehende Meetings erstellen wir im Vorfeld eine Agenda."

> „Es gibt zu den Meetings ein Protokoll, in dem festgehalten wird, wer was besprochen hat und zu welchen Ergebnissen wir gekommen sind. In dem Protokoll werden ebenfalls Aufgabenverteilung und Verantwortlichkeiten festgehalten."

Ebenfalls sollte die Dokumentation geregelt sein, das heißt, sie sollte einheitlich und für jede/n nachvollziehbar sein. Unter Dokumentation fielen nicht nur Protokolle von Treffen, sondern auch das Niederschreiben von Wissen und Erkenntnissen der Mitarbeitenden, die an einem Projekt arbeiten. Außerdem sei es sowohl für das Unternehmen als auch für Kunden hilfreich, einzelne Arbeitsschritte während eines Arbeitsprozesses zu erfassen. Einerseits sei Dokumentation wichtig, wie beispielsweise eine Person kurz zusammenfasst:

> „Die Dokumentation hilft nachzuvollziehen, wo man steht."

Andererseits benötige Dokumentation auch Arbeitszeit und wird teilweise eher als unnötig empfunden, wenn es um Details gehe:

> „Es wird nicht alles dokumentiert. Sonst würden wir uns zu Tode dokumentieren."

Aus Sicht einer Führungskraft sei es hierfür notwendig, dass gerade die Führungskräfte klare Vorgaben für die Dokumentation machten:

> „Ich versuche dem entgegenzuwirken, dass der Dokumentationsaufwand Überhand gewinnt, indem wir ein klares Dokumentationssystem etablieren und deren Einhaltung kontrollieren."

Ebenso erleichtere ein einheitliches System zur Dokumentation von Arbeitsschritten, Wissen und Ergebnissen die Arbeit:

> „Projektdokumentationen, Vorgehensweise, Angebote und Kosten werden zentral gespeichert, sodass alle Beteiligten Zugriff auf die aktuellen Versionen haben."

Die Digitalisierung stellt spezifische Herausforderungen an die Zusammenarbeit. Damit hier positive Synergien und Kooperationen entstehen, bedarf es der Entwicklung und Abstimmung von Prozessen und Vorgehensweisen. Das Miteinander und die Abstimmung von Abläufen im Detail ergeben sich bei der persönlichen Zusammenarbeit zumeist mit der Zeit quasi von allein. Durch eingeschränkte Gelegenheiten zum Austausch und Kennenlernen bei digitaler Zusammenarbeit ist es hingegen schwieriger, Routinen und Vertrauen untereinander aufzubauen, wodurch sich die Zusammenarbeit nicht so leicht ‚einspielt'. Aus diesem Grund sollten wichtige Prozesse wie Kommunikation und Dokumentation im Team bzw. im Unternehmen abgestimmt und explizit (z. B. durch Regeln) festgelegt werden. Dies trifft sowohl für Teams zu, die bereits länger zusammenarbeiten, als auch auf solche, die sich neu zusammensetzen. Die Initiierung dieser Abstimmungen ist Aufgabe der Führungskraft.

2.1.3.1.3 Ebene 3: Person

Die Interviewten berichten von einer zunehmenden räumlichen und zeitlichen Flexibilisierung der Arbeit: IKTs könnten von unterschiedlichen Orten aus genutzt werden und ermöglichten durch den Zugriff auf digitale Dokumente und Wissen die Zusammenarbeit über mehrere (Unternehmens-)Standorte hinweg. Mit der Flexibilisierung ginge die Auflockerung der Grenzen zwischen Arbeit und Freizeit einher. Insbesondere die Einführung von Diensthandys und die Möglichkeit, von zu Hause (Home-Office) und unterwegs aus zu arbeiten, berge die Gefahr, auch nach Feierabend und am Wochenende erreichbar zu bleiben:

> „Da wir das Diensthandy auch am Wochenende bei uns haben, ist die Verlockung groß, eingehende E-Mails direkt zu lesen und zu beantworten."

> „In meiner Erfahrung weichen die Verfügbarkeitszeiten im Home-Office eher auf. (…) Ich tendiere dazu, auch abends noch zu arbeiten. (…) Darin besteht für mich ein Nachteil der digitalen Medien."

Auf Personenebene resultiere daraus die Herausforderung, Arbeits- und Erreichbarkeitszeiten zu strukturieren, um so eine den individuellen Präferenzen entsprechende Trennung zwischen Arbeit und Freizeit zu ermöglichen:

> „Verfügen Personen über einen digitalen Arbeitsplatz, besteht ein wichtiger Lernprozess darin, einen Abschluss des Arbeitstages zu finden."

Neben der Flexibilisierung berichten die Interviewten von einer Verdichtung der Arbeit, da die Übergangsphasen zwischen einzelnen Arbeitsaufgaben zunehmend wegfielen. Die Ursache bestehe in digitalen Meetings, die durch enge Taktung und wegfallende Fahrtzeiten kaum noch Gelegenheiten zur mentalen Vorbereitung ließen:

> „Die Zeiten zur Reflexion nach dem Meeting und Vorbereitungen auf die Meetings gehen verloren, wenn der Fahrweg entfällt."

Arbeitsunterbrechungen, beispielsweise durch eingehende Anrufe und Emails, stellen Mitarbeitende vor die Herausforderung, schnell zwischen verschiedenen Aufgaben und Projekten wechseln zu müssen. Dieser Wechsel verlange von den Mitarbeitenden ebenfalls, die notwendigen Informationen stets parat zu haben, um an Sie gestellte Fragen adäquat beantworten zu können. Das Ablenkungspotenzial von eingehenden Nachrichten wird als hoch eingestuft:

> „Dieses Gefühl, E-Mails ‚schnell' abzufragen kann leicht dazu führen, dass man abgelenkt wird."

> „Wenn das Telefon alle 30 Sekunden klingelt, kommt man natürlich zu nichts."

Durch die Vielzahl ankommender digitaler Nachrichten könne es schnell zu Informationsüberlastung kommen:

> „Viele Arbeitnehmende sind mittlerweile von der hohen Menge an digitaler Kommunikation überfordert und überlastet."

> „Ich kann mir vorstellen, dass es Leute gibt, die unter der Emailflut ersticken (...)."

Weiterhin bestehe die Gefahr, dass der fehlende persönliche Austausch das Entstehen von Vertrauen untereinander und damit auch den Zusammenhalt im Team erschwere. Bei der Kommunikation über digitale Kanäle werden, im Vergleich zum persönlichen Austausch (Face-to-Face), weniger nonverbale Signale wie Gestik und Mimik übertragen, was ein Verstehen erschwere:

> „Über digitale Medien fällt es schwer, einzuschätzen, wie etwas gemeint ist."

In der Konsequenz sei es schwer, etwa die Stimmung des Kommunikationspartners abzuschätzen und es komme häufiger zu Missverständnissen, insbesondere, wenn textbasierte, im Gegensatz zu videobasierten und damit reichhaltigeren Kommunikationsmedien eingesetzt werden:

> „Es besteht immer die Gefahr, dass man Dinge falsch oder zumindest anders versteht, als sie gemeint waren. Im persönlichen Gespräch nutzt man häufiger die Möglichkeit nachzufragen. In der Kommunikation per E-Mail lässt man eher von Nachfragen ab, wie Dinge gemeint [sind] und ob man diese richtig verstanden hat. Oftmals mit dem Hintergedanken, sein Gegenüber nicht aufzuhalten."

> „In der digitalen Kommunikation fehlt die persönliche Beziehung. Aus einer E-Mail lässt sich schlecht herauslesen, ob ein Verfasser gestresst ist oder wie intensiv er sich mit dem Inhalt auseinandergesetzt hat. Eventuell liest man das aus einem Nebensatz heraus, aber zuverlässig erkennen lässt es sich kaum."

> „Das geschriebene Wort wird im Allgemeinen anders aufgefasst als das Gesprochene. Die Interpretation ist schwierig, wenn Mimik, Gestik oder Tonfall nicht übertragen werden."

Die mit der Digitalisierung einhergehende Flexibilisierung eröffnet bessere Chancen zur Vereinbarkeit von Beruf und Familie, so etwa mehr planbare Zeit durch den Wegfall von Arbeitswegen. Die angesprochenen Umstände erschweren es aber gleichzeitig, den Übergang zwischen Arbeits- und Freizeit bewusst zu gestalten, was das Wohlbefinden beeinträchtigen kann. Zudem erhöht die verstärkte Kommunikation über digitale Medien und, den Interviews zufolge, immer häufiger auch mit Personen, die man nicht persönlich kennt, das Risiko für Missverständnisse. Insbesondere textbasierte digitale Kommunikationsmedien transportieren nicht alle Informationen, die für die Interpretation von Informationen wichtig sind (z. B. Mimik, Gestik, Tonfall) und geben nicht immer Gelegenheit für informellen Austausch.

Zusammenfassend zeigen die Befunde der qualitativen Analyse, dass ein Zusammenspiel technischer, organisationaler und personaler Voraussetzungen die Effektivität digitaler Zusammenarbeit maßgeblich gestaltet.

2.1.3.2 Quantitative Ist-Analyse

Ziel der quantitativen Ist-Analyse war zum einen zu überprüfen, inwieweit die Aussagen und Erkenntnisse aus den Interviews von den übrigen Beschäftigten geteilt werden. Zum anderen ging es darum, Zusammenhänge zwischen der Digitalisierung und den wahrgenommenen Belastungen und Beanspruchungen bei der Arbeit zu analysieren sowie zu klären, wie sich das Führungsverhalten dabei auf die Zusammenarbeit und Beanspruchung auswirkt. Insgesamt haben 183 Mitarbeitende an der online-Umfrage teilgenommen. Im Folgenden werden nur statistisch signifikante Ergebnisse der Korrelationsanalysen berichtet ($p < 0{,}05$) und diese in die oben skizzierten Forschungsergebnisse eingeordnet. Einen Überblick zu den erhobenen Aspekten und den untersuchten Zusammenhängen zeigen die folgenden Abbildungen (Abb 2.1 und Abb. 2.2).

In den Ergebnissen zeigt sich ein positiver Zusammenhang von Digitalisierung mit Arbeitsunterbrechung und Informationsmenge (s. Abb. 2.1): Je größer der prozentuale Anteil an digitaler Kommunikation und Zusammenarbeit innerhalb des Unternehmens (d. h. im Team, zwischen Teams und mit Vorgesetzten) und mit Personen außerhalb des Unternehmens ist, desto häufiger berichten die Befragten davon, ihre Arbeit aufgrund von Anfragen unterbrechen zu müssen und häufiger zwischen mehreren Aufgaben hin und her springen zu müssen. Ähnliche Ergebnisse zeigen sich auch in anderen Studien (Junghanns & Kersten, 2019). Des Weiteren steigt bei vermehrter Nutzung digitaler Medien zugleich der Dokumentationsaufwand und die Informationsmenge. Die Befragten haben mit steigender Informationsmenge zunehmend das Gefühl, nicht alle Informatio-

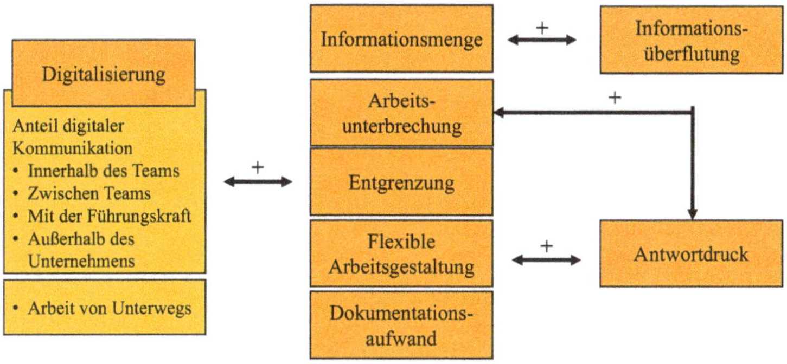

Abb. 2.1 Zusammenhänge zwischen Digitalisierung, Belastung und Beanspruchung

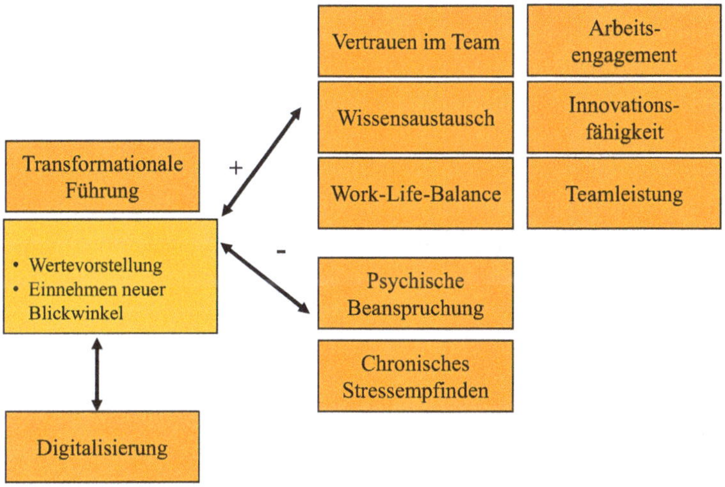

Abb. 2.2 Zusammenhänge zwischen transformationaler Führung, Teamprozessen und Teamleistung und Wohlbefinden bei Kontrolle des Digitalisierungsgrads

nen aufnehmen und effektiv verarbeiten zu können. Es steigt somit die Wahrscheinlichkeit der Informationsüberlastung, je größer der Anteil an digitaler Kommunikation ist. Darüber hinaus zeigt sich, wie in der Studie von Monz und Vogl (2020), dass das Arbeiten von unterschiedlichen Orten, wie beispielsweise Flughafen, Hotel, beim Kunden ‚vor Ort' oder von zu Hause aus, positiv mit Entgrenzung korreliert. Das heißt je häufiger außerhalb des Büros gearbeitet wird, desto eher beschäftigen sich Mitarbeitende auch in der Freizeit mit Arbeitsproblemen. Als mögliche Ursache käme infrage, dass die Ermöglichung mobiler Arbeit (d. h. Zugriff auf arbeitsrelevante Dokumente und Emails) die Hemmschwelle sinken lässt, sich auch außerhalb der Arbeitszeiten mit arbeitsrelevanten Themen zu beschäftigen.

Die Ergebnisse weisen außerdem darauf hin, dass die vermehrte Nutzung digitaler Medien zwar mit einer flexibleren Arbeitsgestaltung einhergeht, aber gleichzeitig auch der Druck erhöht ist, auf Nachrichten schnell antworten zu müssen (Antwortdruck/Workplace Telepressure, vgl. Barber et al., 2019). Je höher der Antwortdruck ist, desto eher berichten Mitarbeitende von Arbeitsunterbrechungen durch digitale Medien und einem verspäteten Feierabend.

Da in der Literatur insbesondere die Bedeutung transformationaler Führung bei digitaler Zusammenarbeit kontrovers diskutiert wird (Antoni & Syrek, 2017), fokussierten wir uns auf diese Form des Führungsverhaltens. Unter transformationaler Führung versteht man Führungskräfte, die eine klare und positive Zukunftsvision kommunizieren, den Mitarbeitenden Anerkennung zeigen, Vertrauen, Engagement und Zusammenarbeit zwischen Mitarbeitenden fördern, klare und positive Wertevorstellungen kommunizieren, nach denen Sie handeln, und die Mitarbeitenden anregen, Probleme aus unterschiedlichen Blickwinkeln zu betrachten (Antoni & Syrek, 2017). Die Ergebnisse der Online-Befragung zeigen positive Zusammenhänge zwischen transformationaler Führung, Teamprozessen und der Teamleistung sowie dem individuellen Wohlbefinden (s. Abb. 2.2), unabhängig vom Anteil der digitalen Kommunikation im Unternehmen (Partialkorrelationen). Das heißt transformationale Führung führt sowohl bei hoher als auch niedriger digitaler Zusammenarbeit zu positiven Effekten. Im Einzelnen zeigt sich, dass das Vertrauen im Team bei transformationaler Führung höher ist und eher Wissen miteinander geteilt und Ideen gemeinsam diskutiert werden. Zudem ist auch die Teamleistung, die Innovationsfähigkeit und das Arbeitsengagement sowie die wahrgenommene Work-Life-Balance höher, je höher das transformationale Führungsverhalten ausgeprägt ist. Umgekehrt sind die psychische Beanspruchung, gemessen als emotionale Gereiztheit, und das chronische Stressempfinden, gemessen als emotionale Erschöpfung, niedriger ausgeprägt.

Alles in allem zeigen die Ergebnisse der Online-Befragung somit, dass die Nutzung digitaler Medien in der Zusammenarbeit mit einer Zunahme spezifischer Belastungen einhergeht. Umso wichtiger ist es, zugleich entsprechende Ressourcen bereitzustellen, um diese Belastungen zu bewältigen und um damit kurz- wie langfristigen negativen Konsequenzen vorzubeugen. Wie sich in der Umfrage zeigt, wird transformationale Führung als eine solche Ressource wahrgenommen, die auch bei digitaler Zusammenarbeit nicht nur das Engagement und die Leistung, sondern auch die Work-Life-Balance zu fördern scheint und mit einer niedrigeren psychischen Beanspruchung und weniger chronischem Stressempfinden einhergeht.

Aus diesen Zusammenhängen ergeben sich wichtige Konsequenzen für Unternehmen: Es gilt, die beschriebenen Belastungsfaktoren und Ressourcen zu beobachten, um die Chancen digitaler Zusammenarbeit für das Unternehmen und seine Beschäftigten nutzen und negative Konsequenzen durch frühzeitige Maßnahmen vermeiden zu können. Der im Folgenden beschriebene OrgaCheck bietet nicht nur ein solches online Monitoring für Unternehmen und zeigt auf, an welchen Stellen Handlungsbedarf besteht, sondern gibt auch konkrete Hinweise, welche Maßnahmen zu einer Verbesserung der Situation ergriffen werden könnten. Der OrgaCheck wird an der Universität Trier gehostet. Ergebnisse und Handlungsempfehlungen werden in einem kompakten Bericht zusammengestellt und stehen zum Download zur Verfügung. Der Zugriff auf die Ergebnisse erfolgt nach dem Login, Nutzende haben lediglich auf die Ergebnisse Zugriff, die sie selbst betreffen (d. h. zugehöriges Unternehmen, Abteilung).

2.1.4 Aufbau und Inhalte des vLead-OrgaCheck

Inhaltlich werden im OrgaCheck die folgenden, in Abb. 2.3 dargestellten Aspekte über erprobte Frageblöcke erfasst, die als Schwerpunkte ausgewählt werden können und insbesondere bei digital zusammenarbeitenden Teams innerhalb einer Organisation relevant sind. Dabei lässt sich jeweils zwischen Bedingungen und Indikatoren auf den Ebenen Technik, Organisation und Personal unterscheiden: Bedingungen beschreiben die Aspekte, welche nach wissenschaftlichen Erkenntnissen zu Einstellungen der Mitarbeitenden gegenüber digitaler Zusammenarbeit beitragen. Indikatoren repräsentieren Anhaltspunkte für die Effizienz und Auswirkungen der digitalen Zusammenarbeit.

In der Praxis zeigt sich, dass die Ebenen Technik, Organisation und Personal miteinander interagieren. Der zielführende Umgang mit digitalen Medien beispielsweise hängt wesentlich davon ab, wie zuverlässig die eingesetzte Hard- und Software funktioniert (Ebene 1: Technik) und inwieweit auf Organisationsebene Unterstützung bei technischen

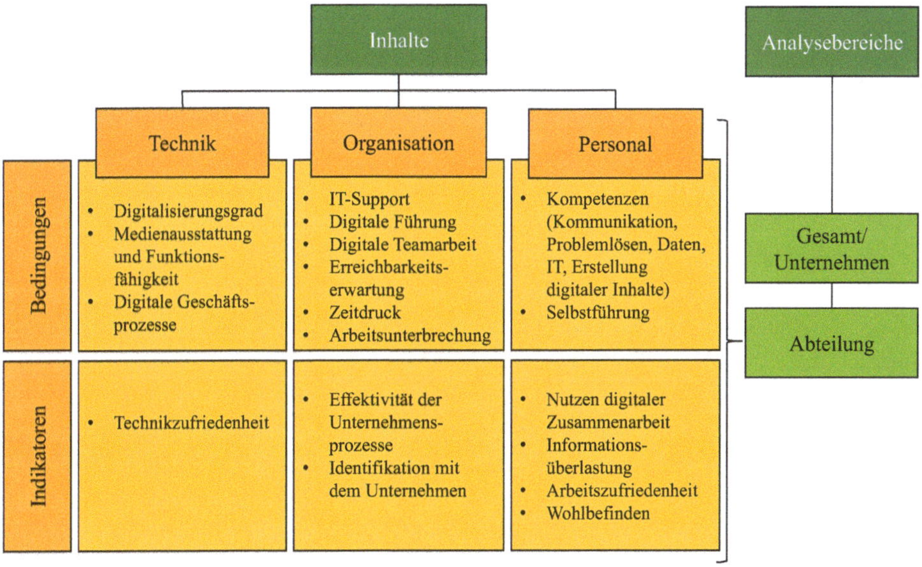

Abb. 2.3 Überblick zu den Inhalten und Analysebereichen im vLead-OrgaCheck

Problemen zur Verfügung steht (Ebene 2: Organisation). Darüber hinaus sollten die Kompetenzen zur Nutzung und zur Zusammenarbeit mit digitalen Medien entwickelt werden (Ebene 3: Personal).

Zur Erfassung der verschiedenen Aspekte steht ein Fragenpool zur Verfügung. In einem ersten Schritt kann zwischen einer Kurzversion mit 62 Fragen und einer Langversion mit 103 Fragen entschieden werden. Der Aufwand beim Ausfüllen beträgt pro Mitarbeitenden erfahrungsgemäß ca. 15 bis 20 min bei der Kurz- und ca. 30 bis 40 min bei der Langversion. In beiden Versionen können Unternehmen individuelle Schwerpunkte in der Befragung setzen, indem sie Aspekte aus- oder abwählen. Hierbei sind die Mitbestimmungsrechte des Betriebs- oder Personalrats zu beachten.

Nach Abschluss der Befragung erhält die Unternehmensführung in einem Ergebnisbericht eine gemittelte Rückmeldung für alle ausgewählten Aspekte über alle teilnehmenden Mitarbeitenden hinweg. Darüber hinaus enthält der Ergebnisbericht eine Darstellung der Antwortverteilung für jede Frage innerhalb der ausgewählten einzelnen Aspekte. Ergebnisberichte können auch für einzelne Abteilungen und andere Unternehmenseinheiten rückgemeldet werden, die bei der Erstellung der Umfrage definiert wurden, sofern die vereinbarte Mindestteilnehmerzahl in der Einheit (mindestens drei Teilnehmende) zur Sicherstellung der Anonymität der Ergebnisse erreicht wurde. Ferner können in diesem Ergebnisbericht die gemittelten Antworten mit den Werten des Gesamtunternehmen verglichen werden. Mitarbeitende werden von der Leitung zu der Umfrage eingeladen. Die Ergebnisse werden nicht nur dargestellt, sondern auch interpretiert (d. h. ins Verhältnis gesetzt zu einer wünschenswerten Ausprägung) und Handlungsempfehlungen abgeleitet, wie Belastungsfaktoren minimiert und Ressourcen ausgebaut werden können.

Der OrgaCheck bietet somit nicht nur eine Rückmeldung über den Status Quo, sondern auch darüber, an welchen Stellen Handlungsbedarf besteht und durch welche konkreten Maßnahmen zu einer Verbesserung der Situation beigetragen werden kann. Im Folgenden werden die einzelnen Inhalte der Ebenen genauer erläutert.

2.1.4.1 Ebene 1: Technik

Digitale Zusammenarbeit erfordert die Ausstattung der Mitarbeitenden mit den dafür notwendigen und hilfreichen digitalen Medien. Diese Voraussetzung wird auf der Ebene Technik erfasst. Inhaltlich geht es um die Bewertung der Hard- und Software, die Mitarbeitenden für die Erledigung von Arbeitsaufgaben zur Verfügung stehen. Als Ergebnis bekommt das Unternehmen eine Übersicht darüber, bei welchen Aspekten Verbesserungsbedarf besteht und ob z. B. der digitale Zugriff auf relevante Arbeitsdokumente möglich ist.

Folgende Aspekte werden auf dieser Ebene als Bedingungen bzw. Einflussfaktoren erfasst: *Digitalisierungsgrad* beschreibt das Ausmaß an digitaler Kommunikation, des verteilten Arbeitens und digitaler Geschäftsprozesse. *Medienausstattung* ermöglicht die Bewertung der Hard- und Software, die der Erledigung von Arbeitsaufgaben dienen. *Digitale Geschäftsprozesse* beschreibt, inwieweit diese nachvollziehbar und sinnvoll abgebildet sind. Als Indikator zur Beurteilung der Effizienz des Aspekts Technik als Ganzes dient *Technikzufriedenheit,* und dieser erfasst, inwieweit Mitarbeitende digitale Medien als nützlich und zuverlässig bewerten.

Auf dieser Ebene steht somit die inhaltliche Bewertung der digitalen Technik und die Nachvollziehbarkeit digitaler Geschäftsprozesse und ihre sinnvolle Einbettung in die Organisationsstruktur im Vordergrund. Die Fragen, die in OrgaCheck hinterlegt sind, erfassen, inwieweit die Digitalisierung und Automatisierung von Geschäftsprozessen Mitarbeitende bei der Erledigung alltäglicher Aufgaben unterstützen und wie zuverlässig diese funktionieren.

2.1.4.2 Ebene 2: Organisation

Digitale Zusammenarbeit stellt neue Herausforderungen an operative Führungskräfte und Unternehmen (Latniak, 2017). Diese Herausforderungen werden im OrgaCheck auf der Ebene Organisation erfasst. Inhaltlich geht es darum, wie die Mitarbeitenden die Regeln und Umsetzung digitaler Führung und Zusammenarbeit und deren Folgen beurteilen. Als Ergebnis bekommt das Unternehmen einen Überblick darüber, wo Verbesserungsbedarf besteht und ob wichtige Voraussetzungen für effektive digitale Zusammenarbeit gegeben sind.

Folgende Aspekte werden als situative Bedingungen bzw. Einflussfaktoren erfasst: *IT-Support* beschreibt das Ausmaß an Unterstützung vonseiten des Unternehmens im Umgang mit digitalen Medien. *Digitale Führung* erfasst wichtige Aspekte digitalen Führungsverhaltens wie Kommunikation und Monitoring. *Digitale Teamarbeit* ermöglicht die Bewertung der Rahmenbedingungen digitaler Zusammenarbeit im Team wie Absprachen z. B. zur Erreichbarkeit und deren Dokumentation. Weiterhin werden Teamprozesse und Rahmenbedingungen der digitalen Kommunikation im Team erfasst, wie beispielsweise Erreichbarkeitserwartung, Zeitdruck und Arbeitsunterbrechung. *Erreichbarkeitserwartung* beschreibt, wie die implizite und explizite Erwartungshaltung des Unternehmens gegenüber den Mitarbeitenden hinsichtlich Erreichbarkeit als potenzieller Stressor ausgeprägt ist. *Zeitdruck* erfasst potenzielle Belastungen durch erlebten Zeitdruck. *Arbeitsunterbrechung* beschreibt, wie häufig Mitarbeitende aktuelle Tätigkeiten unterbrechen bzw. den Feierabend verschieben, weil etwas Wichtiges dazwischenkommt.

Als Indikatoren zur Beurteilung der Effizienz des Aspekts der Organisation insgesamt wird *Effektivität der Unternehmensprozesse,* in Hinblick auf die digitale Kommunikation und Zusammenarbeit, und die *Identifikation mit dem Unternehmen*, aus Sicht der Mitarbeitenden erfasst.

Auf dieser Ebene stehen demnach wichtige Aspekte und Ansatzpunkte im Fokus, welche die Qualität der digitalen Zusammenarbeit sicherstellen und verbessern können.

2.1.4.3 Ebene 3: Personal

Gelingende digitale Zusammenarbeit setzt Kompetenzen und Fähigkeiten im Umgang mit digitalen Medien voraus. Diese werden auf der Ebene Personal erfasst. Inhaltlich geht es um individuelle Einstellungen gegenüber digitaler Zusammenarbeit und die Sicherheit im Umgang mit digitalen Medien. Als Ergebnis der Abfrage im OrgaCheck bekommt das Unternehmen eine Rückmeldung dazu, wie das Potenzial digitaler Zusammenarbeit besser ausgeschöpft werden kann und welche Aspekte im Besonderen dazu beitragen.

Folgende Aspekte werden auf Personal-Ebene als Bedingungen bzw. personale Einflussfaktoren ermittelt: *Digitale Kommunikationskompetenz* erfasst, inwieweit sich Personen über digitale Medien ausdrücken können und ob sie anhand spezifischer Kriterien entscheiden, welches Medium sie für welchen Zweck verwenden. *Digitale Problemlösekompetenz* beschreibt, inwiefern sich Personen fähig fühlen, mit Problemen bei digitalen Medien umzugehen. *Informations- und Datenkompetenz* erfasst, wie zielführend digitale Informationen aufgefunden und abgerufen werden, wie die Qualität einer digitalen Quelle bewertet werden kann und wie sich digitale Inhalte speichern, verwalten und organisieren lassen. Die *Kompetenz ‚Erstellung digitaler Inhalte‘* beschreibt, inwieweit digitale Inhalte erstellt und bearbeitet werden können, bei gleichzeitigem Verständnis der Nutzung von Urheberrechten und Lizenzen. *IT-Sicherheitskompetenz* erfasst, inwieweit Sicherheitsstandards eingehalten werden, wie die genutzten Daten im Internet geschützt werden sowie, wie digitale Medien umweltschonend (z. B. Video- statt Präsenzkonferenz) und gesundheitsförderlich (z. B. Beachtugn ergonomischer Kriterien) genutzt werden können. *Selbstführungskompetenz* umfasst schließlich wichtige Aspekte der mobilen Arbeit. Dazu gehören Selbststrukturierung und Zeitmanagement, welche das Setzen eigener Ziele und die Einhaltung von Fristen und Terminen beinhaltet.

Als Indikatoren zur Beurteilung der Auswirkungen der digitalen Arbeit auf Ebene der Person wird die Einschätzung der Mitarbeitenden zum *Nutzen digitaler Zusammenarbeit*, zur *Informationsüberlastung*, zur *Zufriedenheit* mit der digitalen Arbeit und zum *Wohlbefinden* erfasst.

Somit stehen auf der Ebene Personal die individuellen Voraussetzungen und die Auswirkungen der digitalen Zusammenarbeit im Fokus. In der Praxis zeigt sich, dass die digitale Zusammenarbeit zu Informationsüberlastung und Stress führen kann. Durch inadäquate Medienwahl und Unklarheiten im Ausdruck kann es schnell zu Missverständnissen kommen, die die digitale Zusammenarbeit erschweren. Darunter kann die Beziehung zwischen den Mitarbeitenden, zu Führungskräften sowie Kunden und Kundinnen des Unternehmens leiden.

2.1.4.4 Rollen und Rechte im vLead-OrgaCheck

In dem Tool OrgaCheck existieren zwei Rollen: (1) die Rolle der Leitung (Administration), in der die Unternehmensleitung oder eine von ihr beauftragte Person die Umfragen anlegt und durchführt, und (2) die Rolle der Befragten/Mitarbeitenden. Um eine Umfrage durchzuführen, registriert die Leitung als erstes ihr Unternehmen im OrgaCheck Tool und legt anschließend ein Organigramm (den sog. Orgabaum) an. Hier können verschiedene Abteilungen bzw. Organisationseinheiten definiert werden, deren Mitarbeitende man befragen will. Ebenso ist es möglich, Kategorien anzulegen, denen sich Mitarbeitende zuordnen können (z. B. Region West oder Süd, Standort X oder Y). Es können auch Regeln bzw. Kategorien festgelegt werden, nach denen Mitarbeitendengruppen ausgewertet werden.

Für diese Organisationseinheiten und oder Kategorien können die Ergebnisse der Umfrage automatisiert ausgewertet und grafisch aufbereitet werden. Der Orgabaum ist damit zugleich der Auswertungsbaum. Es empfiehlt sich daher, dass man bereits bei der Planung der Umfrage genau überlegt, welche Art der Auswertung am Ende gewünscht ist. Vor dem Festlegen des Orgabaum gilt es daher die Frage zu beantworten: Welche Organisationseinheiten sollen untersucht werden? Nach dem Anlegen des Orgabaums kann die Leitung im Tool eine Umfrage aufsetzen und aus den im Fragenpool hinterlegten Aspekten auswählen. Alle Aspekte sind in einer Lang- und einer Kurzversion im Tool verfügbar; dies wird jeweils beim Aufsetzen der Umfrage ausgewählt. Für jede Umfrage kann ein Start- und Enddatum definiert werden; im festgelegten Zeitraum haben alle Mitarbeitenden die Möglichkeit über einen Link an der Umfrage teilzunehmen.

Es gibt zwei Fragebogenformate – die offene und geschlossene Umfrage. Bei der offenen Umfrage wird ein Link erstellt, der für alle befragten Personen identisch ist. Bei der geschlossenen Umfrage werden jeweils Codes für jede einzelne (geplante) befragte Person erstellt. Somit wird für jede Person ein Zugangsschlüssel erstellt, der von der Leitung verteilt werden muss. Diese Verteilung sollte vom Unternehmen geplant werden.

Sobald alle Mitarbeitenden die Umfrage abgeschlossen haben oder das Enddatum erreicht ist, können im OrgaCheck Reporte von der Unternehmensleitung generiert werden: für das gesamte Unternehmen und die einzelnen Abteilungen/Organisationseinheiten/Kategorien.

2.1.4.5 Auswertung und Ergebnisbericht (Report)

Die Auswertung der Befragungsdaten erfolgt über zwei Berichtsformate: (1) Rückmeldung für das gesamte Unternehmen und (2) Rückmeldung für einzelne Abteilungen/Organisationseinheiten. Die automatisierte Auswertung basiert auf Mittelwerten für die einzelnen Fragen-Aspekte.

Die im Report zur Verfügung gestellte visuelle Darstellung der berechneten Ergebnisse umfasst Profillinien für die Ausprägung der Indikatoren sowie ein Netzdiagramm für die Ausprägung der Bedingungen, welche den Ebenen Technik, Organisation und Personal zugeordnet sind (s. Abb 2.4).

Darüber hinaus werden die einzelnen Fragen und die jeweilige prozentuale Verteilung der Antworten im Report abgebildet (s. Abb 2.5).

Die auf Basis der Ausprägungen (gut, mittel, schlecht) basierenden Handlungsempfehlungen werden zielgruppenspezifisch aufbereitet: Abteilungsleitungen bekommen Empfehlungen auf Basis der Ergebnisse für Ihre jeweilige Abteilung und die Unternehmensführung erhält Empfehlungen für das gesamte Unternehmen (s. Abb. 2.6).

2.1.4.6 Handbuch

Der OrgaCheck wurde so aufgebaut, dass die Funktionen von der Benutzerverwaltung über das Aufsetzen von Befragungen bis hin zur Ergebnisinterpretation selbsterklärend sind. Zur Einführung in das Tool steht ein Video-Tutorial zur Verfügung. Zusätzlich kann das Handbuch auf der Website des Projektes (www.vlead.de) eingesehen werden, in welchem die Konfiguration des Tools Schritt für Schritt erläutert wird.

1. Ergebnisse im Überblick

LEAD
Digitale Teamarbeit

A) Wie digital ist Ihr Unternehmen? Wie digital arbeitet ihr Unternehmen?

Digitale Zusammenarbeit (Häufigkeit)	Remote Arbeit (Häufigkeit)	Digitale Geschäftsprozesse (Anteil)
65 %	41 %	68 %

B) Wie läuft die digitale Zusammenarbeit?

Aspekte einer erfolgreichen digitalen Zusammenarbeit	Bewertung
Technikzufriedenheit	
Effektivität der Unternehmensprozesse	
Identifikation mit dem Unternehmen	
Nutzen digitaler Zusammenarbeit	
Informationsüberlastung	
Arbeitszufriedenheit	
Wohlbefinden	

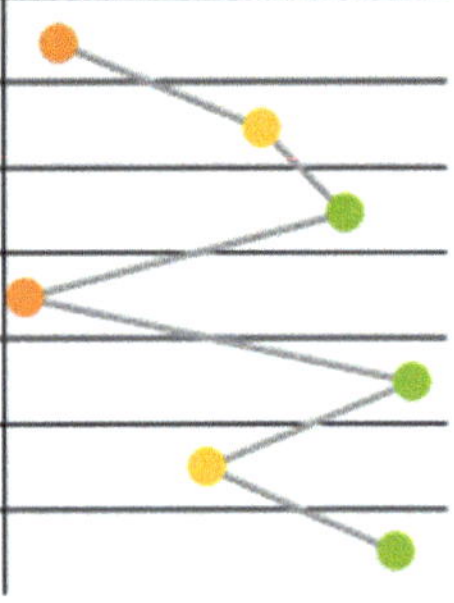

C) Welche Stellschrauben gibt es?

Die Aspekte einer erfolgreichen digitalen Zusammenarbeit stehen im Zusammenhang mit den folgenden Bedingungen. Diese lassen sich als Ursachen oder Stellschrauben verstehen.

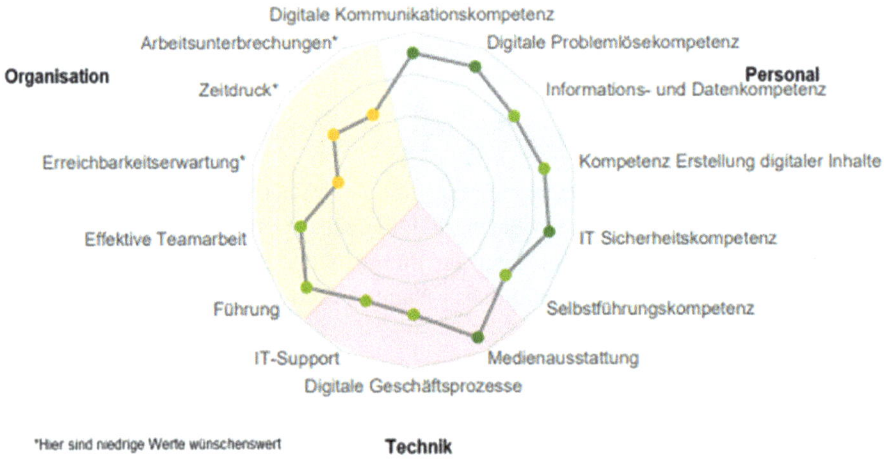

*Hier sind niedrige Werte wünschenswert

Abb. 2.4 Auszug aus dem OrgaCheck-Report für die Unternehmensleitung mit dem Abschnitt Ergebnisse im Überblick

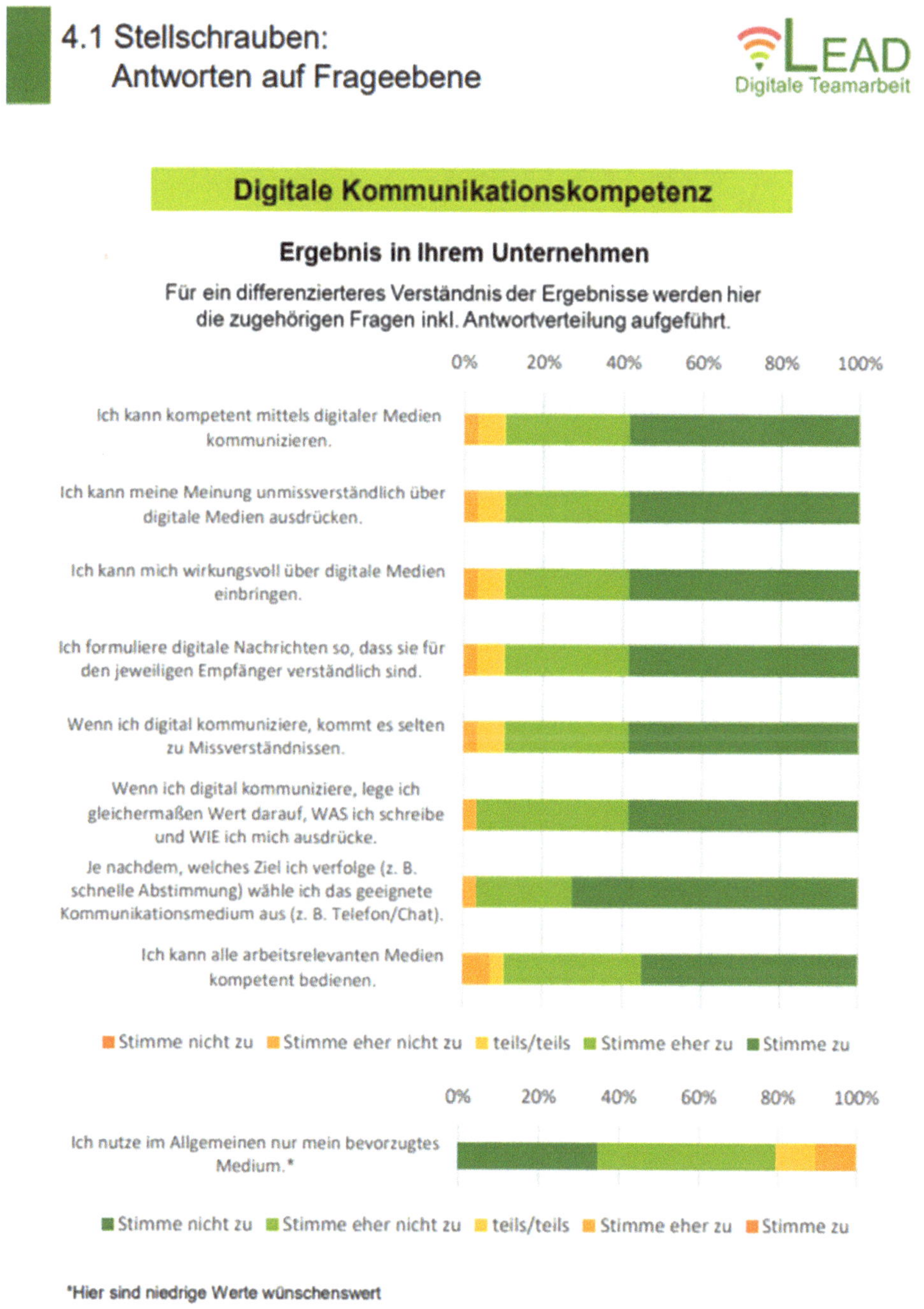

Abb. 2.5 Auszug aus dem OrgaCheck-Report für die Unternehmensleitung mit dem Abschnitt Stellschrauben: Antworten auf Frageebene exemplarisch für den Aspekt Digitale Kommunikationskompetenz

3.3 Handlungsempfehlungen: Ebene Personal

vLEAD Digitale Teamarbeit

Digitale Kommunikationskompetenz

Ergebnis in Ihrem Unternehmen

schlecht	mittel	gut
		●

Wie lässt sich dieses Ergebnis interpretieren?

Personen mit einer hohen digitalen Kommunikationskompetenz

- fühlen sich sicher im Umgang mit digitalen Medien
- passen ihre Kommunikation an den Kenntnisstand des Empfängers an
- wissen, wann sie welches Medium verwenden sollen

Wie lässt sich dieses Ergebnis verbessern?

Weiter so – hinsichtlich der digitalen Kommunikationskompetenz gibt es keinen akuten Handlungsbedarf.

Handlungsempfehlungen bei mittlerer/schlechter Ausprägung:

Schulungen. Schulungen zu digitaler Kommunikation und Medienwahl im Unternehmen können helfen, ein gemeinsames Verständnis über die Mediennutzung zu stärken. Dadurch werden Kompetenz und Motivation einzelner Mitarbeitender gefördert.

Lern- und Explorationsphase. Bei der Einführung neuer digitaler Medien sollten Mitarbeitende eine ausreichende und ungezwungene Lern- und Explorationsphase erhalten. Dies kann Skepsis und Zweifel gegenüber neuen Medien reduzieren.

Abb. 2.6 Auszug aus dem OrgaCheck-Report für die Unternehmensleitung mit dem Abschnitt Handlungsempfehlungen

2.2 Evaluation des OrgaChecks – erste Anwendungserfahrung und Einsatzmöglichkeiten des Tools

Anna T. Niesen und Conny H. Antoni

Der OrgaCheck wurde entwickelt, damit Unternehmen mittels einer online Befragung ökonomisch und valide überprüfen können, inwieweit sie die Bedingungen für effektive digitale Führung und Zusammenarbeit auf den Ebenen Technik, Organisation und Personal geschaffen haben oder an welchen Stellen sie nachbessern müssen. Inwieweit OrgaCheck diese Anforderungen erfüllt, haben wir im Rahmen einer Evaluation überprüft.

Dazu wurden in einem ersten Schritt die im OrgaCheck hinterlegten Fragen vor dem ersten Einsatz auf ihre Verständlichkeit hin überprüft. Dabei wurde der Fragenpool des OrgaChecks Personen aus verschiedenen Unternehmen zur Beantwortung vorgelegt. Die Testpersonen wurden gebeten, alle Überlegungen, die sie bei der Beantwortung einer Frage anstellen, laut zu formulieren (Technik des lauten Denkens; Prüfer & Rexroth, 2005). Zusätzlich wurde beispielsweise durch Nachfragen erfasst, wie die einzelnen Fragen verstanden werden und ob die Wahl des Antwortformates als stimmig wahrgenommen wird.

Der OrgaCheck wurde im Laufe seiner Entwicklung von vier Unternehmen aus unterschiedlichen Branchen (insbesondere Dienstleistung und Gesundheit) in Deutschland eingesetzt. Dieses Vorgehen ermöglicht es, Verbesserungen bereits während der laufenden Entwicklung des Tools umzusetzen. So zeigten sich insbesondere Schwierigkeiten im Verständnis und der Interpretation der statistischen Zusammenhänge, welche Grundlage der Ergebnisinterpretation sind. Aus diesem Grund wurden die Texte und die grafische Darstellung der Zusammenhänge überarbeitet und um eine inhaltliche Interpretation ergänzt, was zu einem besseren Verständnis beitrug.

Im Rahmen der Evaluation wurde die Ergebnisrückmeldung noch manuell erstellt. Im Vergleich zur finalen Version des OrgaChecks kam es daher zu einer zeitlichen Verzögerung zwischen Umfragedurchführung und Ergebnisrückmeldung. Die unterschiedlichen Zielgruppen der Nutzung (Unternehmensleitung, Abteilungsleitung, Mitarbeitende) wurden mithilfe von leitfadengestützen Interviews befragt sowie zum Teil bei der Anwendung beobachtet. Im Folgenden werden die Ergebnisse der Anwendungsbeobachtung und Interviews im Überblick zusammengefasst und für die Bereiche Aufbau und Anwendbarkeit des OrgaChecks sowie Verständlichkeit und Vollständigkeit seiner Inhalte und weitere Erkenntnisse bei seiner Anwendung dargestellt.

2.2.1 Bewertung des Aufbaus und der Anwendbarkeit des Ergebnisberichts

Alle drei Befragtengruppen *(Unternehmensleitung, Abteilungsleitung, Mitarbeitende)* bewerten es positiv, dass der OrgaCheck Ressourcen und Belastungen auf den drei Ebenen Unternehmen, Abteilung und Person bei der Ergebnisrückmeldung unterscheidet, Handlungsbedarfe in ihrer Priorität verdeutlicht und entsprechende Handlungsempfehlungen zur Verbesserung der digitalen Zusammenarbeit zur Verfügung stellt.

Von den Unternehmensleitungen wurde es als hilfreich bewertet, dass *d*ie drei Ressourcen und Belastungen, die eine besonders kritische Ausprägung auf Unternehmensebene aufweisen, als erste Priorität gekennzeichnet werden. Dies erleichtere ihnen zu entscheiden, welche Maßnahmen mit welcher Priorität getroffen werden sollten, um die digitale Zusammenarbeit im Unternehmen zu verbessern. Außerdem vereinfache es die Möglichkeit, einen Überblick über die umfangreichen Ergebnisse zu erhalten.

Die Abteilungsleitungen bewerteten es als besonders sinnvoll und hilfreich, dass sowohl ihnen als auch den Mitarbeitenden eine Ergebnisrückmeldung zur Verfügung gestellt wird. Dadurch ließen sich Handlungsempfehlungen in kleineren Einheiten leichter umsetzen.

Auch die Mitarbeitenden sahen die personalisierte Rückmeldung mit Handlungsempfehlungen als Vorteil an. Sowohl Mitarbeitende mit und ohne Erfahrung in Unternehmensbefragungen bewerten die Befragung durch OrgaCheck positiv. Sie wird als gute Gelegenheit zur Ist-Analyse digitaler Zusammenarbeit wahrgenommen, in der subjektive Einschätzungen objektivierbar werden, und deren Ergebnisse eine gute Grundlage zur Reflexion und Diskussion bieten. Die Befragung schärfe den Fokus für relevante Themen.

> „Es war (…) gut, sich mit dem Thema zu beschäftigen, wo ich stehe [und] wo sind noch Ausbaumöglichkeiten, also wie sieht es zum Beispiel bei Informations- und Datenkompetenz aus [und] wo kann man noch ansetzen."

Zudem werden die Ergebnisse als insgesamt stimmig wahrgenommen, d. h. sie spiegeln den eigenen Eindruck und die Erfahrungen der Interviewten hinsichtlich der digitalen Zusammenarbeit wider:

> „Alle anderen Sachen decken sich soweit.", „Ich finde mich in den Ergebnissen wieder und das ist für mich schlüssig. Die Grafiken sind ja recht übersichtlich aufgebaut, mit einer Markierung von schlecht bis gut."

Alle Befragtengruppen bewerten es positiv, dass der OrgaCheck die drei Ebenen Unternehmen, Abteilung und Person bei den Handlungsempfehlungen zur Verbesserung der digitalen Zusammenarbeit unterscheidet. Sie heben insbesondere den Detailreichtum und die Übersichtlichkeit der Rückmeldung sowie die auf den Ergebnissen basierenden konkreten Handlungsempfehlungen positiv hervor:

> „Also die Ergebnisrückmeldung, die zeigt ja hier, das finde ich wirklich gut gemacht, mit diesen grünen und roten Punkten (…) da sind wir gut unterwegs, da sind wir schlecht unterwegs. Und da, wo man schlecht unterwegs ist, müssen wir besser werden. Dafür würde ich schon sagen mit dieser Rückmeldung war das schon sehr hilfreich."

„Also die Handlungsempfehlungen finde ich schon mal ganz gut, dass die auch sprachlich sind und konkrete Anregungen gegeben werden. Sei es irgendwie Leitlinien zu entwickeln, Tools, Evaluationen, Qualitätszirkel."

Bei den Handlungsempfehlungen handelt es sich um Vorschläge, deren Umsetzung individuell gestaltet werden kann. Beispielsweise wurden auf Basis der Befragung in einem Unternehmen folgende Empfehlungen umgesetzt:

„Wir haben zum Beispiel gesagt, um die Erreichbarkeit zu verbessern, gibt es hier dann einfach eine Einrichtung [Hotline], die immer erreichbar ist. … Und diese Hotline, die ist immer erreichbar, sodass die Kollegen in Ruhe in ihren Projekten arbeiten können und tatsächlich auch nur im Notfall gestört werden und nicht für irgendwelche Kleinigkeiten."

Die Handlungsempfehlungen können als Lösungsansätze verstanden werden. Es ist entscheidend, wie das Unternehmen mit den Ergebnissen umgeht, an welchen Stellen zusätzliche unternehmensspezifische Umstände erfasst werden und welche Maßnahmen abgeleitet werden:

„[Die Handlungsempfehlungen sind] zum Teil (…) sehr unkonkret. Was ja nicht heißt, dass das Unternehmen nicht mit ein bisschen Eigenleistung dann nochmal exaktere Handlungsempfehlungen [nachher in Kleingruppen Workshops] ableiten kann. (…)."

Als wichtige Voraussetzung für die Verbesserung der digitalen Zusammenarbeit, aber auch um die Motivation für weitere Umfragen und Veränderungsmessungen mit dem OrgaCheck aufrecht zu erhalten, wurde genannt, dass die Ergebnisse im Unternehmen bzw. in der Abteilung nachbesprochen werden:

„Wenn mich jemand [mithilfe einer Umfrage wie OrgaCheck] etwas fragt und von mir eine Antwort erwartet, dann gehe ich davon aus, dass er mit der Antwort etwas macht und die nicht nur abheftet und das Thema dann erledigt ist."

„(…) dann [würde] ja wahrscheinlich auch niemand mehr teilnehmen wollen."

Veränderungen zur Verbesserung der digitalen Zusammenarbeit sollten dabei nicht nur auf Unternehmensebene, sondern auch auf Abteilungsebene erfolgen:

„Das ist in der Abteilung, aber die ganze Firma profitiert davon."

Dabei ist es wichtig, hinsichtlich der Handlungsempfehlungen zu priorisieren, um sich nicht zu viel auf einmal vorzunehmen, was dann nicht umgesetzt werden kann, sondern Schritt für Schritt vorzugehen:

„Ja, wir wollen jetzt natürlich auch nicht an zu vielen Schrauben gleichzeitig drehen. Dass sich erstmal das Eine setzen kann und der nächste Schritt wäre jetzt auch, dass man nochmal gemeinsam (…) die Befragung [reflektiert], und mal schaut, was die Kollegen vielleicht auch noch für Ideen haben, wo man sich da noch verbessern kann."

Bei der Priorisierung der Maßnahmen hilft auch, dass in der Ergebnisrückmeldung dargestellt wird, wie groß der Zusammenhang zwischen einem Aspekt der digitalen Zusammenarbeit und den untersuchten Stellschrauben ist:

> „Also (…), dass man da wirklich Handlungsansätze daraus zieht, dann ist das natürlich sehr hilfreich zu sehen, dass die Ebene Organisation und insbesondere die effektive Teamarbeit da besonders relevant ist für das Wohlbefinden im Unternehmen. Also muss ich die Teamarbeit noch mehr stärken."

Der Einsatz des OrgaChecks ist aus Sicht der Befragten lohnenswert: Der Aufwand der Befragung mit einer durchschnittlichen Bearbeitungsdauer von 20 min werde als gering eingestuft und stehe in einem guten Verhältnis zum Nutzen (d. h. verständliche und umfassende Ergebnisrückmeldung).

> „Das waren überwiegend Personalkosten, die [bei der Nutzung von OrgaCheck] angefallen sind. Da ich persönlich ein Riesen-Fan davon bin, Mitarbeitende einzubeziehen, weil die einfach nun mal im täglichen „Doing" diese Punkte haben, …. nur dann, wenn man Mitarbeiter einbezieht, [kann man] auch zielorientierte Ergebnisse daraus ziehen. Deshalb steht das für mich voll im Verhältnis."

2.2.1.1 Bewertung der Verständlichkeit und Vollständigkeit der Inhalte

Die Verständlichkeit der Inhalte, d. h. was sich hinter den jeweiligen Aspekten verbirgt, war laut Aussagen aller Befragtengruppen gegeben. Die im Tool hinterlegten Erklärungen wurden als hilfreich wahrgenommen. Dies betrifft die Beschreibung der Aspekte beim Aufsetzen einer Umfrage, im Ergebnisbericht, die Formulierung der Fragen sowie die Bereitstellung von Verhaltensankern und die Einsicht der zugehörigen Fragen:

> „Das war soweit Alles selbsterklärend." „Die Fragen sind gut verständlich (…). Es werden alle wesentlichen Aspekte abgefragt, schön ist das Feedback am Ende."

> „… wenn ich einen hohen Wert [in der Auswertung] habe, kommt nochmal die Erklärung was das bedeutet. Das ist hilfreich, weil mir das natürlich nochmal erläutert, woran Sie in Ihrer Untersuchung zum Beispiel Problemlösekompetenz festmachen."

Auch die Antwortmöglichkeiten in OrgaCheck decken aus Sicht der Befragten das Spektrum möglicher Antworten gut ab:

> „Die Frage war klar [verständlich], es gab immer die entsprechenden Antworten; umfangreich von nie bis auf jeden Fall, selten, häufig oder öfter, sodass man wirklich ganz detailliert eine Antwort dazu geben konnte."

Die Frage, ob den Nutzenden bestimmte Aspekte in der Umfrage gefehlt haben, wurde überwiegend mit Nein beantwortet. Um die Ergebnisse allerdings besser einordnen zu können, wurde der Wunsch geäußert, mit dem OrgaCheck zusätzlich erheben zu können, wie viele Mitarbeitende (u. a. aufgrund von Corona) in letzter Zeit auf digitale (Zusammen-)Arbeit umgestiegen bzw. wie lange die Mitarbeitenden bereits unter den aktuellen Umständen (z. B. im Home-Office) arbeiten.

> „Zu berücksichtigen ist m. E., dass es Mitarbeitende gibt, die unabhängig von Corona schon immer im Home-Office arbeiten (...) – die Ausgangsbedingungen also unterschiedlich sind – und dass die Corona-Krise insgesamt im Unternehmen dazu geführt hat, dass digitale Medien verstärkt zum Einsatz kommen."

> „Es ist bei der Auswertung zu bedenken, dass die aktuelle Arbeitssituation sich durch die Corona-Pandemie signifikant verändert hat. Es wurde in der Zeit des Lockdowns nur in Heimarbeit gearbeitet. Zurzeit wird wieder vermehrt im Büro gearbeitet. Vor dem Lockdown wurden Besprechungen z. B. im Büro durchgeführt, indem die Teilnehmenden sich an einen Tisch gesetzt haben. Diese finden jetzt per Video-Chat statt."

> „[Hilfreich wäre] diese grundsätzliche Abfrage, wie denn der individuelle Arbeitsalltag aussieht, wie man überhaupt ausgestattet ist. Als Vorabfrage, damit man das einfach besser einsortieren kann: Individuelle Präferenzen und tatsächliche Ausprägung von Home-Office sowie die individuelle Ausstattung mit Hard- & Software."

Darüber hinaus wurde angemerkt, dass neben der technischen Ausstattung auch die weitere Ausstattung im Home-Office, beispielsweise mit Mobiliar und eigenem Arbeitszimmer, erheblich zur Gesunderhaltung der Mitarbeitenden beitrage und entsprechende Fragen dazu fehlten:

> „Man braucht natürlich seinen Laptop, seine Maus, seinen PC (...). Aber auch die mobiliare Situation [ist wichtig]: Habe ich einen Arbeitsplatz mit Fensterlicht, sitze ich auf meinem Esszimmerstuhl, habe ich einen Büroarbeitsplatz zuhause? (...) Das wäre vielleicht noch so etwas, was ich aufgrund der umfangreichen Fragen dann auch noch erwartet hätte."

Hinzu kommt, dass der Aspekt Medienausstattung und Funktionsfähigkeit zwar erfasse, ob Mitarbeitende mit der notwendigen Hard- und Software ausgestattet seien und ob diese innerhalb des Unternehmens kompatibel sei, es aber häufig zu Schwierigkeiten in der Kompatibilität mit Externen, etwa Lieferunternehmen oder Kund*innen, käme:

> „Das Problem, das man häufig hat, ist, dass es sehr, sehr viele digitale Tools gibt, die man nutzen kann. Genau das ist auch das Problem: Man muss sehr viele Werkzeuge bedienen, die nicht alle immer so gut miteinander funktionieren. Es gibt unterschiedliche Softwarenutzung intern vs. mit Kunden. Auch die Pflege der Daten ist aufwendig, Zeitintensiv und anspruchsvoll (prüfen, ob die Infos an allen relevanten Stellen abgelegt ist)."

Aufbauend auf den im OrgaCheck hinterlegten Fragen zu digitaler Führung und digitaler Teamarbeit wurde angemerkt, dass es wichtig sei, die Erwartungshaltung der Mitarbeitenden zu klären und im eigenen (Führungs-)verhalten zu berücksichtigen:

> „Was mich wirklich noch interessieren würde: (...) Was erwartet ein Mitarbeiter von mir, wie will er oder sie geführt werden? (...) Ist dem das 1:1 Gespräch einmal am Tag wichtig? Oder,

wenn es ihm nicht wichtig ist, fühlt er sich kontrolliert, wenn ich ihn anrufe? [Hier helfen konkrete Fragen an die Mitarbeitenden:] Was erwartest du von deiner Führungskraft? – Ich erwarte, dass meine Führungskraft mich regelmäßig kontaktiert. Ich erwarte regelmäßige Dailys. Ich erwarte regelmäßige Weeklys."

In den Interviews wurde besonders begrüßt, dass unternehmensindividuelle Aspekte bei der Erstellung der Umfrage berücksichtigt werden können, indem die Unternehmen entscheiden, welche Aspekte sie in die Umfrage aufnehmen und ob diese mit der Kurz- oder Langversion abgefragt werden.

Beispielsweise wurden folgende Aspekte als besonders wichtig hervorgehoben: digitale Kommunikationskompetenz, IT-Sicherheit und Medienausstattung, da die befragten Unternehmen vor der Herausforderung standen, ohne viel Vorbereitungszeit zu einer Home-Office-Lösung überzugehen:

„[Digitale Zusammenarbeit] war bei uns gar nicht so ein großes Thema, nur wirklich pandemiebedingt, sind wir so sehr digital geworden. Und ich habe mich deswegen extrem mit unserer Abteilung von der IT beschäftigen müssen, um da organisatorisch diese Sachen aufzustellen."

Zudem wurde der technische Support als Grundvoraussetzung für erfolgreiche digitale Zusammenarbeit genannt, insbesondere da technische Probleme ein hohes Frustrationspotenzial haben und in Abhängigkeit der Behebungsdauer zu längeren Arbeitsunterbrechungen führen.

Insbesondere von den Abteilungsleitungen wurde in den Interviews zurückgemeldet, dass die Personalaspekte wie Informationsüberlastung, Arbeitszufriedenheit und Wohlbefinden besonders hilfreich seien, um eine Rückmeldung zu bekommen, wie die digitale Zusammenarbeit läuft und wie es den Mitarbeitenden geht.

Ebenso wurden Aspekte der Organisation, wie Führung und Teamarbeit, als besonders wichtig erachtet, da sich auf dieser Ebene der größte Erkenntnisgewinn ergebe:

Frage: „Welcher der drei Bereiche hat Ihnen die meisten Erkenntnisse gebracht?" Antwort: „Das wäre dann der Bereich Organisation."

Die umfassende und detailreiche Rückmeldung wurde zwar begrüßt, aber in Form des schriftlichen Ergebnisreports, der *im Rahmen der Evaluation eingesetzt* wurde, als teilweise sehr komplex wahrgenommen:

„Also ich habe die mir ziemlich aufmerksam durchgelesen, trotzdem fand ich sie sehr kompliziert, weil ich dann jede einzelne Frage nochmal in der Überschrift so zusammenhängend lesen musste, um den Überblick da besser zu behalten. (…) Aber die Auswertung von diesem Fragenkatalog, den wir am Anfang beantwortet hatten, die war schon sehr detailliert aufgeführt."

Die finale Version des OrgaCheck bietet zwei Formen der Ergebnisrückmeldung: unmittelbar im Tool oder über den zum Download bereitgestellten PDF-Report. Im Tool selbst werden die Ergebnisse pro Aspekt zurückgemeldet. Die Verteilung der Antworten sowie Handlungsmöglichkeiten, die im Report jeweils einen eigenen Abschnitt haben, werden im Tool auf derselben Seite dargestellt und lassen sich nach Bedarf auf- und zuklappen. Das Tool reduziert damit die Komplexität gegenüber dem schriftlichen Report.

Die Komplexität des Berichts hängt ferner davon ab, ob alle sieben Aspekte digitaler Zusammenarbeit und alle 14 Stellschrauben in der Befragung als Kurz- oder Langversion einbezogen werden. Werden alle Aspekte und Fragen in die Umfrage aufgenommen, entsteht ein 50 Seiten umfassender Report. Daher gilt es ein gesundes Mittelmaß zwischen einer ganzheitlichen Befragung und dem Setzen von Schwerpunkten nach den jeweiligen Bedarfen zu finden.

2.2.2 Weitere Erkenntnisse aus der Anwendung des OrgaChecks

Im Rahmen der Evaluation ergaben sich weitere Erkenntnisse für die Anwendung des OrgaChecks, für die Interpretation der Ergebnisse und die digitale Zusammenarbeit, welche im Folgenden dargestellt werden.

Über alle Unternehmen hinweg, die den OrgaCheck eingesetzt haben, zeigen sich hohe Werte im Digitalisierungsgrad: Es wird häufig über digitale Medien und von Orten außerhalb des Unternehmens zusammengearbeitet. Darüber hinaus ist ein hoher Anteil der Arbeits- und Geschäftsprozesse digitalisiert. Dabei zeigt sich für die Mehrheit der befragten Unternehmen, dass die technischen Voraussetzungen für die digitale Zusammenarbeit größtenteils gegeben sind.

Eine große Herausforderung besteht jedoch in der Vielfalt der eingesetzten digitalen Medien und der daraus resultierenden (dauerhaften) Erreichbarkeit über verschiedene Systeme. Umso wichtiger wird es in der Abteilung und im Unternehmen, Leitlinien zu etablieren, über welche Medien primär zu welchem Zweck kommuniziert wird:

> „Was mir auffällt, auch im täglichen Arbeiten, ist das Problem, dass man auf mehreren Kanälen gleichzeitig erreichbar ist. (...) Es ist für die Unternehmen dann auch immer die Herausforderung zu sagen; okay ich habe eine Telefonanlage, ich habe ein Mobilfunktelefon, ich habe dann hier am PC eine Software, womit kommuniziert wird. Dass man das irgendwie versucht unter einen Hut zu bringen und einheitlich arbeitet."

Dieses Phänomen spiegelt sich auch in den Ergebnissen hinsichtlich Erreichbarkeitserwartung und Arbeitsunterbrechung wider, da es schwierig ist, verschiedene Kommunikationskanäle miteinander zu vereinen bzw. diese gleichzeitig zu bedienen. Die Vielfalt an eingesetzten Medien hat zur Folge, dass die gleiche Anfrage auf unterschiedlichen Kanälen kommuniziert wird, wodurch sich die Menge an eingehenden Informationen erhöht:

> „Ja, das Problem ist, der eine Kollege ruft an und man geht nicht ans Telefon, weil man gerade in einem Team-Meeting ist oder man telefoniert gerade auf dem Handy und der Andere bekommt das nicht mit. [Das Gegenüber] bekommt nicht mit, dass man gerade woanders drin ist."

> „Und heutzutage sagt man: ich bekomme den auf dem Kanal A nicht, dann probiere ich es auf dem Kanal B und wenn das nicht klappt versuche ich es nochmal auf dem Kanal C. (…) Für Unternehmen gibt es auch Möglichkeiten [Regeln aufzustellen]: Entweder kommuniziert man verbal oder es gibt nur ein [einheitliches] Tool, mit dem man arbeitet."

Oftmals gibt es zwischen Abteilungen und Teams innerhalb eines Unternehmens Unterschiede, welche digitalen Medien eingesetzt werden, wodurch sich das Aufstellen allgemeingültiger Leitlinien erschwert. Hinzukommt, dass der Einsatz digitaler Kommunikationsmedien zur Zeitersparnis beitragen kann, aber auch die Ergebnisse digitaler Besprechungen weiterhin dokumentiert werden müssen:

> „Ich muss schon Sachen nachlesen können, ich muss ein Protokoll führen und das sind so alte Dinge, an denen wir trotz der Digitalisierung festhalten müssen. Weil sonst Prozesse nicht wieder abgelesen werden können."

Trotz eines erheblichen Voranschreitens der digitalen Zusammenarbeit in Unternehmen handelt es sich um einen laufenden Prozess, der durch den OrgaCheck unterstützt werden kann:

> „Also für uns ist dieses Thema Digitalisierung generell ein laufender Prozess, wo immer wieder etwas passiert, wo es immer wieder Neuerungen gibt, wo man immer wieder am Ball der Zeit sein muss, das hört ja nie auf."

> „[OrgaCheck] hilft sich nochmal über die Verbesserungen Gedanken zu machen und die Verbesserungen auch umzusetzen. Es gibt da ja dieses schöne Bild, wo die Leute alle in einem Boot sitzen und rudern und keiner hat Zeit, das Segel hochzuziehen und das inspiriert dann auch wieder zu sagen, man muss sich da auch mal wieder um diese Themen Gedanken machen."

Bereits die Durchführung der Umfrage regt aus Sicht der Befragten schon zur Reflexion an:

> „Da waren auch schon diese Fragen, die in der Befragung gestellt wurden, dadurch hat man ja schon angefangen, zu hinterfragen, wie gewisse Situationen laufen."

Über alle Rückmeldungen, die im Rahmen der Evaluation erstellt wurden, zeigte sich, dass nur wenige der untersuchten Aspekte eine Ausprägung im mittleren bis schlechten Bereich der Antwortskala aufwiesen.

> „Also so im Groben dachte ich, wir sind da gar nicht so schlecht aufgestellt, das sieht Alles soweit schon ganz gut aus, was wir da machen. Und auch in der Vergangenheit haben wir da die richtigen Strategien an den Tag gelegt für jetzt auch zum Beispiel die Krise hier zu überwinden."

Auch die Rückmeldung zu Aspekten, die bereits gut laufen, können jedoch als Ausgangspunkt genommen werden, um in den weiteren Austausch mit den Mitarbeitenden zu treten. Die Fragen betreffen Grundvoraussetzungen guter digitaler Zusammenarbeit, die man nicht umstandslos voraussetzen darf und die man als positiv würdigen kann, bevor man sich Aspekten zuwendet, die weniger positiv bewertet wurden. So gab zum Beispiel die positive Rückmeldung zur coronabedingten Arbeit im Home-Office den befragten Unternehmen ein Zeichen, dass die digitale Zusammenarbeit gut läuft. Diese positiven Erfahrungen können als Grundlage zukünftiger Home-Office-Regelungen dienen.

2.2.3 Nutzungsbereitschaft und Fazit

Im Interview wurde nach der Bereitschaft gefragt, den OrgaCheck erneut im Unternehmen einzusetzen. In ihren Antworten betonten die Befragten die Wichtigkeit, den OrgaCheck nicht nur als Instrument zu sehen, den Ist-Zustand zu erheben, sondern als Anlass für Veränderungen:

> „Es gibt Unternehmen, die Mitarbeiterzufriedenheit abfragen. Das ist eine schöne Sache, gerade um sich selbst zu beweihräuchern, dass alles in Ordnung ist. Nur man muss daraus ableiten, um im nächsten Schritt sagen zu können: Hat sich denn daran etwas geändert? Das ist immer sehr wichtig. Wenn man das einfach nur einsetzt und immer wieder fragt, ist denn alles okay? Dann klicken die Leute irgendwann immer dasselbe an. Das bringt dann einfach nichts. Das bringt dem Unternehmen nichts und einem selbst auch nichts."

> „Der Nutzen ließe sich deutlich erhöhen, wenn man den OrgaCheck regelmäßig in Kombination mit Verbesserungsmaßnahmen durchführen würde."

Die entscheidende Voraussetzung für eine sinnvolle Interpretation der Ergebnisse und die Ableitung von Handlungsmaßnahmen bestehe in der Ehrlichkeit der Fragenbeantwortung:

> „Ich denke, das ist schon ein sehr nützliches Tool. Man muss aber eben davon ausgehen, dass sich die Kollegen auch mit den Fragen auseinandersetzen und dann ehrliche Antworten geben und nicht einfach irgendwas anklicken, nur um es gemacht zu haben. Ich glaube, das könnte ein Problem sein, das die Ergebnisse eben auch verfälscht."

OrgaCheck kann Unternehmen dabei unterstützen, den Ist-Zustand der digitalen Zusammenarbeit zu erfassen, diesen zu reflektieren und Veränderungen anzustoßen. Dabei sei der Nutzen des Einsatzes von OrgaCheck wesentlich vom Umgang mit den Ergebnissen abhängig:

> „[Wichtig ist], dass jeder, der daran teilgenommen hat, für sich selbst die Ergebnisse reflektiert und sich darüber Gedanken macht, gerade auch die ganzen Verbesserungsvorschläge und Tipps beherzigt und im Hinterkopf behält. Dass man auch als Arbeitgeber schauen kann: Wo stehen wir, wo möchten wir sein und was sind die Lösungen oder Maßnahmen oder Schritte dafür?"

Unter diesen Voraussetzungen können alle Zielgruppen von OrgaCheck profitieren:

„[Es profitiert] zum einen der Mitarbeiter selbst bzw. die Person, die den OrgaCheck ausfüllt, um zu schauen, wo man steht und wo Handlungsbedarf besteht. Und zum anderen natürlich der Arbeitgeber oder die Personen im Unternehmen, die die Handlungsempfehlungen dann auch umsetzen können oder die Schnittstelle sind."

Entscheidend für die Nutzungsbereitschaft ist dabei, die Verständlichkeit, die Bedienbarkeit und der durch die Nutzung entstandene Erkenntnisgewinn, welche allesamt als gut bewertet werden:

„Also da könnte ich auf jeden Fall eine Gut geben, weil wenn es rein um diese Umfrage geht war es gar nicht aufwendig. Also der Zugang war direkt da, ich konnte mich da komplett durchklicken, da ist nichts hängen geblieben. Die Fragen waren verständlich und von den Auswahlmöglichkeiten, die ich hatte war immer eine zutreffend. Also da hätte ich jetzt nichts zu bemängeln."

„Gut verständliche und komfortable bzw. bedienerfreundliche Umfrage."

„Mir hat gefallen, dass man [bei den Ergebnissen] ins Details gehen kann."

Die Thematik digitale Zusammenarbeit hat erheblich an Wichtigkeit gewonnen und ist auch in Zukunft nicht mehr wegzudenken:

„Digitale Zusammenarbeiten wird sicherlich nicht in diesem Ausmaß wie es jetzt gelebt wird, aber mit einem deutlich höheren Ausmaß als vor der Pandemie, weitergelebt werden. Das müssen wir auch in der Unternehmenskultur verankern. Dazu zähle ich auch gewisse Regeln der digitalen Zusammenarbeit. Das heißt, dass klar ist, was wird erwartet, wenn man digital arbeitet, Erreichbarkeiten vorher festlegen oder feste Arbeitstage, Einteilung im Team, wer wann wie von zu Hause aus arbeitet zum Beispiel. Was so die Erwartungshaltung des Unternehmens an die Mitarbeiter? Und auch, dass ein Grundvertrauen da ist. Das finde ich sehr wichtig, um überhaupt Selbstführungskompetenz aufbauen zu können."

Literatur

Altun, U. (2018). Identifizieren von Handlungsfeldern „digitaler arbeitsbezogener Erreichbarkeit" mithilfe einer Checkliste. *Zeitschrift für Arbeitswissenschaft, 72*(1), 56–60. https://doi.org/10.1007/s41449-017-0064-9

Antoni, C. H., & Syrek, C. (2017). Digitalisierung der Arbeit: Konsequenzen für Führung und Zusammenarbeit. Gruppe. Interaktion. Organisation. *Zeitschrift für Angewandte Organisationspsychologie (GIO), 48*(4), 247–258. https://doi.org/10.1007/s11612-017-0391-5

Antoni, C. H. (2023). Virtual teams and digital collaboration. In *Oxford Research Encyclopedia of Psychology*. https://doi.org/10.1093/acrefore/9780190236557.013.881

Badura, B., Ducki, A., Schröder, H., Klose, J., & Meyer, M. (2017). *Fehlzeiten-Report 2017: Krise und Gesundheit – Ursachen, Prävention*. Springer.

Bailenson, J. N. (2021). Nonverbal overload: A theoretical argument for the causes of Zoom fatigue. *Technology, Mind, and Behavior, 2*(1). https://doi.org/10.1037/tmb0000030

Barber, L. K., Conlin, A. L., & Santuzzi, A. M. (2019). Workplace telepressure and work–life balance outcomes: The role of work recovery experiences. *Stress and Health, 35*(3), 350–362. https://doi.org/10.1002/smi.2864

Bernardy, V., Müller, R., Röltgen, A. T., & Antoni, C. H. (2020). Führung hybrider Formen virtueller Teams – Herausforderungen und Implikationen auf Team-und Individualebene. In S. Mütze-Niewöhner, W. Hacker, T. Hardwig, S. Kauffeld, E. Latniak, M. Nicklich, & U. Pietrzyk (Hrsg.), *Projekt-und Teamarbeit in der digitalisierten Arbeitswelt: Herausforderungen, Strategien und Empfehlungen* (S. 115–138). Springer. https://doi.org/10.1007/978-3-662-62231-5_6. Zugegriffen am

Brillhart, P. E. (2004). Technostress in the workplace: Managing stress in the electronic workplace. *Journal of American Academy of Business, 5*, 302–307.

Carretero, S., Vuorikari, R., & Punie, Y. (2017). DigComp 2.1: The digital competence framework for citizens with eight proficiency levels and examples of use. *Joint Research Center (European Commission)*. https://doi.org/10.2760/38842

Dabbish, L. A., & Kraut, R. E. (2006). Email overload at work: An analysis of factors associated with email strain. *Proceedings of the 2006 20th anniversary conference on computer supported cooperative work*. (S. 431–440). https://doi.org/10.1145/1180875.1180941

Daft, R. L., & Lengel, R. H. (1986). Organizational information requirements, media richness and structural design. *Manag Sci, 32*(5), 554–571. https://doi.org/10.1287/mnsc.32.5.554

Destatis. (2024). *Kleine und mittlere Unternehmen 2022 -Statistisches Bundesamt*. https://www.destatis.de/DE/Startseite->Themen->Branchen und Unternehmen->Unternehmen->Kleine und mittlere Unternehmen. Zugegriffen am 01.09.2024.

Greenhaus, J. H., Allen, T. D., & Spector, P. E. (2006). Health consequences of work–family conflict: The dark side of the work – family interface. *Research in Occupational Stress and Well-being, 5*, 61–98. Emerald (MCB UP). https://doi.org/10.1016/S1479-3555(05)05002-X

Hertel, G., Geister, S., & Konradt, U. (2005). Managing virtual teams: A review of current empirical research. *Human Resource Management Review, 15*(1), 69–95. https://doi.org/10.1016/j.hrmr.2005.01.002

Junghanns, G., & Kersten, N. (2019). Informationsüberflutung am Arbeitsplatz. *Zentralblatt für Arbeitsmedizin, Arbeitsschutz und Ergonomie, 69*(3), 119–132. https://doi.org/10.1007/s40664-019-00370-w

Latniak, E. (2017). Ressourcenstärkende Führung – operative Führungskräfte in virtuellen Kontexten. Gruppe. Interaktion. Organisation. *Zeitschrift für Angewandte Organisationspsychologie (GIO), 48*(4), 263–271. https://doi.org/10.1007/s11612-017-0389-z

Mayring, P., & Fenzl, T. (2014). Qualitative inhaltsanalyse. In *Handbuch Methoden der empirischen Sozialforschung* (S. 543–556). Springer VS.

Misra, S., & Stokols, D. (2012). Psychological and health outcomes of perceived information overload. *Environment and Behavior, 44*(6), 737–759. https://doi.org/10.1177/0013916511404408

Mohammed, S., Ferzandi, L., & Hamilton, K. (2010). Metaphor no more: A 15-year review of the team mental model construct. *Journal of Management, 36*(4), 876–910. https://doi.org/10.1177/0149206309356804

Monz, A., & Vogl, G. (2020). Mobile Arbeit – räumlich entgrenzt und ortsgebunden. *Zeitschrift für Arbeitswissenschaft, 74*(3), 178–187. https://doi.org/10.1007/s41449-020-00220-z

Moskaliuk, J. (2019). Technik vs. Mensch: Kommunikation mit digitalen Medien. In J. Moskaliuk (Hrsg.), *Beratung für gelingende Leadership 4.0* (S. 27–35). Springer.

Neufeld, D. J., Wan, Z., & Fang, Y. (2010). Remote leadership, communication effectiveness and leader performance. *Group Decision and Negotiation, 19*(3), 227–246. https://doi.org/10.1007/s10726-0089142-x

Parsons, C. K., Liden, R. C., O'Connor, E. J., & Nagao, D. H. (1991). Employee responses to technologically-driven change: The implementation of office automation in a service organization. *Human Relations, 44*(12), 1331–1356. https://doi.org/10.1177/001872679104401206

Prüfer, P., & Rexroth, M. (2005). *Kognitive Interviews.* (GESIS-How-to, 15). Mannheim: Zentrum für Umfragen, Methoden und Analysen -ZUMA-. https://nbn-resolving.org/urn:nbn:de:0168-ssoar-201470

Ragu-Nathan, T. S., Tarafdar, M., Ragu-Nathan, B. S., & Tu, Q. (2008). The consequences of technostress for end users in organizations: Conceptual development and empirical validation. *Information Systems Research, 19*(4), 417–433. http://www.jstor.org/stable/23015440

Saam, M., Viete, S., & Schiel, S. (2016). *Digitalisierung im Mittelstand: Status Quo, aktuelle Entwicklungen und Herausforderungen.* ZEW-Gutachten und Forschungsberichte. http://ftp.zew.de/pub/zew-docs/gutachten/Digitalisierung-im-Mittelstand.pdf. Zugegriffen am 01.09.2024.

Schaper, N. (2011). Wirkungen der Arbeit. In F. W. Nerdinger, G. Blickle, & N. Schaper (Hrsg.), *Arbeits- und Organisationspsychologie* (S. 476–495). Springer Medizin.

Schönfelder, C. (2019). Digitale Kommunikation und Führung 4.0 – zum Potenzial neuer Kommunikationsinstrumente für aktuelle Führungsrollen. In M. Stumpf (Hrsg.), *Digitalisierung und Kommunikation* (S. 199–210). Springer Fachmedien Wiesbaden. https://doi.org/10.1007/978-3-658-26113-9_12

Statista. (2024). *Anteil der im Homeoffice arbeitenden Beschäftigten in Deutschland vor und während der Corona-Pandemie 2020 und 2021.* https://de.statista.com/statistik/daten/studie/1204173/umfrage/befragung-zur-homeoffice-nutzung-in-der-corona-pandemie/. Zugegriffen am 01.09.2024.

Syrek, C., Röltgen, A., & Volmer, J. (2018). Nach der Arbeit erreichbar sein?: Zum Einfluss des Führungsverhaltens. *Personal Quartely, 70*(2), 10–15. https://fis.uni-bamberg.de/handle/uniba/45565

Zaccaro, S. J., & Bader, P. (2003). E-leadership and the challenges of leading E-teams. *Organizational Dynamics, 31*(4), 377–387. https://doi.org/10.1016/S0090-2616(02)00129-8

vLead-TeamCheck – ein Analysetool zur Unterstützung von Teamreflexionen

3

Conny H. Antoni, Rebecca Müller und Matthias Quinten

Im folgenden Kapitel wird die Entwicklung des TeamCheck (teamcheck.vlead.de) dargestellt, welches im Rahmen des Forschungsprojekts *vLead* von Conny Antoni und Rebecca Müller unter Mitarbeit von Valeria Bernardy und Anna Niesen an der Universität Trier in Kooperation mit Mathias Quinten und dem Unternehmen DataOne entwickelt wurde. Das Ziel des Forschungsprojekts war es, Instrumente für u. a. eine effektive digitale Teamarbeit zu entwickeln.

3.1 Herleitung und Konzept des TeamChecks

Rebecca Müller und Conny H. Antoni

Als Ausgangspunkt für die Entwicklung von TeamCheck wurden Erhebungen in zwei mittelständischen Unternehmen aus dem IT-Bereich in Deutschland durchgeführt, um die Unterstützungsbedarfe aus Führungs- und Mitarbeitendensicht bezüglich der digitalen Teamarbeit zu erheben. Um die Ergebnisse dieser Umfragen einzuordnen, werden zunächst die zentralen theoretischen Konzepte erläutert, die dem Tool zugrunde liegen. Anschließend wird das Tool TeamCheck inklusive der Funktionen und Konzeption beschrieben.

C. H. Antoni (✉) · R. Müller
Abteilung für Arbeits-, Betriebs- und Organisationspsychologie, Universität Trier, Trier, Deutschland
E-Mail: antoni@uni-trier.de

M. Quinten
Data One Academy, Data One GmbH, Saarbrücken, Deutschland
E-Mail: matthias.quinten@dataone.de

C. H. Antoni et al. (Hrsg.), *Digitale Führung und Zusammenarbeit*,
https://doi.org/10.1007/978-3-662-63764-7_3

3.1.1 Theoretische Konzepte

Die zunehmende Digitalisierung der Arbeitswelt eröffnet Teammitgliedern trotz unterschiedlicher Arbeitsorte die Möglichkeit, an gemeinsamen Aufgaben zusammenzuarbeiten. Diese digitale Teamarbeit stellt Herausforderungen an die Teammitglieder, da sich Teamprozesse unter medienvermittelter Zusammenarbeit und Kommunikation im Vergleich zu face-to-face Teamarbeit verändern (Antoni, 2023). Die Bearbeitung arbeitsrelevanter Themen findet bei digitaler Teamarbeit primär asynchron über digitale Plattformen oder synchron über virtuelle Meetings statt. Bei der asynchronen Teamarbeit über digitale Plattformen ist häufig nicht klar, welche Informationen in welchem Medium dokumentiert sind. Dies führt zu einer zeitaufwendigen Informationssuche oder gar Informationsverlusten. Es kann also vorkommen, dass nicht alle Teammitglieder einen gemeinsamen Wissensstand über die aktuelle Teamarbeit haben.

Virtuelle Meetings bieten zwar die Möglichkeit eines direkten Feedbacks, ob die Teammitglieder das Besprochene verstanden haben, diese Meetings werden aber häufig als ineffizient und ineffektiv beschrieben. Bei virtuellen Meetings werden Informationslücken einzelner Teammitglieder teilweise erst zeitverzögert erkannt. Zudem ist der Wissensaustausch im Team erschwert, da meist nur eine kurze Zeit für virtuelle Meetings eingeplant wird und in dieser Zeit so viele Themen wie möglich besprochen werden sollen. Häufig werden dann weniger wichtige Themen gar nicht oder nur sehr oberflächlich besprochen. Mögliche Missverständnisse zwischen Teammitgliedern können insbesondere entstehen, wenn z. B. nur per Audiokonferenz miteinander gesprochen wird und wichtige nonverbale Signale fehlen (Mittleman et al., 2000). Für die Teamleitung ist am Ende eines Meetings nicht immer klar, ob jedes Teammitglied aufmerksam dabei war und alle relevanten Informationen erhalten hat.

Durch die digitale Teamarbeit nimmt ein weiterer Faktor, der den Informationsaustausch im Team positiv beeinflusst, ab. Der sogenannte „Flurfunk" ist bei digitaler Zusammenarbeit nicht mehr möglich, was einen spontanen, offenen Informationsaustausch zwischen Teammitgliedern erschwert (Mesmer-Magnus et al., 2011; Mittleman et al., 2000). Die arbeitsbezogene, medienvermittelte Kommunikation erschwert zudem den Aufbau von Vertrauen im Team.

Durch die Herausforderungen, welche die digitale Teamarbeit mit sich bringt, stehen Teams also vor dem Problem, einen effizienten und effektiven Informationsaustausch im Team sowohl asynchron als auch synchron herzustellen und gemeinsame Vorstellungen über wichtige Arbeitsaspekte (sogenannte geteilte mentale Modelle) durch medienvermittelte Teamarbeit zu entwickeln (Andres, 2011; Breuer et al., 2016).

So ist es eine Aufgabe für Führungskräfte virtueller Teams, sicherzustellen, dass alle Teammitglieder die relevanten Informationen erhalten, und darüber hinaus, dass alle Teammitglieder gemeinsame Vorstellungen über die arbeitsrelevanten Aspekte des Teams entwickelt haben. An dieser Stelle setzt der TeamCheck an. Er bietet die Möglichkeit, durch kurze Online-Befragungen relevante Teamprozesse zu erfassen und regt auf Basis einer grafischen Visualisierung der Fragebogenergebnisse sowie

Reflexionsfragen die Diskussion im Team über arbeitsrelevante Themen an. Dabei stehen geteilte mentale Modelle im Fokus des Tools.

3.1.1.1 Definition geteilter mentaler Modelle

Mentale Modelle sind Vorstellungen über arbeitsbezogene Inhalte. Jedes Teammitglied hat eine mentale Vorstellung darüber, wer im Team ist beziehungsweise welche Aufgaben und Ziele das Team hat. Von geteilten mentalen Modellen spricht man, wenn die mentalen Modelle aller Teammitglieder über die arbeitsbezogenen Inhalte überlappen und übereinstimmen (Cannon-Bowers et al., 1993).

Geteilte mentale Modelle werden in der psychologischen Forschung nach ihren Inhalten in Subtypen klassifiziert. Teambezogene mentale Modelle enthalten das gemeinsame Wissen über die Fähigkeiten, Expertisen, Einstellungen und Präferenzen der einzelnen Teammitglieder. Aufgabenbezogene mentale Modelle beinhalten das gemeinsame Wissen über die Aufgabenverteilung, Teamziele und Strategien im Team (Cannon-Bowers et al., 1993). Zeitbezogene mentale Modelle beinhalten das gemeinsame Wissen über Fristen, sequenzielle Bearbeitung relevanter Aufgaben und Dauer einzelner Arbeitsschritte (Gevers et al., 2006). Medienbezogene mentale Modelle beinhalten das gemeinsame Wissen über die Nutzung digitaler Medien im Team, d. h. welches Medium für welche Aufgabe bzw. welchen Zweck genutzt wird und auf welche Art dies geschieht (Müller & Antoni 2019). Ganz konkret bedeutet das, dass die Teammitglieder ein gemeinsames Wissen darüber haben, wer mit wem über was zu welchem Zeitpunkt der Teamarbeit mittels welchem digitalen Medium kommuniziert.

Geteilte mentale Modelle können zudem dahingehend untersucht werden, inwieweit alle Teammitglieder dieselben oder ähnliche mentale Modelle über arbeitsbezogene Inhalte haben (Ähnlichkeit) und inwieweit die mentalen Modelle der Teammitglieder der Realität bzw. der korrekten Lösung entsprechen (Korrektheit). Gibt es eine korrekte Lösung, z. B. ein festgelegtes Teamziel oder eine festgelegte Reihenfolge der Aufgabenbearbeitung, ist es sinnvoll, die Korrektheit geteilter mentaler Modelle zu erfassen. Gibt es mehrere mögliche Lösungen, wie z. B. mehrere Strategien zur Aufgabenbearbeitung oder mehrere digitale Medien zur Kommunikation, ist es sinnvoll, die Ähnlichkeit geteilter mentaler Modelle zu erfassen (Mohammed et al., 2010).

3.1.1.2 Einflussfaktoren und Konsequenzen geteilter mentaler Modelle

Die bisherige Forschung hat gezeigt, dass geteilte mentale Modelle durch u. a. explizite Kommunikation über die gemeinsame Teamarbeit zwischen den einzelnen Teammitgliedern entstehen. Das bedeutet, geteilte mentale Modelle bilden sich, wenn Teammitglieder darüber kommunizieren, wer im Laufe der Teamarbeit mit wem im Team über was, wann und mit welchem digitalen Medium kommuniziert. Dieser Prozess wird als „Grounding in communication“ (Clark & Brennan, 1991) beschrieben. Auch explizites Planen und Koordinieren führen zur Bildung geteilter mentaler Modelle. Teamtrainings bzw. Interventionen im Team können die Entstehung geteilter mentaler Modelle positiv beeinflussen. Reflexion innerhalb des Teams über arbeitsbezogene Inhalte fördert ebenfalls die Entstehung geteilter mentaler Modelle. Als weitere Einflussvariable, die sich positiv auf die Entstehung geteilter mentaler Modelle auswirkt, gilt das Führungsverhalten (Gurtner et al., 2007; Marks et al., 2000).

Eine Meta-Analyse hat die bisherige Forschung zu geteilten mentalen Modellen zusammengefasst und gezeigt, dass geteilte mentale Modelle einen positiven Effekt auf andere Teamprozesse und die Leistungsfähigkeit haben (DeChurch & Mesmer-Magnus, 2010). Geteilte mentale Modelle fördern gute Teamarbeit, da sie implizite Koordinationsprozesse begünstigen. Haben Teammitglieder dieselbe Vorstellung über die oben genannten Aspekte, müssen sie nicht mehr explizit über diese organisatorischen Aspekte sprechen. Des-weiteren können die Teammitglieder das Verhalten der anderen Teammitglieder besser beschreiben, erklären und vorhersagen. Die daraus resultierende Zeitersparnis kann der Bearbeitung der eigentlichen Aufgabe des Teams zugutekommen. Geteilte mentale Modelle gehen mit einer qualitativ hochwertigeren Teamkommunikation einher (Cannon-Bowers et al., 1993). Gleichzeitig konnten Klitmøller und Lauring (2013) zeigen, dass unterschiedliche mentale Modelle über die Mediennutzung im Team zu Missverständnissen und Konflikten führen können. Die Meta-Analyse konnte außerdem zeigen, dass geteilte mentale Modelle positiv mit effizienter Teamkoordination einhergehen (DeChurch & Mesmer-Magnus, 2010). Zusätzlich führen geteilte mentale Modelle zu erhöhter kollektiver Selbstwirksamkeit im Team, was wiederum die Leistungsfähigkeit im Team verbessert.

Abb. 3.1 zeigt die Einflussfaktoren und Konsequenzen geteilter mentaler Modelle, die bereits in der Forschung untersucht und bestätigt wurden (Mohammed et al., 2010).

3.1.1.3 Der Einfluss von digitalen Medien auf geteilte mentale Modelle

Durch den Einsatz digitaler Medien kann die Kommunikation bis zu 100 % medienvermittelt zwischen den Teammitgliedern ablaufen (O'Leary & Cummings, 2007). Für ein „Grounding in communication", damit sich geteilte mentale Modelle entwickeln können, sind die Teammitglieder auf digitale Medien angewiesen. Digitale Kommunikation ist jedoch herausfordernd, da diese Medien eine reduzierte Bandbreite haben, häufig mit Res-

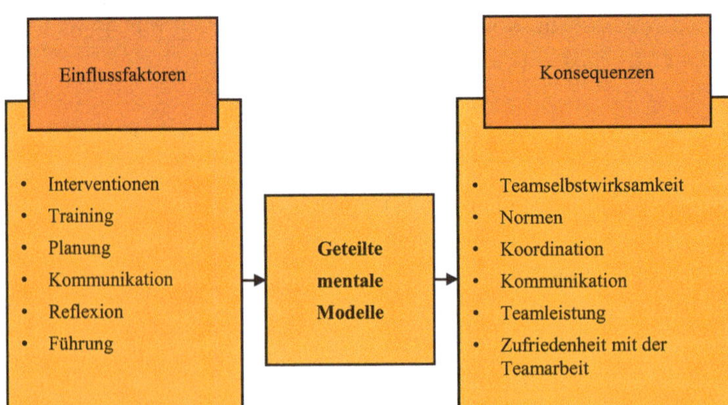

Abb. 3.1 Einflussfaktoren und Konsequenzen geteilter mentaler Modelle

triktionen einhergehen und weniger verbale bzw. nonverbale Signale als die face-to-face Kommunikation transferieren können (Clark & Brennan, 1991; Hantula et al., 2011). Die Bildung geteilter mentaler Modelle sowie der Wissensaustausch wird durch medienvermittelte Kommunikation erschwert bzw. benötigt mehr Zeit. Andres (2011) konnte in einem Experiment zeigen, dass virtuelle Teams, die rein medienvermittelt kommunizierten, weniger korrekte geteilte mentale Modelle als face-to-face-Teams hatten.

Mit zunehmender Virtualität der Teamarbeit steigt die Komplexität der Teamarbeit. Virtuelle Teams müssen mehr Aspekte beachten und koordinieren. Neben verschiedenen Standorten, von welchen aus die Teammitglieder arbeiten können, müssen sie auch ihre Mediennutzung und unterschiedliche Arbeitsweisen explizit koordinieren, damit eine effektive Teamarbeit möglich ist (O'Leary & Cummings, 2007). Durch die steigende Anzahl der Aspekte, die relevant für die Teamarbeit sind, werden geteilte mentale Modelle komplexer (Schmidtke & Cummings, 2017). Je komplexer die Arbeitssituation, desto komplexer die geteilten mentalen Modelle im Team. Hohe Arbeitskomplexität resultiert häufig in weniger ähnlichen und korrekten geteilten mentalen Modellen in Teams (Gary & Wood, 2011). Dies hat zur Folge, dass Teams weniger koordiniert arbeiten und weniger leistungsfähig sind.

Die bisherige Forschung hat gezeigt, dass auch in virtuellen Teams oder bei digitaler Zusammenarbeit geteilte mentale Modelle eine wichtige Teamvariable im Hinblick auf die Leistungsfähigkeit des Teams ist. Durch die medienvermittelte Kommunikation wird die Entstehung geteilter mentaler Modelle erschwert und Führungskräfte stehen vor der Herausforderung sicherzustellen, dass diese im Team vorhanden sind. Es ist daher sinnvoll, den Führungskräften und den Teams ein Instrument bereitzustellen, mit welchem sie im Rahmen einer digitalen Zusammenarbeit die geteilten mentalen Modelle sowie andere relevante Prozesse im Team erfassen und fördern können.

3.1.2 Erkenntnisse aus qualitativer und quantitativer Erhebung

Zur Vorbereitung und Spezifikation der Anforderungen an ein entsprechendes Unterstützungsinstrument wurde eine qualitative und eine quantitative Ist-Analyse in zwei kleinen und mittelständischen Unternehmen (KMUs) aus der IT-Branche in Deutschland durchgeführt. Ziel dieser Auswertung war es u. a. herauszufinden, wie der Stand der geteilten mentalen Modelle in den Teams der Unternehmen ist, wie Unternehmen aktuell sicherstellen, dass diese trotz medienvermittelter Zusammenarbeit gebildet werden können bzw. worin sie Schwierigkeiten und Handlungsbedarf bezüglich geteilter mentaler Modelle sehen.

3.1.2.1 Qualitative Ist-Analyse

Mittels halbstrukturierter Interviews wurden 43 Führungskräfte und Teammitglieder zu ihren Erfahrungen mit der digitalen Arbeitswelt befragt. Die Interviews wurden transkribiert und anhand deduktiver und induktiver Kategorien ausgewertet. Die Daten wurden u. a. nach Voraussetzungen für gute digitale Teamarbeit, Umsetzung dieser Voraussetzungen sowie offenen Problembereichen kodiert.

Als Voraussetzung für digitale Teamarbeit berichteten die Befragten, dass es wichtig sei, dass alle Teammitglieder auf dem aktuellen Stand seien. Im Hinblick auf die Sicherstellung eines erfolgreichen Informationsaustauschs im Team sowie der Entwicklung geteilter mentaler Modelle, zeigen die Ergebnisse der Interviews, dass Arbeitsschritte und Ziele ersichtlich und optimalerweise digital bzw. online verfügbar sein sollten.

Diese Umsetzung konnte differenziert nach asynchroner und synchroner medienvermittelter Zusammenarbeit analysiert werden.

In der asynchronen digitalen Zusammenarbeit konnte die Voraussetzung bereits umgesetzt werden. Aus Sicht der Befragten können z. B. Ticketsysteme die Sicherstellung eines erfolgreichen Informationsaustauschs im Team leisten; diese böten die Möglichkeit, dass alle Teammitglieder jederzeit nachschauen können, wer welche Aufgabe übernimmt, wie weit einzelne Teammitglieder mit ihren Aufgaben sind, welche Aufgaben als nächstes anstehen und mit welcher Strategie die Aufgaben erledigt werden. Zusätzlich böten Ticketsysteme die Möglichkeit, einzelne Aufgaben zu kommentieren:

> „… wir können Themen nachschauen; alles, was protokolliert und digital abgelegt ist, ist schnell und einfach auffindbar; teilweise durch Schlagwortsuche in einer E-Mail, im Ticketsystem oder in der Datenablage. So kann man relativ zügig das Thema finden …"

Ticketsysteme können also eine Möglichkeit bieten, insbesondere aufgabenbezogene und zeitbezogene geteilte mentale Modelle in Teams asynchron zu entwickeln.

Auf die Frage, ob in einem virtuellen Meeting alle relevanten Informationen ausgetauscht wurden, können Ticketsysteme jedoch keine Antwort liefern. Sie sind keine geeigneten Tools zur Unterstützung oder Strukturierung virtueller Meetings. Einige Befragte berichteten, dass virtuelle Meetings teils ineffizient abliefen, da sich Teammitglieder an unterschiedlichen Standorten schneller durch andere Arbeit ablenken ließen. Virtuelle Meetings liefen bis dato fast ausschließlich über Telefonkonferenzen ohne Videofunktion ab. Es käme daher vor, dass Teammitglieder nicht direkt auf Fragen antworten könnten und die Frage wiederholt werden müsse. Der Teamleitung fehle zudem die Kontrolle darüber, ob Teammitglieder bei virtuellen Meetings aufmerksam waren und alle relevanten Informationen erhalten haben. Nach Beendigung des virtuellen Meetings seien teils Zweifel vorhanden, ob wirklich alle Teammitglieder die im Meeting vereinbarten Aufgaben erledigen würden. Die folgenden Zitate beschreiben die Herausforderungen, virtuelle Meetings bzw. Zusammenarbeit effektiv zu gestalten:

> „… wenn ich mit jemandem schreibe oder auch telefoniere, weiß ich nicht, ob er komplett den Fokus auf mich setzt oder etwas Anderes nebenbei macht; ob er mir zuhört oder nicht. Ich habe schon öfters mit Kollegen telefoniert und wenn ich eine Frage stellte, kam keine Antwort und ich musste nochmals nachfragen …"

> „… die Gefahr der digitalen Zusammenarbeit ist, dass die Personen teilweise nicht aktiv dabei sind. Das funktioniert bei einem Telefongespräch zu zweit, weil das eine Interaktion ist. Sobald drei Personen involviert sind, also, sobald nicht immer jemand eine tragende Rolle hat, besteht die Gefahr, dass Personen etwas Anderes in der Zeit machen …"

Bei der Frage, welche Voraussetzungen gegeben sein müssten, um ein virtuelles Meeting effektiv gestalten zu können, berichteten die Befragten, dass es wichtig sei, dass die Kommunikation effizient und zielgerichtet abliefe. Bei den Unternehmen würde das u. a. durch eine gute Moderation der Teamleitung sichergestellt werden. Sowohl eine vorherige Agenda als auch ein Protokoll im Nachhinein helfe den Teams, das virtuelle Meeting zu strukturieren und Ergebnisse festhalten zu können. Die Wichtigkeit einer Zusammenfassung des Meetings sowie einer direkten Rückmeldung, ob es noch offene Punkte gebe, verdeutlicht folgendes Zitat:

> „… es ist wichtig, dass jemand das Meeting gut moderiert […]; typische Punkte sind z. B.: bis wann ist eine Aufgabe zu erledigen. Das garantiert, dass Aufgaben auch wirklich gemacht werden und nicht offen im Raum stehen bleiben und hinterher keiner genau weiß, wer welche Aufgabe erledigen soll …"

Als wichtige Voraussetzung für gute digitale Teamarbeit und im Hinblick auf die Sicherstellung eines medienbezogenen geteilten mentalen Modells wird neben Medienkompetenz auch das Wissen, welches digitale Medium das Team für bestimmte Zwecke verwendet, genannt. Dies bedeutet, dass es wichtig sei, gemeinsame Vorstellungen über die Mediennutzung im Team zu haben:

> „… wichtig für eine gute digitale Zusammenarbeit ist es, zu wissen, wer welches Medium wie nutzt und ob wir uns einig sind, welches das geeignetste Medium für die Teamkommunikation ist. Das bedeutet, nutze ich einen Gruppenraum oder eher die Meetings. Das erfordert Fingerspitzengefühl, weil sich jeder im Team anders organisiert …"

> „… Man muss wissen, wenn man ein bestimmtes Medium verwendet, welche Auswirkung das dann hat – auf den Gesprächspartner. Wichtig ist auszuwählen, welcher der beste Kommunikationskanal an dieser Stelle ist …"

Zusammenfassend lässt sich sagen, dass die Befragten einerseits berichteten, dass die Zusammenarbeit im Hinblick auf geteilte mentale Modelle durch die Nutzung asynchroner, digitaler Medien (z. B. Ticketsystem) erleichtert werde. Andererseits beklagten sie, dass es in virtuellen Meetings teilweise an Strukturierungs- und Gestaltungshilfe fehle, um sicherstellen zu können, dass alle Teammitglieder alle relevanten Informationen und somit auch dieselbe Vorstellung über die anschließende Aufgabenbearbeitung haben. Gemeinsame Reflexionen im Team, wer was bis wann macht, können dies ermöglichen.

3.1.2.2 Quantitative Ist-Analyse

Die quantitative Analyse in den Unternehmen wurde mithilfe eines Online-Fragebogens mit in der Forschung bewährten Fragen durchgeführt. Die quantitative Erhebung diente dabei der Validierung der Aussagen bzw. Erkenntnisse der qualitativen Analyse anhand einer größeren Stichprobe. Insgesamt haben 183 Personen an der Umfrage teilgenommen.

Die Ergebnisse zeigen, dass geteilte mentale Modelle positiv mit einer Vielzahl relevanter Teamprozesse zusammenhängen (es werden nur Ergebnisse berichtet, die signifikante Zusammenhänge aufweisen $p < 0{,}05$). Geteilte mentale Modelle gehen positiv mit geteilter Führung, kollegialer Unterstützung für Innovationen, Teamlernen, Teamadaption, Wissensaustausch und Vertrauen im Team einher. Das bedeutet: je ähnlicher die mentalen Modelle der Teammitglieder über arbeitsbezogene Inhalte sind, desto besser fallen auch andere Teamprozesse aus. Des Weiteren stehen Personenvariablen wie Empathie, Durchhaltevermögen und Selbstführungskompetenz im positiven Zusammenhang mit geteilten mentalen Modellen. Auch transformationales Führungsverhalten ist positiv mit geteilten mentalen Modellen assoziiert. Dies bedeutet, dass eine Führungskraft, die über intellektuelle Stimulation, inspirierende Vision, individuelle Beachtung und Charisma wirkt, mit besseren geteilten mentalen Modellen im Team einhergeht als eine Führungskraft, die einen wenig transformationalen Führungsstil aufweist.

Die Ergebnisse zeigen außerdem, dass geteilte mentale Modelle positiv mit Teamidentifikation, Leistungsfähigkeit, Innovationsfähigkeit, Arbeitsengagement und Work-Life-Balance einhergehen. Dies bedeutet, dass Teammitglieder, die geteilte mentale Modelle über arbeitsbezogene Inhalte haben, sich u. a. eher mit dem Team identifizieren und leistungsfähiger und engagierter arbeiten. Im Gegensatz dazu sind geteilte mentale Modelle negativ mit der wahrgenommenen Informationsflut, Rumination (Grübeln) und psychischer Erschöpfung assoziiert.

Diese deskriptiven Ergebnisse zeigen, dass geteilte mentale Modelle über arbeitsbezogene Inhalte zum einen mit einer erhöhten Leistungs- und Innovationsfähigkeit und zum anderen mit niedrigeren Werten bei Informationsüberforderung und Erschöpfung einhergehen. Wenn Teammitglieder geteilte mentale Modelle haben, haben sie weniger Kommunikationsbedarf, da das Verhalten von anderen Teammitgliedern durch die geteilten mentalen Modelle vorhersehbar ist und keiner weiteren verbalen Abstimmung bedarf. Somit führt dies auf der einen Seite zu weniger Informationsflut und auf der anderen Seite zu erhöhter Leistungsfähigkeit des Teams (Abb. 3.2).

Unter Berücksichtigung der Mehrdimensionalität geteilter mentaler Modelle in deren Inhalten und der hierarchischen Teamstruktur der Unternehmen wurden multiple Regressionen mittels Mehrebenenanalysen berechnet. Hierbei zeigte sich, dass alle Dimensionen geteilter mentaler Modelle (team-, aufgaben-, zeit- und medienbezogene geteilte mentale Modelle) positiv mit Teamkoordination und Leistungsfähigkeit korrelieren. Werden die Dimensionen als einzelne Prädiktoren in die Analyse aufgenommen, zeigte sich, dass vor allem zeitbezogene geteilte mentale Modelle wichtig für Teamkoordination und – leistungsfähigkeit sind. Das bedeutet, dass insbesondere die gemeinsame Vorstellung über Fristen, Aufgabendauer und Bearbeitungsschnelligkeit wichtig für gute Teamarbeit ist.

Neben den zeitbezogenen geteilten mentalen Modellen erwiesen sich auch die medienbezogenen geteilten mentalen Modelle als wichtig: Das bedeutet, dass es für eine gute Teamkoordination und eine hohe Teamleistungsfähigkeit förderlich ist, wenn Teammitglieder eine gemeinsame Vorstellung darüber haben, welche digitalen Medien sie im Team für welchen Zweck nutzen. Diese gemeinsame Vorstellung über die Mediennutzung

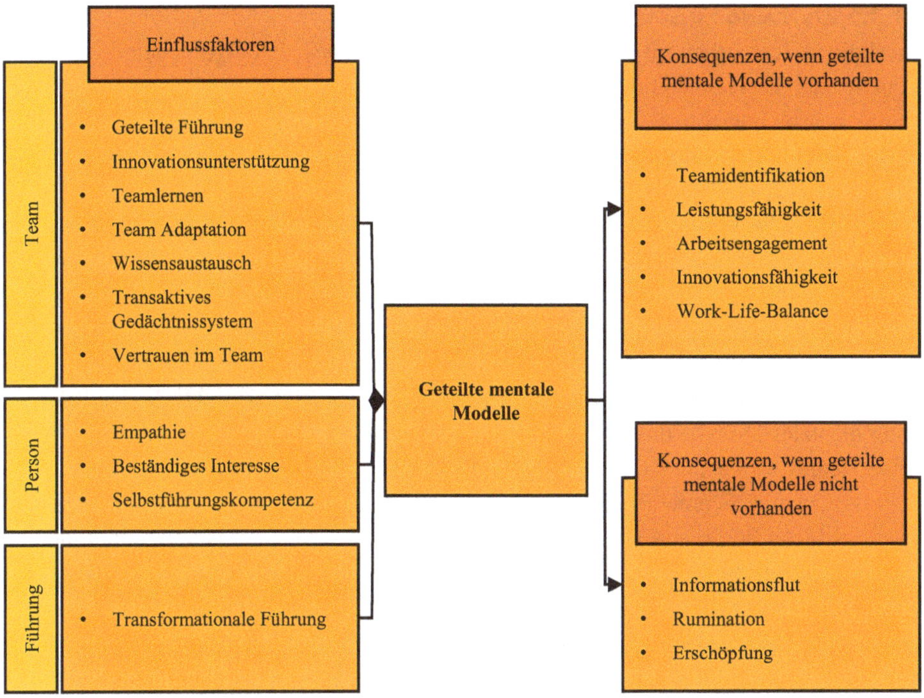

Abb. 3.2 Veranschaulichung der Ergebnisse der quantitativen Ist-Analyse auf Korrelationsbasis

im Team schien insbesondere dann wichtig zu sein, wenn Teammitglieder eine geringe Flexibilität in ihrer Mediennutzung haben. Gibt es z. B. feste Regeln bezüglich der Mediennutzung im Team (d. h. geringe Flexibilität), ist es für gute Teamkoordination wichtig, dass die Teammitglieder ein gemeinsames Wissen über ihre Mediennutzung haben (Müller & Antoni, 2020).

Zusammenfassend lässt sich sagen, dass sich sowohl in der qualitativen als auch in der quantitativen Ist-Analyse die Wichtigkeit geteilter mentaler Modelle für die digitale Zusammenarbeit zeigen ließ. Jedoch gaben die Befragten an, dass es schwierig sei, diese geteilten mentalen Modelle in der digitalen Zusammenarbeit, insbesondere in virtuellen Meetings, zu bilden und zu fördern.

3.1.3 Beschreibung des TeamChecks

Im folgenden Kapitel wird der TeamCheck anhand seiner Ziele, Einsatzmöglichkeiten, Inhalte sowie seines Rollen- und Rechtesystems erklärt. Abschließend werden die Ergebnisse, der Report und das Handbuch u. a. anhand von Abbildungen aus dem Tool erläutert (weitere Infomationen und Materialien finden sich auch auf der Website des Projektes www.vlead.de).

3.1.3.1 Ziele und Einsatzmöglichkeiten

Um digitale Teamarbeit zu verbessern, hat der TeamCheck den Fokus, geteilte mentale Modelle, sich abzeichnenden Informationsbedarf sowie Überlastungen während der digitalen Arbeit in Teams bzw. an Projekten als Online-Fragebogen zu erfassen und mithilfe eines grafischen Feedbacks zu visualisieren, um Reflexion und Regulationsprozesse im Team anzustoßen und bei Bedarf regelmäßig zu unterstützen.

Der TeamCheck bietet deshalb die Möglichkeit, Informationsbedarfe und eventuelle Missverständnisse schnell aufzudecken sowie Stimmungsbilder bzw. Auslastung der Teammitglieder transparent zu machen. Zeitnahe Auswertungen der Ergebnisse sollen eine Reflexion und Diskussion über z. B. das aktuelle Meeting anregen. Außerdem soll durch Diskussionen über die Gestaltung und Effizienz virtueller Meetings die Qualität dieser Meetings verbessert werden. Langfristig wird so das Ziel verfolgt, die Bildung geteilter mentaler Modelle und effizienter Teamprozesse zu fördern.

Der TeamCheck kann sowohl als Abschluss bzw. Feedbackrunde eines virtuellen Meetings als auch für allgemeine Statusabfragen eingesetzt werden. Beim Einsatz in virtuellen Meetings bietet der TeamCheck sowohl der Teamleitung als auch den Teammitgliedern die Möglichkeit, die Bewertung des gesamten Teams über das aktuelle Meeting live zu sehen. Das Tool kann zusätzlich auch als allgemeine Umfrage zum aktuellen Stand im Team eingesetzt werden. Durch die Möglichkeit einer individuellen Beschreibung des Kontextes, d. h. worauf sich die Umfrage bezieht, bietet das Tool darüber hinaus breite Anwendungsmöglichkeiten.

3.1.3.2 Inhalte

Der TeamCheck bietet neben der Möglichkeit, Umfragen zu erstellen und diese online auszufüllen sowie deren Ergebnisse zeitnah darzustellen, wissenschaftlich fundierte und aufbereitete Hinweise zur Gestaltung virtueller Meetings und der digitalen Zusammenarbeit im Team für den User. Bei Bedarf kann dieser sowohl die Inhalte des Tools, welche in den Umfragen erfasst werden, tiefer ergründen als auch weiterführende Tipps und Tricks erfahren, welche die Forschung bezüglich digitaler Zusammenarbeit ausgearbeitet hat.

Der TeamCheck enthält einen Pool an validierten, empirisch getesteten Aussagen zu Teamfaktoren (insg. 44 Aussagen). Diese Aspekte finden sich in den folgenden Skalen und werden mittels geschlossenem Antwortformat erfasst:

1. *Teamkognitionen* stellen gemeinsame Vorstellungen der Teammitglieder dar. Erfasst werden geteilte mentale Modelle in Bezug auf die folgenden Teamaspekte:
   - *Aufgaben: Ziele, Aufgaben und Vorgehensweisen des Teams*
   - *Rollen: Verantwortlichkeiten, Kompetenzen und Abhängigkeiten*
   - *Situation: Anforderungen der aktuellen Situation*
   - *Zeitplanung: Fristen und Arbeitsdauer*
   - *Medien: Mediennutzung zur Kommunikation und Dokumentation*

2. *Teamprozesse*:
   - *Vertrauen* bedeutet, dass die Teammitglieder sich auf die Informationen und das Engagement der anderen Teammitglieder verlassen können und sich an Vereinbarungen halten.
   - *Offenheit der Kommunikation* erfasst, ob sich die Teammitglieder zuhören, Fehler sowie Konflikte oder abweichende Meinungen besprechen und sich gegenseitig um Rat fragen können.
   - *Lernprozesse* beinhaltet, ob Teammitglieder sich gegenseitig dazu anregen, neue Blickwinkel einzunehmen, Wissen teilen, gemeinsam Schlussfolgerungen ziehen und sich Zeit nehmen Arbeitserfahrungen zu reflektieren.
   - *Teamsteuerung* erfasst, inwieweit Teammitglieder sich gegenseitig unterstützen und inwiefern eine konstruktive Feedbackkultur und eine partizipative Teamkultur vorhanden ist.
3. Unter *Arbeitsbedingungen* wird die *Arbeitsbelastung* erfasst, die beinhaltet, ob Teammitglieder aufgrund von Zeitdruck, Arbeitsunterbrechungen oder vielen parallelen Aufgaben überlastet sind.
4. Die *Effektivität* des Teams wird über die folgenden Aspekte erfasst:
   - Bewertung *des Meetings* erfasst, ob Teammitglieder das virtuelle Meeting als relevant, nützlich und effizient gestaltet empfunden haben und ob alle für sie wichtigen Themen angesprochen wurden.
   - *Zusammenhalt* erfasst, inwieweit sich die Teammitglieder mit dem Team auch bei digitaler Zusammenarbeit identifizieren und gerne zusammenarbeiten.
   - *Koordination* erfasst, ob das Team reibungslos und effizient zusammenarbeitet oder ob häufig Missverständnisse und Unklarheiten zwischen den Teammitgliedern auftreten.

3.1.3.3 Rollen und Rechte

Der TeamCheck bietet seinen Usern zwei unterschiedliche Rollen mit spezifischen Rechten an: Teamleitung und Teammitglied. Ein User kann beide Rollen und somit Rechte haben. Tab. 3.1 zeigt die Rollen und deren Rechte im TeamCheck.

Tab. 3.1 Rollen und Rechte im TeamCheck

Rolle im Tool	Rechte
Teamleitung	kann Teams anlegen kann Teammitglieder zuordnen & eine zweite Teamleitung benennen kann Umfragen erstellen, diese als Entwurf speichern und durchführen legt Fristen für die Umfragen fest sieht Ergebnisse & Auswertung
Teammitglied	kann Umfrage beantragen kann an zugewiesener Umfrage teilnehmen kann Ergebnisse & Auswertungen für eigene Umfragen sehen kann ein Team anlegen und wird für dieses Team Teamleitung

3.1.3.4 Auswertung und Ergebnisbericht

Alle Teammitglieder, die an der Umfrage des TeamChecks teilgenommen haben, erhalten die Auswertung der Ergebnisse. Diese werden sowohl online im Tool dargestellt als auch in einem Report (PDF) zum Download bereitgestellt. Der TeamCheck bietet die Möglichkeit, die Ergebnisse auf Ebene der oben genannten Aspekte und der einzelnen Fragen einzusehen. Die Ergebnisse auf Fragenebene können in unterschieddlicher Form präsentiert werden. Es ist möglich, die Verteilung der sechs Antwortmöglichkeiten zusammenzufassen, wenn beispielsweise aus Datenschutzgründen keine differenzierte Darstellung gewünscht ist. Der hohe Detailgrad ist exemplarisch in Abb. 3.3 präsentiert. Hier wird die Verteilung aller sechs Antwortmöglichkeiten (stimme gar nicht zu – stimme völlig zu), welche die Teammitglieder geben konnten, anhand verschiedener Farben abgebildet. Beim mittleren Detailgrad wird die Verteilung der Antwortmöglichkeiten der Teammitglieder mittels drei Farben dargestellt (s. Abb. 3.4). Hier werden die zwei roten, die zwei gelben und die zwei grünen Farbtöne jeweils zu einer Antwortkategorie zusammengefasst. Beim geringen Detailgrad erscheint der gesamte Balken in der Farbe der Antwortmöglichkeit, die als niedrigstes von mindestens einem Teammitglied angekreuzt wurde. Beim Anlegen jeder Umfrage kann der Detailgrad der Ergebnispräsentation individuell festgelegt werden. Ferner ist im Tool auch die Abbildung der Ergebnisse von mehreren Teambefragungen im Zeitablauf als Verlaufsdaten möglich (s. Abb. 3.5).

Abb. 3.3 Beispiel der Ergebnisdarstellung im Tool auf Fragenebene im hohen Detailgrad

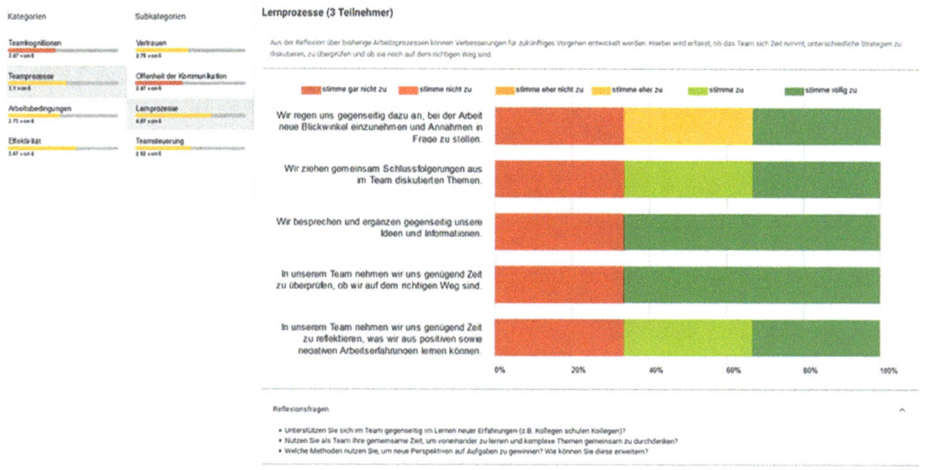

Abb. 3.4 Beispiel der Ergebnisdarstellung im Tool im mittleren Detailgrad

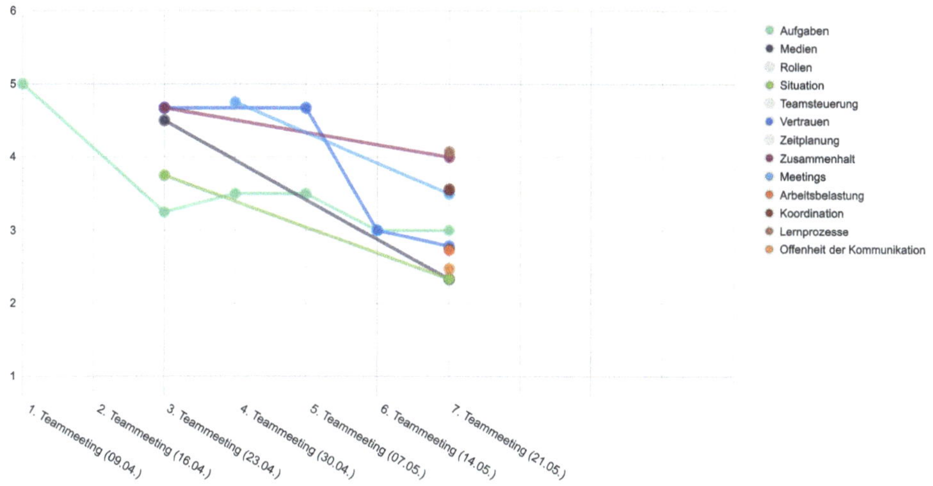

Abb. 3.5 Ergebnisse von mehreren Teambefragungen im Zeitablauf

Der Ergebnisreport ist eine ausführlichere Darstellung der Ergebnisse, inklusive der Beschreibung der abgefragten Aspekte, der erzielten Ergebnisse sowie automatisch generierter Handlungsempfehlungen, wie diese Aspekte verbessert und gefördert werden können. Zusätzlich bietet der Report die Möglichkeit, eigene Gedanken bezüglich jedes Aspekts festzuhalten. Abb. 3.6 zeigt den Ergebnisreport für den Aspekt der medienbezogenen Teamkognitionen.

vLEAD
Digitale Teamarbeit

Medien

Beschreibung:
Hier wird erfasst, inwieweit im Team Funktionalitäten sowie Grenzen der gemeinsam genutzten digitalen Medien bekannt sind und Klarheit darüber besteht, für welche Aufgaben sie im Team genutzt werden.

Medien
4.36 von 6

In Ihrem Team liegt das gemeinsame Verständnis zu Medien im oberen Bereich

Handlungsempfehlungen:
Folgende Maßnahmen können helfen, ein gemeinsames Medienverständnis im Team aufzubauen:

Teaminterne Leitlinien aufsetzen. Die Wahrnehmung, welche Kommunikationskanäle wofür genutzt werden, kann ganz unterschiedlich sein. Legen Sie einige Leitlinien fest (z. B. Emails für Dokumentation von Absprachen, Messenger nur für kurze Absprachen). Legen Sie fest, wann jemand in CC gesetzt wird und was das bedeutet. Auch bei banalen Dingen kann es zu Missverständnissen kommen.

Erreichbarkeit eingrenzen. Vor allem, wenn auch über private Kanäle kommuniziert wird, sollten Grenzen vereinbart werden.

Medien nicht selbstverständlich nehmen. Der Umgang mit Medien kann etwa durch Schulungen gefördert werden. Tauschen Sie sich mit Ihrem Team darüber aus, ob und wo diesbezüglich Bedarf besteht.

Platz für Reflexion:
- Wer präferiert welche Medien zur Zusammenarbeit im Team?
- Gibt es Regeln dazu, welche Medien wann und wofür genutzt werden sollen?
- Gibt es Normen dazu, in welcher Art und Weise über digitale Medien kommuniziert werden sollte?

Abb. 3.6 Exemplarischer Ergebnisreport für die im Team genutzten Medien

3.1.3.5 Handbuch

Für die bessere Implementierung und Nutzung des TeamChecks steht ein online Handbuch mit den wichtigsten Informationen zum Tool zur Verfügung. Das Handbuch ist rollenspezifisch aufgebaut. Somit soll verhindert werden, dass alle potenziellen User des TeamChecks alle Informationen lesen müssen. User haben die Chance, die einzelnen Kapitel auszuwählen, welche für ihre Rolle im TeamCheck relevant sind. Weiterhin gibt es ein separates Handbuch für die Teamleitung und für Teammitglieder.

Dieses Handbuch befasst sich kurz und knapp mit den folgenden Aspekten bzw. Fragen:

1. Allgemeine Informationen zum TeamCheck
   - Einführung: Was ist der TeamCheck?
   - Welche Fragen bietet der TeamCheck?
   - Wie registriere ich mich beim TeamCheck?
   - Wie komme ich zu meinem Team?
2. Informationen für alle BenutzerInnen
   - Wie sieht eine Umfrage aus?
   - Wie sehen die Ergebnisse einer Umfrage aus?
   - Welche Einstellungen gibt es?
3. Informationen für die Teamleitung
   - Wie erstelle ich ein Team?
   - Wie erstelle ich eine neue Umfrage?
   - Wie beende ich eine Umfrage?
   - Was mache ich mit den Ergebnissen?
4. Weiterführende Informationen
   - Was ist bei Einführung des TeamChecks zu beachten?
   - Detailgrade: Wie werden die Ergebnisse zurückgemeldet?

3.1.4 Alternative Tools zur Analyse von Teamprozessen

Es gibt bereits andere Tools, die das Ziel zur Analyse und Verbesserung von Teamprozesse verfolgen. Zwei dieser Tools sollen hier kurz näher erläutert und eine Abgrenzung zum TeamCheck skizziert werden.

Der Fragebogen zur Arbeit im Team (FAT) ist ein wissenschaftlich fundierter Fragebogen, der die Aspekte Zielorientierung, Aufgabenbewältigung, Zusammenhalt und Verantwortungsübernahme anhand 24 validierter Aussagen erfasst und analysiert. Die Ergebnisse werden anhand eines EDV-Programms grafisch aufbereitet. Der kostenpflichtige Test steht als offline Manual im Hogrefe Verlag zur Verfügung. Inhaltlich überschneiden sich der FAT und der TeamCheck in ihren Fragebogeninhalten. Geteilte mentale Modelle, Wissensaustauch und Informationsprozesse werden sowohl im FAT (Zielorientierung und Aufgabenbewältigung) als auch im TeamCheck erfasst. Die Aspekte Zusammenhalt und Verantwortungsübernahme im FAT entsprechen den Aspekten Auslastung, Teamvertrauen, Identifikation und Zufriedenheit mit dem Team im TeamCheck. Die größten Unterschiede der beiden Tools liegen in der Länge des Fragebogens, im Format und in den Kosten. Während der FAT als Paper-Pencil Format ca. zehn Minuten dauert und nur offline zur Verfügung steht, ist der TeamCheck im Hinbklick auf die Zielgruppe der virtuellen Teams browserbasiert, online zugänglich und in seiner Bearbeitungsdauer flexibel. Die Kosten des FATs sind mit € 258,00 relativ hoch und für viele kleinen und mittelständischen Unternehmen nicht erschwinglich. Die Nutzung des TeamChecks ist dagegen kostenfrei.

Ein weiteres Tool zur Analyse der Teamarbeit stellt das Teamklima Inventar für Innovationen (TKI) dar. Das TKI umfasst 13 Subskalen, welche die vier Faktoren der Innovationen – Vision, Aufgabenorientierung, Partizipative Sicherheit und Unterstützung für Innovationen – erfassen. Inhaltlich fokussiert das TKI Teamprozesse, die wichtig für Innovationsleistungen im Team sind und hat daher weniger Anwendungsmöglichkeiten als der TeamCheck. Ebenso wie der FAT ist das TKI kostenpflichtig (ca. € 269,00) und steht nur als Paper-Pencil Format zur Verfügung.

3.2 Erfahrungsbericht zum TeamCheck

Matthias Quinten

Die Data One GmbH wirkte als geförderter Projektpartner im Projekt sowohl in der Entwicklung der technischen Anwendung als auch bei der Gestaltung der Tools sowie letztendlich als Test- und Anwendungsunternehmen mit. Im vorliegenden Kapitel beschreibt die Data One GmbH aus ihrer Projektpartnerperspektive die Ausgangssituation des Unternehmens, deren Bedürfnisse und Ziele sowie die Entwicklung des TeamChecks.

3.2.1 Digitales Arbeiten bei Data One

Data One ist ein IT-Unternehmen mit dem Fokus auf digitale Geschäfts- und Arbeitsprozesse. Das Beratungsportfolio begleitet Unternehmen ganzheitlich auf ihrem Weg durch die Digitalisierung: Von der Strategie über Change-Management, Prozessberatung und Implementierung sowie Lizenzen bis hin zu Hardware, Eigenentwicklung, Training und Support. Das bedeutet, dass die Arbeit mit digitalen Medien sowohl als Arbeitsumgebung als auch als Produktbasis allgegenwärtig ist. Die Berater und Beraterinnen sind häufig bei der Kundschaft vor Ort. Sie müssen sich mit dem Rest des Teams und den internen Servicepoints, die zum Beispiel im Büro sind, koordinieren und austauschen. Hinzu kommen externe Unterstützende, natürlich die Kunden und Kundinnen selbst und zahlreiche Teammitglieder, die remote einzubinden sind. Nicht vergessen werden sollte, dass sich das Unternehmen über mehrere Etagen des Firmengebäudes erstreckt. Das heißt, dass bei der face-to-face-Kommunikation mit zeitintensiven Laufwegen zu rechnen ist.

Unterschiedliche Einsatzorte, Raumentfernungen und eine großzügige Home-Office-Regelung führen dazu, dass die Kommunikation zumeist digital durchgeführt wird. Dazu gehören insbesondere Team-Meetings. Zum Einsatz kommen dabei vor allem:

- die Chat-Funktionen von Microsoft Skype oder Microsoft Teams
- die gemeinsame Datenablage über Microsoft Teams und SharePoint als Datenbasis
- das Projektmanagement über OneNote

- das Wissensmanagement über Yammer und Jam
- die E-Mail- und Kalenderfunktionen von Outlook
- Kommunikationstools wie Skype oder TeamViewer
- das Personalmanagement über die Module von SAP SuccessFactors
- das ERP über die SAP-Cloud-Lösung Business ByDesign

Diese Tools kommen am Tag mehrfach zum Einsatz und sind sozusagen das Mutterschiff aller Aktivitäten. Das Telefon spielt eine eher untergeordnete Rolle. Data One nutzt zum Beispiel schon seit vielen Jahren kein fest installiertes Telefongerät mehr am Arbeitsplatz. Zudem hat auch die Nutzungsintensivität von E-Mails über Microsoft Outlook eher abgenommen. Zugenommen haben dagegen die Funktionen von Microsoft Teams, da hierbei parallele Bildschirmfreigaben, das schnelle Einbinden weiterer Personen und weitere integrierte Funktionen möglich sind. Favorisiert werden dabei die Chatfunktionen von MS-Teams, wenn eine direkte Erreichbarkeit nicht dringend erforderlich ist bzw. die IP-Telefonie-Funktion, sofern eine schnelle telefonische Rücksprache notwendig ist. Die Verwendung der Kamera ist nicht vorgeschrieben, wird allerdings gerne gesehen. Die Freischaltung der Kamera nimmt offensichtlich zu, wenn der Gesprächspartner schon längere Zeit nicht mehr persönlich angetroffen wurde. Dies hat auch die lange Zeit im Home-Office während der Corona-Pandemie gezeigt.

3.2.1.1 Digitale Kommunikation bei Data One

Die Teamleitungen müssen die Herausforderung meistern, die Kommunikation mit den Teammitgliedern sowie die Kommunikation der Teammitglieder untereinander zu fördern. Eine weitere Anforderung an die Teamleitungen ist es, Über- und Unterforderungen bei Teammitgliedern rechtzeitig zu erkennen, auch wenn oftmals kein persönlicher direkter Kontakt möglich ist. Letztendlich gehört es zu den ureigensten Aufgaben der Teamleitungen, Aufgaben und Informationen zu steuern.

Jedes Team entscheidet für sich, welche Tools in der Kommunikation wann eingesetzt werden. Dies wird sehr dynamisch gehalten und orientiert sich an Innovationen und Trends. Durch die Investitionsbereitschaft des Unternehmens ist die Ausstattung immer am Puls der Zeit. Die IT-Affinität der Belegschaft sorgt für eine sehr hohe Bereitschaft, sich ständig mit neuen Möglichkeiten der IT-Technik auseinander zu setzen.

Für die Dokumentation, die Projektdaten sowie die Zusammenarbeit an Dokumenten oder Tools gibt es Regeln, die unternehmensweit gültig sind, jedoch teambezogen angepasst werden. Es muss gewährleistet sein, dass alle Involvierten Zugang zu möglichst allen Informationen und einem breiten Wissen haben. Ansonsten wäre die gelebte Dynamik in den Projekten nicht möglich.

Die Anwendungskenntnisse werden als tragendes Element im Onboarding-Prozess von neuen Mitarbeitenden vermittelt und darüber hinaus laufend erweitert.

Wichtig ist allerdings auch, dass wichtige Personalgespräche immer persönlich, also face-to-face, durchgeführt werden, auch wenn die Ergebnisse und darauf basierende Planungen wieder in digitaler Form festgehalten und in festgelegten Workflows organisiert werden. Es gilt die Feststellung, dass diese Gespräche, etwa Zielvereinbarungen, Halbjahresgespräche und ähnliche, über digitale Kanäle weniger effektiv und zufriedenstellend verlaufen, auch wenn dabei Kameratechnik zum Einsatz kommt.

Zunächst einmal kann Data One für sich festhalten, dass durch die Digitalisierung der Zusammenarbeit eine große räumliche Unabhängigkeit entstanden ist. Die vielen Eltern und Teammitglieder mit großer räumlicher Entfernung zum Firmengebäude arbeiten viel und gerne von zuhause. Projekte können somit remote unterstützt und durchgeführt werden.

Durch Befragungen der Teammitglieder, die etwa halbjährlich digital durchgeführt werden, wurden zunehmend als Verbesserungsvorschläge und auf Bitten der Teammitglieder Wünsche eingebracht, die zur Erweiterung der bestehenden Home-Office-Regelungen führten. Data One kann dabei feststellen, dass sich die intensiv genutzte Arbeitsweise von zuhause positiv auf die Bindung zum Unternehmen auswirkt.

Um den Wunsch nach höherem emotionalen, innovativen und kooperativen Miteinander nachzukommen, werden unternehmensweit festgelegte Termine für Meetings am Unternehmensstandort empfohlen. An diesen Tagen finden vornehmlich die wichtigsten persönlichen Absprachen statt. Außerdem werden an diesen Tagen Verpflegungsangebote zu gemeinsamen Pausenzeiten bereitgestellt. Bereichert wird die Förderung der Kultur des gelebten Miteinanders durch unternehmensübergreifende informelle Meetings, die von den Teammitgliedern selbst initiiert werden. Hierzu gehören gemeinsame Workouts, Spieleabende, Braukurse oder einfach ein „Bier-um-Vier"-Treffen am Freitagnachmittag als Wochenausklang.

3.2.1.2 Digitales Arbeiten mit und für Kunden

Data One agiert vorwiegend in allen Teilen von Deutschland, der deutschsprachigen Schweiz, in Österreich und in Luxemburg. Ein hoher Reiseaufwand gilt daher als eine der größten Belastungsverursacher für die einzelnen Beratenden, aber auch für die Verwaltung sowie die Führung der Teammitglieder.

Bis vor wenigen Jahren galt bei den meisten Kunden und Kundinnen die Prämisse, deren Aufträge in ihren eigenen Räumen durchführen zu lassen. Die meistgenannten Gründe hierfür sind vorwiegend die fehlende Bereitschaft zur Vertrauensarbeitszeit, die Bedenken wegen Schwierigkeiten bei der Kommunikation sowie das Fehlen entsprechender Infrastrukturen zur digitalen Zusammenarbeit. Dabei haben die Kunden und Kundinnen höhere Aufwände für Reisekosten und Reisezeiten in Kauf genommen.

Data One registriert allerdings rasch zunehmende Tendenzen, dass nun auch die Kunden und Kundinnen von sich aus die Möglichkeiten der digitalen Zusammenarbeit in Anspruch nehmen und vorantreiben. Die Erfahrungen zeigen, dass die Ergebnisse digitaler Arbeitsgespräche, etwa Projektbriefings, Fortschrittsberichte u. ä. unabhängig von der Durchführungsart, ob digital oder analog, gleichwertig sind. Allerdings werden von beiden Seiten Zusammentreffen mit höherer emotionaler Intensität eher auf analogem Weg bevorzugt. Hierzu gehören beispielsweise Vertriebs-/Einkaufsgespräche, Eskalationssitzungen und Kick-Off-Meetings. Mitunter können bei der Kundschaft aufgrund von

Restriktionen im Systemzugang notwendige technische Infrastrukturen nicht remote, also von einem örtlich getrennten Arbeitsplatz aus, genutzt werden. Dies erschwert die Abwicklung von Aufträgen aus der Ferne, sodass diese Arbeiten vor Ort erledigt werden müssen.

3.2.2 Veränderung durch digitales Führen

Teammitglieder und Teamleitungen nehmen trotz aller Vorteile des digitalen Arbeitens auch Veränderungen in der digitalen Führungsarbeit wahr. Vor allem bei Team-Meetings, die zum großen Teil auditiv durchgeführt werden, ist es stellenweise schwierig für Teamleitungen zu erkennen, ob das gerade Diskutierte verstanden und aufgenommen wurde. Daher besteht Unklarheit darüber, ob alle Teammitglieder noch „in die gleiche Richtung laufen". Auch hat sich gezeigt, dass die Intensität des Austauschs in digital dominierten Teammeetings niedriger ist. Details, die zum Verstehen beitragen würden, werden aufgrund ihrer Komplexität oftmals nicht online zu erklären versucht. Die Folge liegt auf der Hand – es fehlen manchmal Informationen.

Teamleitungen der Data One sprechen davon, dass mitunter auch die Übersicht der Teamleitung leiden kann, beispielsweise, ob jedes Teammitglied alle notwendigen Informationen zur Verfügung hat. Hinzu kommt, dass die Belastungssituation der Teammitglieder im digital geführten Team schwieriger einzuschätzen ist im Vergleich zu den Präsenzmeetings früherer Zeiten. Es stellen sich immer wieder die typischen Fragen. Wie ist der Informationsstand, wie ausgewogen ist die Aufgabenverteilung und die individuelle Belastung? Wie lange wird gearbeitet? Werden Arbeitszeiten eingehalten? Zudem kann es natürlich auch passieren, dass aneinander vorbei gearbeitet wird, dass Themen falsch oder doppelt bearbeitet werden beziehungsweise schlimmstenfalls liegenbleiben.

Als Fazit nennen die Teamleitungen die Gefahr, dass bedingt durch die Führungsarbeit bei Remote-Arbeitsplätzen der Überblick sowohl bei Führungskräften als auch bei Teammitgliedern über die oben genannten Faktoren verloren gehen kann.

Data One hat aufgrund der Rückmeldungen vor allem bei der Themenplanung der Teamleitungsschulungen darauf reagiert: Die Trainer oder Trainerinnen haben nun auch die Aufgabe, die genannten Problemfragen aufzugreifen und mit den Teamleitungen Lösungsansätze zu trainieren. Liegen im Team die gleichen Vorstellungen zu den gemeinsamen Tätigkeiten, was die einzelnen Aufgaben und Rollen im Projekt angeht, vor? Herrscht ein gleiches Verständnis davon, was das gemeinsame Ziel und die Strategien, dieses Ziel zu erreichen, angeht usw.?

Die Erfahrung aus den vergangenen Jahren, in denen Data One zunehmend auf digitale Methoden der Zusammenarbeit setzte, hat gezeigt, dass die vorherrschende Mischform aus zentraler und verteilter Zusammenarbeit sowohl positive als auch negative Auswirkungen hat. Daher wurde klar, dass es unabdingbar ist, sowohl die Teamleitungen als auch die Teammitglieder auf diese Probleme aufmerksam zu machen. Bei Data One herrscht die Meinung vor, dass eine entsprechende Sensibilisierung allerdings nicht ausreicht, da erfahrungsgemäß im Eifer des Gefechtes zeitweilig sogar angemessene Verhaltensregeln bei digitaler Kommunikation, sogenannte Compliance, nicht beachtet werden.

Nach dieser Erkenntnis bedarf es vielmehr der Beobachtung durch die Teamleitungen sowie weiterer Führungsebenen, wo sich Schwachstellen bei der digitalen Zusammenarbeit bemerkbar machen. Über Trainings, Erfahrungsaustausch und Ansprachen werden daher Handlungsempfehlungen für alle Beteiligten vermittelt, um diese Schwachstellen zu beheben.

3.2.2.1 Auswirkungen bei unterschiedlichen Teamstrukturen

Die Verantwortlichen der Data One GmbH haben recht schnell erkannt, dass der verstärkte Einsatz digitaler Instrumente bei der betrieblichen Kommunikation und der täglichen Arbeit die Führungskräfte vor neue, besondere Herausforderungen stellt. Wie bei allen Prozessen im Unternehmen sollten auch die digitale Kommunikation und der Einsatz von Softwaretools definiert werden.

Als Besonderheit bei der entsprechenden Neugestaltung spielt unter anderem auch die entsprechende Definition von Compliance-Regeln eine Rolle. Bei Data One muss berücksichtigt werden, dass die Teamstrukturen sehr variabel sind. Es gibt neben sehr kleinen auch verhältnismäßig große Teameinheiten. Manche Teams arbeiten verstärkt aus dem Home-Office heraus, andere verbringen lieber viel Arbeitszeit gemeinsam im Büro. Zudem haben aufgabenbedingt einige Teams nahezu ausschließlich bei Kunden und Kundinnen zu tun, andere können remote agieren. Hinzu kommt die unterschiedliche Anzahl an externen Projektmitgliedern, die in den Teams wie festangestellte Mitglieder zu führen und zu integrieren sind.

Diese Vielfältigkeit der Teamstrukturen erschwert beispielsweise die Festlegung der Compliance-Regeln, da diese Regeln auch von der Arbeits- und Führungsweise der Teamleitungen abhängig sind und entsprechend zwischen den Teams abweichen können. Die Teamleitungen werden bei Data One entsprechend geschult. Dennoch wurde entschieden, die Entwicklungen in der Kommunikation und in der Beanspruchung zu beobachten und gegebenenfalls Optimierungen der Prozesse und Regeln vorzunehmen.

3.2.2.2 Erfahrungen mit Kunden

Die Gestaltung von Compliance-Regeln und Prozessen in der digitalen Kommunikation mit Kunden und Kundinnen ist weitaus schwieriger zu definieren. Die Kunden und Kundinnen der Data One GmbH sind zumeist mittlere bis große Unternehmen, die auf selbstdefinierte Bestimmungen zurückgreifen. Diese sind nicht immer deckungsgleich mit den Regeln der Data One und können daher zu Differenzen führen. Es gibt Kunden und Kundinnen, die darauf bestehen, dass die Kameras bei digitalen Konferenzen einzuschalten sind. Da viele Teammitglieder auch aus dem Home-Office agieren, kann dies aber die Persönlichkeitsrechte beeinträchtigen. Immer mehr digitale Kommunikationssysteme lassen entsprechende Einstellungen zu, zum Beispiel den Hintergrund unscharf einzustellen oder Hintergrundbilder einzufügen.

Durch die Vielzahl der Softwareangebote im digitalen Kommunikationsbereich kann es zudem vorkommen, dass es Unstimmigkeiten bei der Wahl der Werkzeuge gibt. So trifft die Data One auf Kunden und Kundinnen, die darauf bestehen, die von ihnen gewählte

Software einzusetzen, auch wenn diese erhebliche Schwachstellen aufweist. Mitunter gibt es auch Bedenken bezüglich des Datenschutzes und der Datensicherheit, die bei einigen Produkten nicht immer gewährleistet ist.

Besonders viel Fingerspitzengefühl verlangen den Kolleginnen und Kollegen laut inoffiziellen Berichten auch Situationen ab, in denen sich aufgrund der Position niemand der zugeschalteten Gesprächspartnerinnen und -partnern traut darauf hinzuweisen, dass sich rücksichtsloses Verhalten im digitalen Gespräch extrem störend auswirkt. Nicht selten kommt es vor, dass jemand aus der Gesprächsrunde ein Tischmikrofon benutzt und dabei mit heftigen Tastenanschlägen Notizen in den Computer hämmert. Ein weiteres Beispiel aus der Praxis sind die störenden Geräusche, die Gesprächspartner erzeugen, indem sie permanent am Mikrofon oder am Kabel basteln, Papiere bearbeiten und zerknüllen und ähnliches. Das ließe sich zwar über Compliance-Regeln lösen. Diese sind bei besonderen Persönlichkeitsmerkmalen oder Gegebenheiten aber nicht immer durchsetzbar.

Ein sehr schwieriges Problem sind Ansprechpartner und Ansprechpartnerinnen, die immer wieder ins Wort fallen, sei es aus Übereifer, Rücksichtslosigkeit oder Besserwisserei. Oft merken diese nicht, dass Sie damit einem geregelten Gesprächsverlauf entgegenwirken.

Rückmeldungen zeigen, dass es zudem ab und an vorkommt, dass sich spürbar Spannungen aufbauen, weil der unmittelbare Kontakt im Gespräch fehlt. Hier geben die Feedbacks, z. B. in Projekt-Jour-Fixe-Gesprächen, Aufschluss, dass einige Missverständnisse oder Unwillen durch einfache beschwichtigende Körpersprachen im persönlichen Treffen hätten vermieden, zumindest abgemildert werden können. Dadurch erhöht sich der mentale Druck auf beiden Seiten.

3.2.3 Erwartungen an das Tool TeamCheck

Um für diese erkannten Herausforderungen Lösungen anbieten zu können, hat sich Data One dazu entschieden, an einem Tool mit zu entwickeln, welches die Teamleitungen darin unterstützt, trotz digitaler und verteilter Zusammenarbeit einen Überblick über Teamprozesse, Verhalten der Mitarbeitenden und deren Empfinden sowie die gesamten Kommunikationsprozesse zu erhalten.

Die Erwartungen der Data One speziell an das Befragungstool TeamCheck waren, dass ohne viel Aufwand jedem Teammitglied die Möglichkeit gegeben wird, Rückmeldung zu wichtigen Empfindungen zu geben. Hierbei geht es vorwiegend um Fragen zum Aufgabenverständnis, Störungen im Führungs- bzw. Kooperationsprozess oder sich abzeichnende Überlastungen. Die Teamleitung soll dabei unterstützt werden, Status und Ratschlag zur akuten Situation zu erhalten. Die Auswertungen sollen sowohl der Teamleitung als auch dem Team das Vertrauen geben, dass Abweichungen vom gewünschten Verhalten und Empfinden erkannt und gelenkt werden können.

Hierfür wurden die Teams frühzeitig in die Ideenfindung und Entstehung des Tools eingebunden. So konnten Anforderungen von der Basis an den TeamCheck definiert und umgesetzt werden.

3.2.4 Nutzung und Auswirkungen des Tools TeamCheck

Nach den ersten Anwendungsversuchen melden die Teamleitungen der Data One zurück, dass sich eine Umfrage über TeamCheck beachtlich schnell aufsetzen lässt. Anfangs kostet es einige Minuten, bis das Tool für den individuellen Bedarf eingerichtet ist. Die Rückmeldungen sind dennoch einheitlich dahingehend, dass die Nutzung recht schnell realisiert werden kann.

Die voreingestellten Fragen decken den Bedarf insgesamt umfänglich ab. Es wird als besonders positiv empfunden, dass einzelne Fragepunkte gewählt werden können. Die Definition, welche Teamprozesse konkret angeschaut werden sollen, lässt den Aufwand erheblich eingrenzen. Als gut bewertet wird, dass über TeamCheck eine Bewertung des konkreten Meetings möglich ist, aber auch explizite Teamprozesse, wie der Wissensaustausch im Team, wenn bspw. das Gefühl aufkommt, dass dieser der Grund dafür sein könnte, dass hier etwas nicht rund läuft.

Bei den Teammitgliedern kommt besonders gut an, dass jedes Teammitglied unmittelbar nach Abschluss der Umfrage die Ergebnisse sieht. In den Folgegesprächen mit den Testanwendenden wird von diesen beschrieben, dass Fragen zu den geteilten mentalen Modellen dazu anregen einzuschätzen, ob Unklarheiten im Team bestehen. Dies trägt dazu bei, dass nicht nur die eigene Perspektive eingeschätzt wird, sondern dies führt auch zu der Überlegung, ob diese Aspekte im Team für alle klar sind.

Noch recht wenig Beachtung finden die Reports für die erweiterten Reflexionsprozesse im Team. Diese sollen eigentlich noch weiter dazu anregen, sich zu jedem Themenbereich – heißt zu den einzelnen Aspekten der geteilten mentalen Modelle sowie zu den einzelnen Teamprozessen – weitergehenden Fragen zu widmen, welche sich jeder einzeln, aber auch gemeinsam im Team, stellen und beantworten kann. Die Möglichkeit, aus den Handlungsempfehlungen zu jedem Bereich individuelle Veränderungskonzepte zu entwickeln oder darüber hinaus den eingeräumten Platz in den Handlungsempfehlungen zu nutzen, um eigene Action Items (Liste über „wer macht was") aufzuschreiben, die man ins Team als Vorschläge einbringen könnte oder auf die man sich im Team gemeinsam einigt, wird bislang nur vage genutzt. Hier wünschen sich die Anwender und Anwenderinnen zur Anwendungsunterstützung einen erweiterten Automatismus in TeamCheck. Dazu gehören vor allem die Wünsche zur digitalen Bearbeitung, Kommentierung, Weiterleitung oder erweiterten Verwendung von Teilauszügen.

Es wurde inzwischen sowohl von Seiten der Teamleitungen als auch von Seiten der Anwendenden zurückgemeldet, dass aus der Auswahl der drei Detail- bzw. Anonymisierungsgrade der mittlere Detailgrad bevorzugt wird. Dieser wurde nun auch von den Tool-Administratoren der Data One GmbH als Standard für das gesamte Unternehmen voreingestellt. Damit sehen die Teamleiter und Teammitglieder zusammengefasst die Werte „grüner, gelber oder roter Bereich", grün für die OK-Meldung, gelb als kritisches Frühwarnzeichen und rot bei akutem Handlungsbedarf. Zu den Verlaufskurven, die über mehrere Umfragen hinweg anzeigen, wie sich ein Team über die Zeit entwickelt hat, gibt es noch keine Rückmeldungen.

Besonders positiv wird empfunden, dass die Ergebnisse einer Umfrage unmittelbar nach Beendigung der Umfrage – also im Idealfall direkt zum Abschluss eines Meetings – gemeinsam im Team eingesehen werden können. Außerdem wurde sehr positiv empfunden, dass die Unternehmensleitung als aktiver Projektsponsor auftritt und sich unterstützend einbringt.

Auf die Frage, inwieweit sich die Teamarbeit durch die Nutzung des TeamChecks verändert hat, wird mehrheitlich zurückgemeldet, dass schon das Befassen mit dem Thema an sich und die Diskussionen im Vorfeld zur Entwicklung und Einführung des Tools neue Denkansätze gebracht haben.

Zuvor haben sich die Teams nicht bewusst oder intensiv mit dem Thema des kollaborativen Arbeitens im digitalen Miteinander befasst. Es gibt und gab bereits eine gelebte Leitsatzkultur durch Compliance-Regeln für einen freundschaftlichen und innovativen Umgang miteinander, die auch durch entsprechende Schulungen, teambildende und weitere unterstützende Maßnahmen weiterentwickelt wird. Bislang standen aber die Herausforderungen des digitalen Miteinanders für Führungskräfte und jedes einzelne Teammitglied nicht im besonderen Fokus.

Sensibilisiert durch die Einführung von TeamCheck finden die Fragen über geteilte mentale Modelle nun größere Beachtung. Es wird stärker geprüft, ob sich die zunehmende digitale Transformation in den Teams in Unsicherheiten, fehlender Transparenz, Überforderung oder dem Verschlechtern des Wohlbefindens auswirken.

Es wird zudem diskutiert, inwieweit die Ergebnisse, Verlaufskurven und Rückmeldungen, die durch TeamCheck ermittelt werden, für das gesamte Unternehmen für weitere Optimierungen im Umgang miteinander genutzt werden können.

Es lässt sich für Data One noch nicht umfassend feststellen, welchen Einfluss die Nutzung des TeamChecks auf die Team-Performanz nehmen wird. Die Verantwortlichen der Data One GmbH gehen aber davon aus, dass sich der Nutzen von TeamCheck nach einigen Einsatz-Intervallen in den Teams auch auf die Teamperformanz auswirken wird.

Es ist allen involvierten Teammitgliedern klargeworden, dass der Erfolg in den Teams und somit auch jeder unternehmerische Erfolg mittel- und langfristig davon abhängig ist, inwieweit sich die interne Verhaltenskultur hin zu einem kooperativen offenen Miteinander weiterentwickelt. Dies wird bei der Data One zum einen in den Teams gefördert, aber insbesondere auch von der Führungsriege vorgelebt. Der TeamCheck wird hier unterstützend genutzt.

Data One geht davon aus, dass sich TeamCheck besonders gut dazu eignet, auch und insbesondere in seinen digital agierenden Teams entsprechende adäquate Rückmeldungen vor allem für die unteren Führungsebenen zu generieren. Signifikante Auswirkungen auf die Teamperformanz werden insofern erwartet, als die Herstellung von möglichst reibungslosen geteilten mentalen Modellen unweigerlich zu einer höheren Performanz führen wird.

3.2.5 Fazit und Ausblick

Die Rückmeldungen der bisherigen Erfahrungen mit dem Tool zeigen, dass TeamCheck sowohl als eruierendes als auch als beratendes Element gut angenommen wurde.

Die in den Vorankündigungen zum Ausdruck gebrachte Einschätzung zum Nutzen des Tools hat bereits die hohen Erwartungen übertroffen. Die Ergebnisse haben dazu beigetragen, dass anschaulich aufgezeigt wird, ob das Mindset im Team kohärent ist oder auseinandergeht. Es wurde mitunter in Meetings über Themen gesprochen, die sonst nicht auf die Agenda gekommen wären bzw. derer sich die Teamleitungen vor dem Einsatz des Tools so nicht bewusst waren. Das hat zu angeregten Diskussion geführt und in Teilen wurden bereits zusätzliche Veränderungen einzelner Prozesse festgelegt und umgesetzt, sodass das Tool zum Umsetzen von konkreten Maßnahmen geführt hat.

Die nächsten Schritte befassen sich mit den Anregungen, wie der TeamCheck von den Teams weiter genutzt wird. Es wird überlegt, inwieweit Data One dazu beitragen kann, die Teams und Teamleitungen bei der Nachbearbeitung der Erkenntnisse zu unterstützen.

Die Rückmeldung aus den Teams zeigt aber auch, dass der Zeitabstand zwischen den Befragungen höher sein soll, etwa einmal im Quartal, als den eigentlich vom Projektteam vorgeschlagenen, bedeutend kürzeren Intervallen.

Möglicherweise liegt das aber auch an der im Unternehmen bereits bestehenden hohen Hilfs- und Kommunikationsbereitschaft untereinander. Diese haben auch dazu beigetragen, dass TeamCheck allgemein als Hilfe betrachtet wird, nicht als Überwachung – was eine gewinnbringende Nutzung erschweren würde. Die Vorteile von TeamCheck wirken sich bei Data One besonders dadurch aus, dass die Teams und vor allem deren Vorgesetzte sich und ihre Arbeitsweise stets verbessern wollen. Sie sind für Anregungen dankbar und versuchen diese auch möglichst zeitnah umzusetzen. Ratschläge werden generell angefordert, in Anspruch und ernst genommen.

Die daraus generierte Empfehlung der Data One an Unternehmen, die eine weniger offene Kommunikationskultur leben, ist, sich mithilfe der effektiven Nutzung von TeamCheck dahingehend zu entwickeln. Unsere Meinung ist, dass die Effizienz des Tools TeamCheck im Unternehmen umso höher ist, je stärker die Bereitschaft der Führungskräfte und Belegschaft zum offenen Gespräch ausgeprägt ist. Repressalien, Ängste und Kommunikationsstörungen hemmen nicht nur den gewinnbringenden Einsatz von TeamCheck. TeamCheck kann auch nicht als Allheilmittel dienen, derartige Konflikte zu beheben.

3.3 Evaluation des TeamChecks

Rebecca Müller und Conny H. Antoni

Im Rahmen des Forschungsprojekts „vLead" wurde eine Evaluation des TeamChecks in kleinen und mittelständischen Unternehmen (KMUs) aus Deutschland durchgeführt. Ziel dieser Evaluation war es u. a. herauszufinden, wie der TeamCheck wahrgenommen wird, ob dieser benutzerfreundlich ausgelegt ist und die identifizierten relevanten Aspekte digitaler Teamarbeit erfasst.

3.3.1 Formative Evaluation

Formative Evaluation bedeutet, dass während des Entwicklungs- und Programmierprozesses eines Tools bereits Feedback von potenziellen Usern erfragt wird. Die formative Evaluation des TeamChecks wurde in einem der Kooperationsunternehmen des vLead-Projekts, welches auch für die Programmierung des Tools verantwortlich war, durchgeführt. Die formative Evaluation wurde durch das Entwicklungsteam durchgeführt und begleitet, das die Pilotanwendung durchgeführt hat. Den Ablauf und die Ergebnisse der drei Einsätze des TeamChecks in den beiden Teams wird nachfolgend beschrieben.

3.3.1.1 Ablauf

Zwei Pilotteams des Unternehmens nutzten den TeamCheck über einen Zeitraum von vier Wochen, in denen sie den TeamCheck je drei Mal einsetzten. Vor der ersten Nutzung erhielten die Teamleitungen der Pilotteams eine Einweisung in den TeamCheck durch das verantwortliche Entwicklerteam. In der Einweisung wurden die Teamleitungen angeleitet, sich im TeamCheck einzuloggen, ein Team anzulegen, die eigenen Teammitglieder im Team zu erfassen und eine Umfrage für das aktuelle Meeting anzulegen. Für die dabei durchgeführten Umfragen konnten die Teamleitungen einzelne Aspekte auswählen. Somit wurden nicht immer alle Aspekte erfragt. Hatten die Teamleitungen noch Fragen, wurden diese vor der ersten Nutzung mit dem Entwicklungsteam besprochen.

Alle drei Nutzungen liefen analog ab. Beide Pilotteams setzten den TeamCheck als Abschluss an die wöchentlichen Meetings ein. Während dieser Meetings waren auch Mitglieder des Entwicklungsteams des TeamChecks anwesend. Am Ende des Meetings durften die Teammitglieder beider Pilotteams die zuvor durch die Teamleitung angelegte Umfrage ausfüllen. Hierbei sollten die Teammitglieder darauf achten, ob technische oder inhaltliche Fehler, Probleme oder Missverständnisse auftauchen. Nachdem alle Mitglieder der Pilotteams die Umfrage ausgefüllt hatten, sollten die Pilotteams noch im Meeting gemeinsam die Ergebnisse dieser Umfrage betrachten und diskutieren.

Nach der Nutzung des TeamChecks und der Diskussion der Ergebnisse erhielten die Teammitglieder vom Entwicklungsteam einen kurzen Evaluationsfragebogen zum TeamCheck, den sie in Einzelarbeit ausfüllen sollten. Diese Fragen zielten zum einen auf die Inhalte, Ziele und Ergebnisrückmeldung und zum anderen auf die technische Umsetzung des TeamChecks ab. Der Fragebogen enthielt zudem Freitextfelder. Teammitglieder hatten somit jederzeit die Chance, Anmerkungen zum TeamCheck, die nicht durch die Fragen abgedeckt waren, zu notieren.

Anschließend wurden vom Entwicklungsteam in halbstrukturierten Gruppeninterviews Fragen zum TeamCheck gestellt. Das Gruppeninterview sollte Verbesserungsvorschläge oder Anregungen aufnehmen. Als Abschluss wurde der TeamCheck zusammenfassend diskutiert und beurteilt.

3.3.1.2 Ergebnisse

Nachfolgend werden die Ergebnisse der Evaluationsfragebögen von den drei Nutzungen zusammengefasst:

Im Hinblick auf die technische Umsetzung wird der TeamCheck als intuitiv und benutzerfreundlich, die Anweisungen als hilfreich und ausreichend bewertet. Um den TeamCheck optimal nutzen zu können, wäre zudem ein integrierter Quick-Guide hilfreich, der die User mithilfe erster Schritte durch den TeamCheck führt. Für Teamleitungen wäre es außerdem hilfreich, wenn die Fragen bereits bei der Erstellung einer Umfrage angezeigt würden. Zur Ergebnisdiskussion im Team wären integrierte Hilfestellungen sinnvoll, die beschreiben, welche Inhalte wie besprochen werden sollten. Einen zusätzlichen Mehrwert des TeamChecks würden die Teammitglieder darin sehen, wenn das eigene Antwortverhalten neben der Teamauswertung präsentiert würde. Damit würde die Differenz zwischen eigener und Teameinschätzung transparenter werden.

Um die Nützlichkeit des TeamChecks zu beurteilen, wurden die Teams über die Reflexions- und Austauschprozesse befragt, die durch den TeamCheck angeregt wurden: Der TeamCheck trug aus ihrer Sicht dazu bei, dass die Teams sich über Teamprozesse kritisch-konstruktiv sowie über die Effizienz und den Nutzen des aktuellen Meetings ausgetauscht haben. Die Teammitglieder gaben an, dass der TeamCheck dazu beigetragen hat, das Stimmungsbild der Teammitglieder und die Teamprozesse transparenter zu machen. Nach der dritten Nutzung wurde zudem die Bereitschaft, den TeamCheck auch zukünftig weiterhin zu nutzen, abgefragt. Die Hälfte der Teammitglieder gab an, den TeamCheck auch nach der Beendigung des vLead-Forschungsprojektes nutzen zu wollen. Die Teammitglieder empfanden den TeamCheck abschließend insgesamt als nützlich. Auf Basis der Nutzung des TeamChecks hat das Pilotteam zwei zudem Handlungsempfehlungen umgesetzt, um die gemeinsamen Vorstellungen innerhalb des Teams zu verbessern: Verantwortlichkeiten bzw. Teammitgliedschaften sowie Kunden- und Auftragsbetreuungen und Termine sind nun für alle sichtbar festgehalten.

Die Teammitglieder fanden die Fragen des TeamChecks verständlich, wobei nur einige Teammitglieder diese als sinnvoll einschätzten. Die Teammitglieder waren der Ansicht, dass alle wichtigen Aspekte einer erfolgreichen (digitalen) Teamarbeit durch die Fragen abgedeckt sind. Bezüglich der Inhalte und Ziele des TeamChecks wurde angemerkt, dass es hilfreich wäre, wenn der TeamCheck die Möglichkeit für eigene Fragenformulierung böte. Als zusätzliche Aspekte, die wichtig für digitale Teamarbeit sind, wurden die Identifikation mit dem Team, das Abfragen von aktueller Über- und Unterforderung und digitales Konfliktmanagement genannt. Als zusätzlicher Aspekt, der wichtig für die Bewertung von Meetings ist, wurde das Einbringen von persönlich wichtigen bzw. unangenehmen Themen genannt. Generell wurde angemerkt, dass die Fragen sinnvoll und verständlich formuliert sind, die Antworten jedoch eventuell zu wenig differenziert, da es zu einfach sei, diesen zuzustimmen. Das böte die Gefahr von undifferenzierten Ergebnissen und, dass mögliche Probleme in Teamprozessen nicht aufgedeckt würden.

Die Teammitglieder empfanden die Ergebnisrückmeldung des TeamChecks als verständlich und hilfreich, um konkrete Maßnahmen zur Verbesserung der Teamarbeit auszuarbeiten. Die Reflexionsfragen und Handlungsempfehlungen im Report seien hilfreich, eine Reflexion im Team anzuregen.

Als abschließende Beurteilung wurden sowohl positive als auch kritische Anmerkungen gemacht, wie zwei beispielhafte Beurteilungen des TeamChecks verdeutlichen:

> „Der TeamCheck ist ein hilfreiches Tool, welches noch ausbaufähig bezüglich Transparenz und Verständlichkeit ist."

> „Ich sehe leider den Mehrwert nicht. Themen, die mich nicht betreffen, brauche ich nicht zu reflektieren. Ich frage bei Fragen direkt nach anstatt Nachfragen über ein Tool anzuregen."

3.3.1.3 Überarbeitung des TeamChecks

Durch das Feedback der Pilotteams während der Nutzungen des TeamChecks wurden folgende Änderungen am Tool vorgenommen:

Inhalte

- „Identifikation mit dem Team" wurde als zusätzliches Fragemodul aufgenommen.
- Das Fragemodul „Störungen im Arbeitsablauf" wurde in „Auslastung" umbenannt und eine Aussage hinsichtlich aktueller Unterforderung hinzugefügt.
- Das Einbringen von persönlich wichtigen Themen wurde als weitere Aussagen bzgl. der Bewertung des Meetings aufgenommen.
- Alle Aussagen wurden überarbeitet, um differenziertere Antworten zu erhalten.

Technische Umsetzung

- Verbesserung des Registrierungs- und Login-Prozesses
- Kleine, technische Verbesserungen in der Anwendung (z. B. Darstellung beim Auswählen der Teammitglieder für ein Team oder beim Ausfüllen der Umfrage)
- Verbesserung der Ergebnisdarstellung
- Einbindung aktualisierter Hinweistexte im Tool

3.3.2 Summative Evaluation

Summative Evaluation des Tools bedeutet, dass nach dem Abschluss des Entwicklungs- und Programmierprozesses überprüft wird, wie das Tool seitens der Nutzenden wahrgenommen wird und welche Auswirkungen sein Einsatz hat. Die Frage, ob der TeamCheck wirklich zu einer Verbesserung relevanter Teamprozesse führt, soll damit beantwortet werden. Um die Auswirkungen bzw. die Veränderungen über die Zeit durch den TeamCheck auf die Teamarbeit zu überprüfen, wurden ausgewählte Teamprozesse (geteilte mentale Modelle und Teamvertrauen) im Zeitverlauf betrachtet und mehrfach erhoben. Somit können die Veränderungen dieser Aspekte durch den Einsatz des TeamChecks überprüft werden.

3.3.2.1 Ablauf

Die summative Evaluation des TeamChecks wurde in fünf Teams zweier Unternehmen der IT- und Industrie-Branche durchgeführt. Diese Teams waren andere Teams als die Pilotteams der formativen Evaluation. Alle Teams der Unternehmen nutzten den TeamCheck über einen Zeitraum von fünf Wochen, in denen sie den TeamCheck drei Mal einsetzten. Die Ergebnisse der Einsätze des TeamChecks in den Teams wird nachfolgend beschrieben.

3.3.2.2 Ergebnisse

Auch in diesen Teams wird der TeamCheck als nützlich wahrgenommen. Die Fragen wurden als verständlich, hilfreich und sinnvoll bewertet. Diese drei Eigenschaften wurden auch in Bezug auf die Ergebnisrückmeldung bestätigt. Das Tool wurde insgesamt als sehr intuitiv und benutzerfreundlich bewertet und auch die Fragen und Ergebnisse als übersichtlich und verständlich beschrieben. Positiv bewertet wurde die schnelle Durchführbarkeit und die Möglichkeit, einen guten Gesamtüberblick zu erhalten.

Es gab jedoch auch noch Verbesserungsvorschläge. In Bezug auf die Benutzerfreundlichkeit und den Aufbau des Tools wurde angegeben, die Antwortmöglichkeit „keine Angabe“ hinzuzufügen und einen Suchbefehl bei mehreren Umfragen einzuführen. Im Ergebnisreport sei es außerdem aussagekräftiger, wenn die Streuung der Antworten mit einbezogen würde.

Bei Betrachtung von Teamvertrauen und geteilten mentalen Modellen über den Nutzungszeitraum von TeamCheck zeigt sich, dass sich weder Teamvertrauen noch geteilte mentale Modelle über alle untersuchten Teams hinweg verbesserten. Bei einer differenzierten Betrachtung der Teams zeigte sich, dass einzelne Teams bereits zu Beginn der TeamCheck-Nutzung hohe Werte im Teamvertrauen und in geteilten mentalen Modellen aufwiesen. Bei anderen Teams konnte eine Verbesserung in Teamvertrauen und geteilten mentalen Modellen verzeichnet werden. Daraus lässt sich die Empfehlung ableiten, dass der TeamCheck insbesondere bei Teams eingesetzt werden sollte, die Probleme in der digitalen Teamarbeit aufweisen, um herauszufinden, in welchen Teamprozessen die Probleme begründet sind.

Die anschließenden Gruppendiskussionen lieferten Aufschluss über die Gründe dieser Beständigkeit: In allen Teams wurde angemerkt, dass das Teamvertrauen und die geteilten mentalen Modelle bereits sehr hoch ausgeprägt seien. Die Ergebnisse der Umfragen seien gut, sodass es keinen Anlass gäbe, das Verhalten zu ändern. Dadurch wurden Reflexionsfragen nicht in ihrer Tiefe besprochen und die automatisch generierten Handlungsempfehlungen nicht wahrgenommen. Besser geeignet sei das Tool in neu gebildeten Projektgruppen oder Teams, in denen das Vertrauen noch ausgebaut werden muss. Auch der Nutzungszeitraum könnte eine Erklärung sein: Das Tool wurde in drei aufeinanderfolgenden Teammeetings durchgeführt. Diese Zeitspanne sei zu kurz, um Auswirkungen auf das Verhalten wahrzunehmen bzw. Veränderungswünsche umzusetzen.

3.3.2.3 Fazit

Der TeamCheck wurde mit dem Ziel der Unterstützung der Führung digitaler Teamarbeit und der Verbesserung digitaler Zusammenarbeit entwickelt. Basierend auf Erkenntnissen der Forschung zu digitaler Teamarbeit sowie den Ergebnissen einer Bedarfsanalyse in Unternehmen wurde das Konzept für das Tool TeamCheck entwickelt. Sowohl der Erfahrungsbericht als auch die Evaluation zeigen, dass der TeamCheck ein benutzerfreundliches und intuitives Tool ist. In Bezug auf die Nützlichkeit des Tools wird darauf hingewiesen, dass das Tool differenziert und nur nach Bedarf eingesetzt werden sollte.

Literatur

Andres, H. P. (2011). Shared mental model development during technology-mediated collaboration. *International Journal of e-Collaboration (IJeC), 7*(3), 14–30. https://doi.org/10.4018/ijec.2011070102

Antoni, C. H. (2023). Virtual teams and digital collaboration. In *Oxford Research Encyclopedia of Psychology*. https://doi.org/10.1093/acrefore/9780190236557.013.881

Breuer, C., Hüffmeier, J., & Hertel, G. (2016). Does trust matter more in virtual teams? A meta-analysis of trust and team effectiveness considering virtuality and documentation as moderators. *Journal of Applied Psychology, 101*(8), 1151–1177. https://doi.org/10.1037/apl0000113

Cannon-Bowers, J. A., Salas, E., & Converse, S. (1993). Shared mental models in expert team decision making. In N. J. Castellan (Hrsg.), *Individual and group decision making: Current issues* (S. 221–246). Lawrence Erlbaum.

Clark, H. H., & Brennan, S. E. (1991). Grounding in communication. In L. Resnick, J. M. Levine, & S. D. Teasley (Hrsg.), *Perspectives on socially shared cognition* (S. 127–149). American Psychological Association.

DeChurch, L. A., & Mesmer-Magnus, J. R. (2010). The cognitive underpinnings of effective teamwork: A meta-analysis. *Journal of Applied Psychology, 95*(1), 32–53. https://doi.org/10.1037/a0017328

Gary, M. S., & Wood, R. E. (2011). Mental models, decision rules, and performance heterogeneity. *Strategic Management Journal, 32*(6), 569–594. https://doi.org/10.1002/smj.899

Gevers, J. M. P., Rutte, C. G., & Van Eerde, W. (2006). Meeting deadlines in work groups: Implicit and explicit mechanisms. *Applied Psychology, 55*(1), 52–72. https://doi.org/10.1111/j.1464-0597.2006.00228.x

Gurtner, A., Tschan, F., Semmer, N. K., & Nägele, C. (2007). Getting groups to develop good strategies: Effects of reflexivity interventions on team process, team performance, and shared mental models. *Organizational Behavior and Human Decision Processes, 102*(2), 127–142. https://doi.org/10.1016/j.obhdp.2006.05.002

Hantula, D. A., Kock, N., D'Arcy, J. P., & DeRosa, D. M. (2011). Media compensation theory: A Darwinian perspective on adaptation to electronic communication and collaboration. In G. Saad (Hrsg.), *Evolutionary psychology in the business sciences* (S. 339–363). Springer.

Klitmøller, A., & Lauring, J. (2013). When global virtual teams share knowledge: Media richness, cultural difference and language commonality. *Journal of World Business, 48*(3), 398–406. https://doi.org/10.1016/j.jwb.2012.07.023

Marks, M. A., Zaccaro, S. J., & Mathieu, J. E. (2000). Performance implications of leader briefings and team-interaction training for team adaptation to novel environments. *Journal of Applied Psychology, 85*(6), 971–986. https://doi.org/10.1037/0021-9010.85.6.971

Mesmer-Magnus, J. R., DeChurch, L. A., Jimenez-Rodriguez, M., Wildman, J., & Shuffler, M. (2011). A meta-analytic investigation of virtuality and information sharing in teams. *Organizational Behavior and Human Decision Processes, 115*(2), 214–225. https://doi.org/10.1016/j.obhdp.2011.03.002

Mittleman, D. D., Briggs, R. O., & Nunamaker, J. F. (2000). Best practices in facilitating virtual meetings: Some notes from initial experiences. *A Research and Applications Journal, 2*(2), 6–14.
Mohammed, S., Ferzandi, L., & Hamilton, K. (2010). Metaphor no more: A 15-year review of the team mental model construct. *Journal of Management, 36*(4), 876–910. https://doi.org/10.1177/0149206309356804
Müller, R., & Antoni, C. H. (2019). Einflussfaktoren und Auswirkungen eines gemeinsamen Medienverständnisses in virtuellen Teams. Gruppe. Interaktion. Organisation. *Zeitschrift für Angewandte Organisationspsychologie (GIO), 50*(1), 25–32. https://doi.org/10.1007/s11612-019-00447-3
Müller, R., & Antoni, C. H. (2020). Individual perceptions of shared mental models of information and communication technology (ICT) and virtual team coordination and performance – The moderating role of flexibility in ICT use. *Group Dynamics: Theory, Research, and Practice, 24*(3), 186. https://doi.org/10.1037/gdn0000130
O'Leary, M. B., & Cummings, J. N. (2007). The spatial, temporal, and configurational characteristics of geographic dispersion in teams. *MIS Quarterly, 31*(3), 433. https://doi.org/10.2307/25148802
Schmidtke, J. M., & Cummings, A. (2017). The effects of virtualness on teamwork behavioral components: The role of shared mental models. *Human Resource Management Review, 27*(4), 660–677. https://doi.org/10.1016/j.hrmr.2016.12.011

4 vLead-IdeaCheck – eine online Plattform zum Ideenmanagement für Unternehmen

Conny H. Antoni, V. Bernardy, A. T. Niesen, Rainer Trieb und Ulrike Grün

Im folgenden Kapitel wird die Entwicklung des vLead-Tools IdeaCheck (ideacheck.vlead.de) vorgestellt, das im Rahmen des Forschungsprojekts „vLead“ von Conny Antoni, Valeria Bernardy und Anna Niesen unter Mitarbeit von Rebecca Müller an der Universität Trier in Kooperation mit Ulrike Grün und Rainer Trieb und dem Unternehmen Human Solutions entwickelt wurde. Ziel des IdeaCheck ist, eine digitale unternehmensweite Plattform zum Ideenmanagement zu schaffen, die eine Transparenz der Ideen im Unternehmen ermöglicht und einen fairen und nachvollziehbaren Bewertungsprozess unterstützt. Nach einer Zusammenfassung aktueller Forschungserkenntnisse und der Ergebnisse eigener Datenerhebungen zu Erfolgsfaktoren von Innovationsprozessen in Unternehmen werden Ziele und Funktionen des IdeaChecks im Detail vorgestellt. Im Anschluss zeigt ein Interview die Herausforderungen eines mittelständischen und regional verteilt arbeitenden Unternehmens in Hinblick auf das Ideenmanagement auf und verdeutlicht deren Erfahrungen mit dem Einsatz des Tools. Zum Abschluss werden die Ergebnisse der Evaluation des IdeaChecks berichtet, die das Ziel eines transparenten Ideenmanagements und eines nachvollziehbaren Bewertungsprozesses bestätigen.

C. H. Antoni (✉) · V. Bernardy · A. T. Niesen
Abteilung für Arbeits-, Betriebs- und Organisationspsychologie, Universität Trier, Trier, Deutschland
E-Mail: antoni@uni-trier.de; bernardy@uni-trier.de; niesen@uni-trier.de

R. Trieb · U. Grün
Human Solutions Verwaltungs GmbH, Avalution GmbH, Kaiserslautern, Deutschland
E-Mail: Rainer.Trieb@human-solutions.com; Ulrike.Gruen@avalution.net

C. H. Antoni et al. (Hrsg.), *Digitale Führung und Zusammenarbeit*,
https://doi.org/10.1007/978-3-662-63764-7_4

4.1 Herleitung und Beschreibung des IdeaChecks – eine Lösung für die Herausforderungen des digitalen Ideenmanagements

Valeria Bernardy und Conny H. Antoni

Im Folgenden stellen wir den IdeaCheck als Instrument zur Förderung der Innovationsfähigkeit von Unternehmen vor, den wir gemeinsam mit den am Projekt beteiligten Unternehmen auf Grundlage aktueller Forschungserkenntnisse und der Ergebnisse der qualitativen und quantitativen Untersuchungen in den Unternehmen entwickelt haben. Zunächst gehen wir auf den Stand der Forschung und die Konzepte ein, auf die wir aufbauen. Im zweiten Schritt beschreiben wir dann die Ergebnisse unserer Untersuchung, die zeigen, wie sich in den beteiligten Unternehmen die digitale Zusammenarbeit über Teamprozesse auf die Innovationsfähigkeit im Unternehmen auswirkt und wo Herausforderungen und Handlungsbedarf gesehen werden. Im dritten Schritt schildern wir die daraus resultierenden Ziele, den Aufbau und Ablauf des IdeaChecks.

4.1.1 Theoretische Herleitung des IdeaChecks – Potenziale und Risiken digitaler Innovationsprozesse

Die Innovationsfähigkeit eines Unternehmens gilt in der heutigen Arbeitswelt als einer der wichtigsten Wettbewerbsfaktoren. Die Anforderungen an Unternehmen unterliegen aufgrund sich stetig verändernder Kundschaftsbedürfnisse, der rasanten technologischen Entwicklung und anderer Umweltfaktoren einem kontinuierlichen Anpassungsbedarf. Diese Dynamik wirkt sich auch auf die Innovationsprozesse im Unternehmen aus: Produkte und Prozesse – im Kleinen und im Großen – müssen immer wieder mit Blick auf deren Mehrwert für das Unternehmen auf den Prüfstand gestellt werden.

Wenn man sich anschaut, wie sich die Innovationsprozesse in den Unternehmen in den letzten Jahren verändert haben, fällt immer wieder das Wort „Agilität". Agile Prozesse, vor allem in Bezug auf Innovationen, zeichnen sich dadurch aus, dass sie schnelle Ergebnisse bringen und dass man in kleinen Schritten und mittels iterativer Schleifen vorgeht, in denen Feedback – wenn möglich seitens der Kundschaft – eingeholt und eingearbeitet wird. Diese agilen Innovationsprozesse finden in Unternehmen vorrangig in Teams statt, um die Perspektive unterschiedlicher Experten und Expertinnen zu integrieren und die Arbeit sinnvoll aufzuteilen. Auch verspricht man sich von der Zusammenarbeit in Teams eine erhöhte Kreativität, die auf der Synthese der unterschiedlichen Perspektiven und des breiten Wissens beruht. Um das innovative Potenzial von Teams auszuschöpfen, hat man bereits in der face-to-face Zusammenarbeit festgestellt, dass in den Teams strukturierte Prozesse notwendig sind, die den Wissensaustausch und das Voneinander-Lernen im Team fördern (Hülsheger et al., 2009).

Ein zentraler Vorteil digital zusammenarbeitender Teams besteht zweifelsohne darin, dass eine ortsunabhängige Zusammenstellung von Teams möglich ist. Das bedeutet, dass unterschiedlichste Experten und Expertinnen aus der ganzen Welt für spezifische

Innovationsprojekte mit eingebunden werden können. Auch die Unabhängigkeit von zeitlichen Restriktionen kann von Vorteil sein. Diese schafft für die Projektmitarbeitenden eine Flexibilität, die ihnen die Möglichkeit gibt, Privat- und Arbeitsleben miteinander zu verbinden und die Arbeitszeiten nach bester (Innovations-)Effektivität auszuwählen. Für die Unternehmen kann diese zeitliche Flexibilität der Mitarbeitenden bedeuten, dass weltweit rund um die Uhr Ansprechpersonen zur Verfügung stehen, die an den Innovationen arbeiten können und dass Auslastungs-„Peaks" besser abgefangen werden können.

Dass sowohl die örtliche als auch zeitliche Flexibilität ebenso Herausforderungen für die gemeinsame Arbeit an Innovationen in Teams birgt, liegt auf der Hand. Der für Innovationsprozesse essenzielle Wissensaustausch in Teams sowie das Einbringen der eigenen Expertise erfordert ein Mindestmaß an Vertrauen im Team. Vertrauen lässt sich jedoch bei komplett digitaler Zusammenarbeit schwerer aufbauen. Auch das Voneinander-Lernen ist im digitalen Setting erschwert, da hier primär verbale Kommunikation dazu beiträgt, während bei face-to-face Zusammenarbeit in der Regel leichter auch über Beobachtung und nonverbale Kommunikation voneinander gelernt werden kann. Daher ist die Unterstützung digitaler Innovationsprozesse in Unternehmen durch geeignete Strukturen und den Aufbau einer offenen Innovationskultur ausschlaggebend für deren Erfolg.

Im Folgenden wird erläutert, welche Faktoren die Innovationsfähigkeit von Mitarbeitenden, insbesondere im Teamsetting, beeinflussen, wie sich diese in der digitalen Zusammenarbeit verändern und wie sie gestärkt werden können. Im Anschluss wird gezeigt, wie der IdeaCheck an diesen Faktoren ansetzt, um die Innovationsfähigkeit des Unternehmens zu erhöhen.

4.1.1.1 Welche Faktoren tragen zur Innovationsfähigkeit auf individueller, auf Team- und auf organisationaler Ebene bei?

Der Innovationsprozess umfasst die Phasen der Ideengenerierung und der darauffolgenden Ideenrealisierung. Zwischen Ideengenerierung und Ideenrealisierung ist in Unternehmen darüber hinaus eine Phase der Ideenbewerbung sinnvoll, in der die ausgewählte Idee im Unternehmen platziert wird und unterstützende Personen für die Umsetzung der Idee im Unternehmen gesucht werden. Diese unterstützenden Personen werden sowohl zur Bereitstellung von finanziellen als auch von materiellen oder personellen Ressourcen benötigt (Janssen, 2000).

Die unterschiedlichen Phasen des Innovationsprozesses gehen mit unterschiedlichen Anforderungen einher. Während in der Ideengenerierungsphase Kreativität gefordert ist, um im ersten Schritt möglichst viele Lösungsmöglichkeiten zu kreieren, aus denen dann die beste Idee zur Umsetzung ausgesucht werden kann, ist in der Phase der Ideenrealisierung vor allem ein stringenter Prozess des Ausarbeitens der Idee gefragt, ergänzt von Test- und Feedbackphasen. Auch werden Anforderungen auf individueller, auf Team- und Organisationsebene unterschieden, wobei sich die Ebenen in der Praxis vermischen und wechselseitig bedingen. Nach der „Componential Theory of Creativity and Innovation" von Amabile und Pratt (2016) fördern die folgenden Komponenten auf Individual- und Teamebene Kreativität und Innovation: 1) Fachexpertise im Aufgabenbereich, 2) kreativitäts-relevante Prozesse bzw. Fähigkeiten, und 3) intrinsische Motivation zur Aufgabenbearbeitung (s. Abb. 4.1).

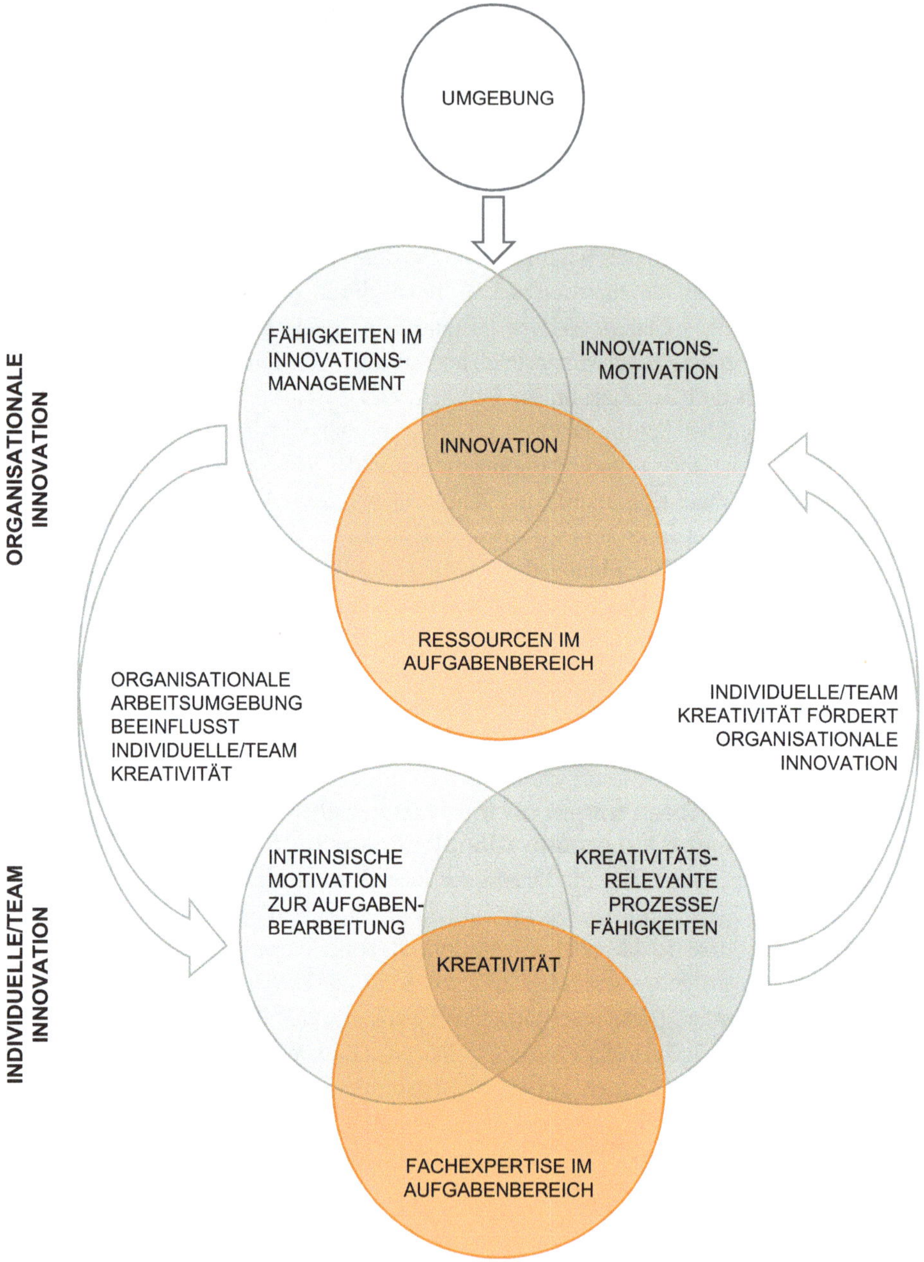

Abb. 4.1 Einflussfaktoren der Innovationsfähigkeit laut der „Componential Theory of Creativity and Innovation in Organizations", übersetzt und angelehnt an Amabile und Pratt (2016)

Aus der *Fachexpertise* der einzelnen Mitarbeitenden beziehungsweise des Teams im Gesamten speist sich das Wissen, welches für die Synthese von neuen Ideen herangezogen werden kann. Darüber hinaus schließt dies auch spezifische Kompetenzen und Fähigkeiten in dem Aufgabenbereich mit ein, der für den Innovationsprozess erforderlich ist. Zu den *kreativitäts-relevanten Prozessen* (bzw. Fähigkeiten) zählen sowohl Verhaltensweisen und kognitive Fähigkeiten als auch Persönlichkeitseigenschaften, die Perspektivenübernahme und Risikobereitschaft sowie einen disziplinierten Arbeitsstil fördern (Amabile, 2012). Eine der wichtigsten Faktoren seitens des Modells ist die *intrinsische Motivation* für die Innovationsaufgabe bzw. das Innovationsprojekt. Ausschlaggebend für die intrinsische Motivation ist, dass der oder die Mitarbeitende bzw. das Team die Aufgabe als interessant, herausfordernd und bedeutsam erlebt, im Gegensatz zu einer extrinsischen Motivation, die durch Wettbewerb, Kontrolle und Belohnungen getrieben ist.

Diese Komponenten können sowohl auf der individuellen Ebene als auch der Teamebene angeregt werden und werden zudem durch Faktoren auf der organisationalen Ebene beeinflusst. Im Team ist für die Synthese der *Fachexpertise* der einzelnen Teammitglieder ein geregelter Wissens- bzw. Perspektivenaustausch notwendig, um so von der Diversität der Teammitglieder profitieren zu können. Aus diesem Austausch entsteht auf der einen Seite ein geteiltes mentales Modell im Team darüber, wer welche Expertise und Kompetenzen im Team hat und auf wen man bei welchen Fragen zugreifen kann. Darüber hinaus wird durch den Austausch ein gemeinsames Verständnis der Aufgabe, der Ziele, der Strategien sowie weiterer aufgabenrelevanter Faktoren gefördert, welches die Koordination und die Effizienz der Zusammenarbeit im Team erhöht (DeChurch & Mesmer-Magnus, 2010; Mathieu et al., 2000).

Ob die gemeinsame Aufgabe sich auf die *intrinsische Motivation* auswirkt, kann natürlich individuell unterschiedlich sein. Seitens der Führungskraft kann jedoch die Bedeutung der Aufgabe bzw. des Projekts für das Team und das Unternehmen verdeutlicht werden und in einen Gesamtkontext gestellt werden. Positive Emotionen, die mit der wahrgenommenen Bedeutsamkeit und dem Interesse an der Aufgabe gestärkt werden, wirken sich positiv auf die Kreativität aus, indem sich ‚der Blick öffnet' und so ein breiteres Spektrum an Gedanken und Verhaltensoptionen zulässt (Fredrickson, 2001). Die Bedeutsamkeit für das Team kann sich dadurch erhöhen, dass es eine partizipativ entwickelte Idee einbringt.

Auch das Erarbeiten von herausfordernden (Teil-)Zielen hat einen Einfluss auf die Motivation. Für den Erhalt der Motivation über einen längeren Zeitraum hinweg und im Angesicht von Schwierigkeiten ist es wichtig, dass ein Fortschritt im Projekt wahrgenommen wird. Dieser stärkt den Glauben an den Erfolg, die sogenannte Selbstwirksamkeit – individuell und kollektiv – in Bezug auf die Aufgaben im Projekt. Diese hat wiederum einen positiven Einfluss auf die intrinsische Motivation im Projekt. Schon kleine Erfolge können die Wahrnehmung des Fortschritts stärken und somit motivierend wirken. Daher ist es ratsam, Teilziele aufzustellen, die zwar herausfordernd, jedoch auch erreichbar sind (Amabile & Pratt, 2016).

Außerdem ist es wichtig, einen kontinuierlichen Feedbackprozess zu etablieren, der bei positivem Feedback durch die Erfolgserfahrung die Selbstwirksamkeit steigert, der jedoch auch bei einem gelegentlichen negativen Feedback – solange es konstruktiv erfolgt und auf die Aufgabe fokussiert ist – die Motivation und Innovationsfähigkeit über ein gemeinsames Lernen positiv beeinflusst (Ortega et al., 2010). Damit negatives Feedback nicht als bedrohlich wahrgenommen wird und ein Teamlernen stattfinden kann, hat sich ein psychologisch sicheres Teamklima als eine der wichtigsten Voraussetzungen herauskristallisiert. Psychologische Sicherheit ist die geteilte Wahrnehmung in einer Gruppe, dass Fehler und Scheitern erlaubt sind und dass diese nicht bestraft werden, sondern stattdessen als Lern- und Entwicklungschancen wahrgenommen werden (Edmondson & Lei, 2014). Ein psychologisch sicheres Klima bestärkt das Team darin, sich offen auszutauschen, was ein gemeinsames Lernen fördert und den Aufbau von Innovationen ermöglicht.

Kognitive Fähigkeiten und Persönlichkeitseigenschaften, die zu den *kreativitätsrelevanten Prozessen* bzw. Fähigkeiten gehören, können über die Art der Aufgabenstellung sowie die Zusammensetzung von Personen im Team verstärkt werden. Eine Aufgabenstellung, die für die Mitarbeitenden sichtbar mit der Unternehmensvision verzahnt ist und als bedeutsam für das Unternehmen eingestuft wird, kann positive Emotionen stärken, die Gedankenmuster erweitern und darüber hinaus die Kreativität fördern. Dies ist insbesondere in der Phase der Ideengenerierung wichtig.

Wenn es stattdessen um die Ideenrealisierung geht, ist ein diszipliniertes Arbeiten, auch mit Blick auf die im Prozess zu bearbeitenden Mängel, wichtig. Ein kritischer Blick wird eher durch negative Emotionen gefördert und kann über konstruktives, negatives Feedback angeregt werden (Paulsen et al., 2016). In dieser Phase ist darüber hinaus statt einer Erweiterung des Blickfelds eine Fokussierung notwendig, die das Ausblenden von irrelevanten Informationen beinhaltet. Fokussierung kann im Team auch durch eher kleinschrittige Ziele und Feedback in Bezug auf noch bestehende Mängel gefördert werden (Kauffeld et al., 2016). Um diese Fokussierung zu erleichtern, sollte außerdem darauf geachtet werden, dass Unterbrechungen reduziert werden.

Auf Organisationsebene wirken sich die wahrgenommene *Innovationsmotivation*, die *Ressourcen im Aufgabenbereich* sowie die *Fähigkeiten im Innovationsmanagement* auf die Innovationsfähigkeit der einzelnen Mitarbeitenden und der Teams aus. Die wahrgenommene *Innovationsmotivation* bzw. das Interesse des Unternehmens an Innovationen wird durch klare Unternehmensziele, den bewusst geäußerten Stellenwert von Innovationen im Unternehmen sowie die Unterstützung bei der Suche nach kreativen Ideen und das Eingehen von damit verbundenen Risiken gestärkt. Neben materiellen, personellen und finanziellen *Ressourcen im Aufgabenbereich* ist es wichtig, die notwendige Zeit für Innovationen zur Verfügung zu stellen. Unter den relevanten *Fähigkeiten im Innovationsmanagement* wird seitens Amabile und Pratt (2016) Folgendes zusammengefasst: klare Projektziele, Autonomie in der Erreichung der Projektziele, strukturierte Prozesse zur Ideengenerierung, partizipative Entscheidungsprozesse, kontinuierliches Feedback im Innovationsprozess, kompetenz- und präferenzbezogene Aufgabenverteilung, faire Belohnungen und Wertschätzung für kreative Anstrengungen, Kooperations- und Koordinationsbereitschaft von Teams, soziale Unterstützung, Lernen aus Fehlern und ein offener Ideenaustausch.

Die Bedeutung der Organisationsebene wird auch im Center of Excellence-Ansatz von Frey (Kauffeld et al., 2004) betont. Dieser fasst die organisationalen Bedingungen für ein Spitzenleistungen anstrebendes Unternehmen – zu der die Innovationskraft zählt – in vier

Bereichen zusammen. 1) Die *Kultur der kontinuierlichen Reflexion* umfasst in Teilen die von Amabile adressierten Faktoren und Teamprozesse wie etwa das gemeinsame Reflektieren, das Experimentieren und das Ermutigen zu Fragen. 2) Die *Implementationskultur* kennzeichnet das *Commitment* aller Mitarbeitenden zur Umsetzung von Neuerungen. 3) Das Schaffen von Transparenz, beispielsweise durch systematische Dokumentation, prägt die *Professionalitätskultur.* 4) Die *Führungskultur* charakterisiert ein wertschätzendes, förderndes und forderndes Verhalten der Führungskraft im Innovationsprozess.

Im Center of Excellence-Ansatz sowie im Modell von Amabile und Pratt wird deutlich, welche zentrale Rolle das Unternehmen dabei einnimmt, die Innovationskraft zu stärken: indem es über die Führungsmannschaft sowie über geeignete Strukturen, Prozesse und Kommunikation im Unternehmen eine Innovationskultur etabliert, die jeder/m Einzelnen die Wichtigkeit von und die Unterstützung bei Innovationsprozessen signalisiert.

4.1.1.2 Welchen Einfluss hat die digitale Zusammenarbeit auf die Innovationsfähigkeit eines Unternehmens?

Um Experten und Expertinnen von überall her in Innovationsteams einbinden und trotz Reiseanforderungen und Arbeit in unterschiedlichen Zeitzonen zusammenarbeiten zu können, werden vermehrt digitale Projektteams eingesetzt. Diese arbeiten über digitale Medien zusammen, d. h. die Teammitglieder kommunizieren mittels Telefon- oder Videokonferenzen und nutzen eine gemeinsame digitale Ablage, um an Dokumenten zusammen arbeiten zu können, oder digitale Projekttools, die die Zusammenarbeit strukturieren und unterstützen. Die vorrangig digitale und teilweise zeitlich asynchrone Zusammenarbeit erleichtert die örtliche und zeitliche Flexibilität, wirkt sich jedoch auch auf die Faktoren im Team aus, die eine große Relevanz für Innovationsprozesse zeigen. Dies erfordert geeignete Maßnahmen seitens des Unternehmens.

Ein Pluspunkt der digitalen Zusammenarbeit an Innovationen ist die Möglichkeit, Fachexpertise örtlich unabhängig in den Prozess einzubinden. Um Fachexpertisen nutzbar zu machen, muss jedoch im Team ein Wissen (Metawissen) darüber entwickelt werden, wer welche Expertise im Team hat – es muss ein geteiltes mentales Modell über die verschiedenen Expertiserollen im Team entwickelt werden. Ein solches Metawissen entwickelt sich bei digitaler Zusammenarbeit schwieriger als bei face-to-face Teamarbeit (Antoni & Syrek, 2017). Ein Grund hierfür ist, dass zur Entwicklung von geteilten mentalen Modellen im Team sowohl verbale als auch non-verbale Prozesse beitragen, die bei digitaler Zusammenarbeit eingeschränkt sind. Um ein geteiltes mentales Modell der Expertiserollen im Team zu entwickeln, sollte bei digitaler Zusammenarbeit genügend Zeit für ein gutes Kennenlernen der anderen Teammitglieder und deren Kompetenzen und Expertise eingeplant werden. Die Expertisebereiche sollten digital dokumentiert werden, um von überall her darauf zugreifen zu können.

Neben dem Wissen um die Kompetenzen im Team gilt es bei Innovationsprozessen auch, einen Wissensaustausch anzustreben, der es den Teammitgliedern ermöglicht, eine gemeinsame Wissensbasis aufzubauen und sich auf das Wissen anderer zu stützen. Dieser Wissensaustausch hat sich als entscheidender Teamprozess für Innovationen herausgestellt. Die digitale Zusammenarbeit erschwert auch den Wissensaustauch im Team, da dieser wechselseitiges Vertrauen erfordert, welches sich bei digitaler Zusammenarbeit schwieriger entwickelt (Rosen et al., 2007). Vertrauen bildet sich im Team über die Zeit und besteht sowohl aus affektiven als auch kognitiven Komponenten. Die kognitive Komponente beinhaltet das Vertrauen, sich auf die anderen im Team und deren Expertise verlassen zu können. Dieses wird durch positive Erfahrungen in Bezug auf die Verlässlichkeit der anderen gestärkt. Die affektive Komponente beinhaltet darüber hinaus das Vertrauen, im Team offen auch über Probleme und Schwierigkeiten kommunizieren zu können. Dies ähnelt damit dem Konstrukt der psychologischen Sicherheit, welches die Innovationsfähigkeit des Teams fördert. In der digitalen Zusammenarbeit entwickelt sich Vertrauen aufgrund der medial vermittelten und durch das jeweilige Medium eingeschränkten Kommunikation langsamer als in der face-to-face Zusammenarbeit. Es hat sich jedoch gezeigt, dass eine nachvollziehbare digitalisierte Dokumentation der Besprechungsergebnisse den Aufbau von Vertrauen bei der digitalen Zusammenarbeit unterstützen kann (Breuer et al., 2016). Eine solche Dokumentation ist auch im Center of Excellence-Ansatz für den Aufbau einer Professionalitätskultur im Unternehmen entscheidend.

Die intrinsische Motivation in Innovationsprozessen wird durch die wahrgenommene Bedeutsamkeit der Aufgabe, den erlebten Fortschritt und durch Feedback über den Stand der Umsetzung gefördert. Auf organisationaler Ebene hat sich gezeigt, dass klare Unternehmensziele sowie klare, auf diese Unternehmensziele abgestimmte Projektziele die Bedeutsamkeit für die Mitarbeitenden verdeutlichen. In der virtuellen Zusammenarbeit ist die Gefahr größer, dass es nicht gelingt, diese Ziele klar genug zu kommunizieren, was die Entwicklung eines geteilten mentalen Modells zu Unternehmenszielen und Projektzielen erschwert (Marlow et al., 2017). Auch hier kann eine für alle Mitarbeitenden einsehbare und transparente Dokumentation diesen Prozess unterstützen und einen Beitrag zur erlebten Professionalität leisten. Ähnliches gilt für den erlebten Fortschritt im Innovationsprozess – im digitalen Setting kann dieser durch systematische und für alle digital dokumentierte Feedbackprozesse gestärkt werden.

Um in der digitalen Zusammenarbeit ein gemeinsames Verständnis des Innovationsprozesses besser entwickeln zu können, ist eine digitalisierte Dokumentation von Zielen, getroffenen Entscheidungen und Feedback sinnvoll sowie der kontinuierliche Austausch hierzu. Insbesondere für das Setzen von herausfordernden Zielen und das Annehmen von Feedback ist eine entsprechende Unternehmenskultur wichtig. Eine Reflexionskultur, in der Experimentieren erwünscht ist und die einen positiven Umgang mit Fehlern fördert, signalisiert dem/r Einzelnen, dass das Eingehen von Risiken erwünscht ist und dass Fehler nicht bestraft werden, sondern aus ihnen gemeinsam gelernt wird. Hierzu trägt vor allem das Verhalten der Führungskräfte bei, welches Wertschätzung, Unterstützung und Offenheit ausdrücken sollte. Insbesondere im digitalen Setting, in dem Vertrauen entscheidend und gleichzeitig erschwert ist, ist eine solche wahrgenommene Unternehmenskultur wichtig und sollte über den Umgang mit Risiken und Fehlern und eine entsprechende Kommunikation gestärkt werden. Hierzu können digitale Medien genutzt werden.

Zusammenfassend lässt sich sagen, dass die digitale Zusammenarbeit bei Innovationsprozessen eine höhere Hürde in Hinblick auf das für den notwendigen Austausch untereinander wichtige Vertrauen mit sich bringt. Seitens der Führungskräfte und der Organisation im Ganzen ist daher die Entwicklung und Kommunikation einer entsprechenden Innovationskultur wichtig, die den Stellenwert von Innovationen im Unternehmen und die Unterstützung der Prozesse durch die Organisation betont. Zur transparenten Dokumentation von Unternehmens- und Projektzielen sowie von Innovations- und Lernprozessen können digitale Medien genutzt werden, um damit zu Klarheit und Vertrauen beizutragen.

4.1.2 Erkenntnisse der qualitativen und quantitativen Projektstudie

Im Rahmen des Forschungsprojekts „vLead – Modelle ressourcenorientierter und effektiver Führung digitaler Projekt- und Teamarbeit" wurde eine qualitative und eine quantitative Ist-Analyse in zwei mittelständischen IT-Unternehmen (KMUs) aus Deutschland durchgeführt. Diese beinhaltete sowohl Interviews mit Mitarbeitenden und Führungskräften als auch eine Online-Befragung in den Unternehmen. Ziel dieser Ist-Analysen war es u. a. zu untersuchen, wie die digitale Zusammenarbeit über Teamprozesse die Innovationsfähigkeit im Unternehmen beeinflusst und worin Herausforderungen und Handlungsbedarf gesehen werden.

4.1.2.1 Qualitative Ist-Analyse

Mittels halbstrukturierter Interviews wurden 43 Mitarbeitende von IT-Unternehmen zu ihren Erfahrungen mit der digitalen Arbeitswelt befragt. Unter den 43 Interviewten waren 21 Führungskräfte und 22 Mitarbeitende aus unterschiedlichen Arbeitsbereichen, von der Softwareentwicklung bis hin zur juristischen Abteilung. Aus diesen Interviews lassen sich aktuelle Herangehensweisen und Herausforderungen im Umgang mit digitalen Medien insgesamt, aber auch speziell bei Innovationsprozessen herausarbeiten.

Zunächst wurde recht schnell klar, dass die digitale Zusammenarbeit – über unterschiedlichste digitale Kanäle – längst zum Arbeitsalltag gehört und von den Mitarbeitenden nicht in Frage gestellt wird. Jedoch konnten sich die wenigsten der Befragten zum Befragungszeitpunkt (2017) eine komplett virtuelle Zusammenarbeit vorstellen. Vielmehr wurden die digitalen Medien als Hilfsmittel zur Unterstützung der Zusammenarbeit angesehen, die die persönliche Zusammenarbeit flankieren. Es zeigte sich in den Interviews, dass deutlich zwischen Themen, die über den digitalen Weg miteinander besprochen werden, und Themen, die über den persönlichen, vorzugsweise face-to-face Kontakt geklärt werden, unterschieden wird. Neben Themen der persönlichen Weiterentwicklung oder des Leistungsfeedbacks zwischen Führungskraft und Teammitglied gehörten auch kreative Prozesse zu dem Bereich, für den die digitale Zusammenarbeit in erster Linie nicht als geeignet angesehen wurde, wie folgendes Zitat verdeutlicht.

> „… so richtige Kreativ-Meetings, die gehen aus meiner Sicht noch nicht. […] weil einfach die Tools am Bildschirm aktuell noch beschränkt sind. Vielleicht nutzen wir auch noch nicht die richtigen Werkzeuge. […] das, was man typischerweise von Brainstorming -Meetings her kennt – man hat Kärtchen, jeder schreibt mal was hin, man sammelt die Kärtchen. Da habe ich jetzt noch kein richtiges Pendant in der digitalen Welt. Und einfach das zusammen im Raum sein und wirklich daran zu arbeiten ist genau für so Meetings einfach wichtig …"

Hier zeigt sich zunächst, dass die Gewohnheit, solche kreativen Brainstorming-Prozesse in persönlichen Meetings voranzubringen, dazu beiträgt, mit Vorbehalten an den Gedanken heranzugehen, dies in Zukunft auf digitalem Wege zu tun. Weiterhin verdeutlicht das Zitat, dass den Befragten bisher keine geeigneten Tools zur Verfügung standen, die den bisher persönlichen Austausch in Innovationsprozessen – mit Post-It's und anderen Materialien – ersetzen können. Aufgrund dessen sollte die Einführung eines digitalen Tools zur Unterstützung von Innovationsprozessen im Unternehmen solche Vorbehalte adressieren und ein Experimentieren mit dem digitalen Wege fördern.

Die face-to-face Meetings in Innovationsprozessen, in denen im Team Ideen gemeinsam weiterentwickelt werden, haben eine persönliche Note. Man kann sich gegenseitig besser einschätzen, aufeinander reagieren und so schnell eine Vertrauensbasis aufbauen, die kreative Prozesse unterstützt. Diese muss für die digitale Arbeit gezielt aufgebaut werden. Es kann zu Hemmnissen beim Austausch untereinander kommen, wenn noch keine persönliche Basis geschaffen ist, was letztendlich dazu führt, dass weniger Wissen miteinander ausgetauscht wird – ein für Innovationsprozesse elementarer Erfolgsfaktor. Eine durch die Unternehmensführung und die gesamte Führungsmannschaft vorgelebte offene Kommunikation kann hier den richtigen Rahmen setzen. Weiterhin sollte aus Toolsicht ein einfaches und unkompliziertes Austauschen miteinander ermöglicht werden, welches den sonst persönlichen Kennenlernprozess – zumindest in Teilen – kompensieren kann.

Auch hat sich in den Interviews die bisherige Wahrnehmung der Nutzung digitaler Tools im Unternehmen offenbar als nicht durchgehend vorteilhaft erwiesen. Es gab in Teilen zu viele Tools, es war nicht immer klar, wann welche zu welchem Zweck genutzt werden und so mussten Informationen oft mit viel Aufwand an unterschiedlichen Stellen zusammengesucht werden. Einige Informationen wurden gar nicht abgelegt, sondern befanden sich nur in den Köpfen langjähriger Mitarbeiter. Das sind alles Punkte, die einen Innovationsprozess lähmen und im schlimmsten Fall auch komplett lahmlegen können, wenn dadurch die Motivation der Mitarbeitenden, an Themen mitzuwirken, schwindet. Die folgenden Zitate unterstreichen die negative Wirkung einer fehlenden systematischen Dokumentation von Informationen:

> „… Das ist auch wirklich das verteilte Wissen, das man sich hier zusammensuchen muss und das ist nur für ein Projekt. Wir haben das leider für alle Projekte, dadurch sucht man sich hier immer dumm und dämlich."

> „… weil bei uns so wenig dokumentiert ist und alle ihr Wissen im Kopf rumtragen. Deswegen tut man sich da schwer irgendwas selbst raus zu finden und muss immer irgendwie zum Kollegen gehen und sagen, „weißt du denn eigentlich" und „hast du da mal" …"

Dass eine digitale Dokumentation von Informationen durchaus von den Mitarbeitenden gewünscht war, zeigen die beiden folgenden Zitate, die den Vorteil von zentralen digitalen Tools in der Transparenz und Nachvollziehbarkeit von Prozessen und Entscheidungen verdeutlichen. So können Entscheidungen zu Ideen, die zu gegebenem Zeitpunkt verworfen wurden, Jahre später noch nachvollzogen werden und mit diesem Wissen wiederaufgenommen und weiterentwickelt werden:

> „… Also, wie gesagt, weil es grade für [Projekt] unheimlich wichtig ist, alles dokumentiert zu haben, alles nachvollziehbar zu haben, würde ich sagen, ist es hier elementar wichtig, dass man alles digital macht und auch nachvollziehbar hat …"

> „… die digitale Zusammenarbeit finde ich von daher vorteilhaft, dass ich es einfach einmal niedergeschrieben hab, dass jeder drauf zugreifen kann, dass jeder auch weiß, wie die Arbeitsabläufe sind, oder was erledigt worden ist oder was vielleicht noch zu tun ist"

Zusammenfassend zeigten die Interviews die Relevanz einer systematischen Dokumentation von Informationen und gleichzeitig eine Unzufriedenheit mit dieser auf. Da der Wissensaustausch für Innovationsprozesse ein elementarer Erfolgsfaktor ist, sollte dieser über eine für alle Teammitglieder zugängliche Plattform ermöglicht werden und die Informationen und Entscheidungen zu Innovationsprozessen dort so dokumentiert werden, dass sie auch Jahre später noch nachvollzogen werden können. Gleichzeitig bestanden Vorbehalte gegenüber der Nutzung digitaler Medien für kreative Prozesse, die es unternehmensseitig abzubauen gilt – einmal durch den Aufbau und Erhalt einer Innovationskultur im Unternehmen, aber auch toolseitig durch das Ermöglichen einer dynamischen und einfachen Kommunikation, die face-to-face Meetings im digitalen Setting ersetzen können.

4.1.2.2 Quantitative Ist-Analyse

Die quantitative Ist-Analyse wurde mithilfe eines Online-Fragebogens, der etablierte Skalen unter anderem zur Untersuchung der Teaminnovation sowie von Teamprozessen und emergenten Teamzuständen beinhaltete, in den zwei beteiligten Unternehmen durchgeführt. Die quantitative Erhebung diente dabei der Validierung der Erkenntnisse aus der qualitativen Ist-Analyse anhand einer größeren Stichprobe. Für die Teamanalysen zur Teaminnovation konnte auf einen Datensatz von 133 Personen in 28 Teams zurückgegriffen werden. Zur Berücksichtigung der hierarchischen Struktur der Daten wurden Mehrebenenanalysen gerechnet. Unter Teaminnovation verstehen wir, dass ein Team neue Ideen entwickelt, diese bewirbt und auch umsetzt. Die Teammitglieder bewerteten in unserer Erhebung die Häufigkeit, mit der diese Innovationsprozesse stattfinden.

Unsere Ergebnisse (s. Abb. 4.2) bestätigen die Wichtigkeit der verhaltensbezogenen Teamprozesse – wie etwa das Teamlernen, der Wissensaustausch, die Teamadaptation und die gegenseitige Unterstützung für Innovationen im Team – für die Teaminnovation (Es werden nur Ergebnisse berichtet, die signifikante Zusammenhänge aufweisen $p < 0{,}05$). Hier zeigte sich in unseren Daten, dass unter den verhaltensbezogenen Teamprozessen die tatkräftige gegenseitige Unterstützung bei Innovationen, die mitunter davon lebt, sich gemeinsam Zeit zu nehmen, den stärksten Einfluss auf die Teaminnovation hat. Daneben erwies sich die Teamadaptation, die das Einhalten von Vereinbarungen im Team erfasst, als sehr relevant für die Teaminnovation.

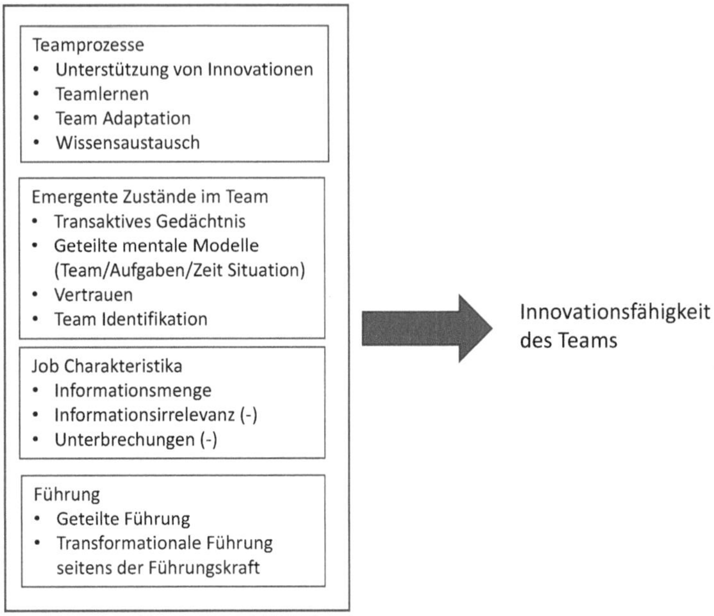

Abb. 4.2 Veranschaulichung der Ergebnisse der quantitativen Ist-Analyse

Des Weiteren spielen affektive und kognitive Komponenten eine Rolle. So wirkten sich in unseren Analysen Vertrauen und Teamidentifikation sowie geteilte mentale Modelle im Team positiv auf die Teaminnovation aus. Die affektiven und kognitiven Komponenten stellen emergente Zustände im Team dar, die sich dynamisch über die Zeit hinweg aus der Interaktion im Team heraus entwickeln und verändern können. Die aufgabenbezogenen mentalen Modelle im Team wiesen eine Interaktion mit dem Wissensaustausch im Team auf – je stärker ein gemeinsames Aufgabenverständnis ausgeprägt war, desto stärker war auch der Zusammenhang zwischen Wissensaustausch und Teaminnovation. Eine Erklärung hierfür könnte sein, dass ein gemeinsames Verständnis zu den Zielen und Vorgehensweisen bei der Aufgabenbearbeitung dazu beiträgt, dass der Wissensaustausch zielgerichteter ist und damit einen stärkeren Einfluss auf die Teaminnovation hat. Diese Interaktion zeigte sich nicht für die übrigen erhobenen geteilten mentalen Modelle zu Team, Zeit, Situation und den Medien.

Eine verteilte Expertise im Team – ein sogenanntes transaktives Gedächtnis im Team – wirkte sich ebenso positiv auf die Teaminnovation aus. Ein transaktives Gedächtnis bedeutet, dass Wissen und die Kompetenzen im Team auf unterschiedliche Personen verteilt sind und zeichnet sich dadurch aus, dass sich die Teammitglieder aufeinander verlassen können. Die hiermit einhergehende Effizienz in Prozessen zeigte sich in unserer Analyse als bedeutend für die Teaminnovation – wenn die Zusammenarbeit als reibungslos wahrgenommen wird, wird auch die Teaminnovation als hoch eingeschätzt.

Ebenso wichtig erwies sich in unseren Analysen eine transformationale Führung – d. h. eine Führung, die über intellektuelle Stimulation, eine inspirierende Vision, individuelle Beachtung und Charisma wirkt – für die Teaminnovation. Jedoch scheint die Wirkung dieser Art der Führung nicht auf die formelle Führungskraft beschränkt zu sein. Wenn diese Art der Führung von den Teammitgliedern untereinander im Sinne einer geteilten Führung gelebt wird, dann wirkt sich auch dies positiv auf Teaminnovation aus. Sowohl die verhaltensbezogenen Teamprozesse als auch die affektiven und kognitiven Teamzustände scheinen sich unabhängig von der Führung – durch die Führungskraft oder durch das Team im Sinne einer geteilten Führung – auf die Teaminnovation auszuwirken. Hier zeigten sich keine Interaktionen – eine transformationale Führung verstärkte somit nicht den Zusammenhang zwischen den Teamprozessen oder Teamzuständen und der Teaminnovation, wirkte sich jedoch in direkter Weise positiv auf diese aus.

Unsere Ergebnisse zeigten zunächst keinen Einfluss des Ausmaßes der digitalen Zusammenarbeit auf die Teaminnovation – gemessen an dem Prozentsatz, zu dem digital vs. face-to-face zusammengearbeitet wurde. Es fand sich jedoch ein Zusammenhang zwischen dem Ausmaß der digitalen Zusammenarbeit und der Art und Menge der ausgetauschten Informationen. Je mehr digital zusammengearbeitet wurde, desto größer war die Menge an erhaltenen Informationen. Auch stieg die Komplexität der erhaltenen Informationen mit dem Digitalisierungsgrad der Zusammenarbeit an. Dagegen fand sich kein Anhaltspunkt dafür, dass die Anzahl an irrelevanten Informationen mit der verstärkten digitalen Zusammenarbeit zunimmt.

Die Art der Information wiederum erwies sich für die Teaminnovation als relevant – während viele und komplexe Informationen sich positiv auf die Teaminnovation auswirkten, wirkten sich irrelevante Informationen negativ aus.

Eine vermehrt virtuell stattfindende Zusammenarbeit, etwa durch Home- bzw. mobile Arbeit o. ä., ging in unseren Analysen mit sinkender Teaminnovation einher, wenn in der Auswertung für das Ausmaß des Vertrauens oder aber der Teamidentifikation – und in geringerem Ausmaß auch für den Wissensaustausch – im Team kontrolliert wurde. Ein direkter Effekt der mobilen Arbeit auf die Teaminnovation ließ sich jedoch nur tendenziell erkennen. Das könnte darauf hindeuten, dass die affektiven Faktoren über die face-to-face Zusammenarbeit hinaus einen Beitrag zur einer stärkeren Teaminnovation leisten.

Zusammenfassend lässt sich aus unseren Ergebnissen ableiten, dass sich die digitale Zusammenarbeit nicht direkt auf die Teaminnovation auswirkt. Sie scheint jedoch einen Einfluss auf die Art der erhaltenen Informationen haben, die wiederum im Zusammenhang mit der Teaminnovation stehen. Direkte positive Einflüsse auf die Teaminnovation lassen sich sowohl für verhaltensbezogene Teamprozesse als auch affektive und kognitive Faktoren sowie für eine transformationale Führung erkennen.

Im folgenden Abschnitt beschreiben wir, wie wir auf Grundlage dieser Ergebnisse den IdeaCheck als Instrument zur Förderung der Teaminnovation gemeinsam mit den beteiligten Unternehmen entwickelt haben.

4.1.3 Ziele und Gestaltung des IdeaChecks

4.1.3.1 Ziele und Einsatzmöglichkeiten

Mit dem IdeaCheck sollen die skizzierten Herausforderungen, die sich aus der digitalen Zusammenarbeit für die Innovationsfähigkeit im Unternehmen ergeben, konsequent angegangen werden. Der IdeaCheck soll den Innovationsprozess – von der Idee im Anfangsstadium bis zur Umsetzungsentscheidung – über das digitale Tool abbilden und begleiten sowie diese Schritte digital dokumentieren und für alle Beschäftigten im Unternehmen sichtbar machen.

Hiermit verfolgt der IdeaCheck gleich mehrere Ziele – im Fokus steht dabei, das Tool als *Wissensspeicher* von Ideen im Unternehmen zu nutzen sowie die *Transparenz* und *Nachvollziehbarkeit* von Entscheidungsprozessen bei Innovationen zu erhöhen. Wie aus den dargestellten qualitativen Ergebnissen ersichtlich wird, ist ein großer Vorteil von digitalen Tools deren Funktion als Wissensspeicher, sodass Informationen zu Projekten und Ideen jederzeit für alle Personen im Unternehmen zugänglich sind. Dies trägt zu höherer Transparenz im Innovationsprozess bei. Zudem kann auch Jahre später noch nachvollzogen werden, wie und auf welcher Basis Entscheidungen zu vorgeschlagenen Ideen getroffen wurden. So können Doppelarbeiten vermieden und es kann auf „alten" Ideen aufgebaut werden. Auch der Sorge, dass wichtige Ideen im Unternehmen verloren gehen könnten, kann so begegnet werden. Ideen und Wissen sollen nicht mehr nur in einzelnen Köpfen im Unternehmen sein und bei deren Abgang aus dem Unternehmen verloren gehen. Ideen und Wissen sollen stattdessen für das gesamte Unternehmen greifbar und nutzbar gemacht werden. Wie sich in der Forschung gezeigt hat, führt eine digitale Dokumentation von Entscheidungen darüber hinaus dazu, dass Vertrauen gefördert wird, welches sich ansonsten über digitale Wege etwas schwieriger entwickelt, aber ein zentraler Faktor für die Kreativität in Unternehmen ist.

Neben Transparenz und Dokumentation ermöglicht der IdeaCheck den Austausch von Wissen und Informationen, um gemeinsam an einer Idee arbeiten und so verschiedene Expertisen und Perspektiven miteinander verbinden zu können. Gegenseitige Unterstützung im Innovationsprozess kann über den IdeaCheck gefördert werden und trägt so zur Innovationsfähigkeit des Unternehmens bei. Die Transparenz von Ideen im Unternehmen dient weiterhin dazu, das gemeinsame Verständnis von Zielen und Aufgaben zu stärken und damit die Realisierung von Ideen zu fördern. Der IdeaCheck ermöglicht die transparente Dokumentation der Ideen und des Bewertungsprozesses an einer zentralen Stelle, wie es in den Interviews gefordert wurde. Wie unsere Forschung gezeigt hat, führt der Zugang zu einer Vielzahl an Informationen zu einer erhöhten Innovationsfähigkeit. Auch die Möglichkeit, sich im Tool nur die individuell relevanten Informationen herauszufiltern, unterstützt dies.

Für die Mitarbeitenden soll der IdeaCheck ein digitales Werkzeug darstellen, um die eigenen Ideen dokumentieren, konkretisieren und vorantreiben zu können. Es ersetzt nicht die persönliche Zusammenarbeit, stellt jedoch ein Hilfsmittel zur Seite, welches die Arbeit an Innovationsprozessen erleichtern und attraktiver gestalten soll. Für diejenigen, die Ideen aktiv vorantreiben, erhöht es die Sichtbarkeit im Unternehmen und stärkt ihre Motivation, die eigenen Ideen aus dem Kopf in die Umsetzung zu bringen.

Aufbau des IdeaChecks: Inhalte und Prozess

Der IdeaCheck baut auf dem Stage-Gate-Prozess der Produktentwicklung (Cooper, 2014) auf (s. Abb. 4.3). Dieser sieht unterschiedliche Stufen (Stages) vor, die eine Idee durchlaufen muss. An den „Gates" entscheidet das Erfüllen vorher festgelegter Kriterien, welches von einem vorab definierten Bewertungsgremium geprüft wird, über den Übergang in die nächste Stufe. Im IdeaCheck unterteilt sich der Prozess von der Idee im Anfangsstadium bis zur Umsetzungsentscheidung in kleine, standardisierte Schritte. Über die Bewertung an den Gates fließt Feedback seitens des Bewertungsgremiums ein, das zurückmeldet, ob die Idee weiterverfolgt werden sollte sowie ob und inwiefern Anpassungen an der Idee gewünscht sind. So entsteht ein dynamischer Innovationsprozess, in dem die verteilte Expertise im Unternehmen zusammengebracht werden kann.

Zunächst können Mitarbeitende eines Unternehmens eine Ideenskizze entwerfen und überarbeiten, um diese schließlich im Tool zu veröffentlichen. Ab dem Zeitpunkt der Veröffentlichung der Idee ist diese für andere Mitarbeiter des Unternehmens sichtbar. Diese können ihr Interesse an der Idee ausdrücken, indem sie der Idee „folgen" oder sie „unterstützen". Wenn die Idee alle relevanten Informationen zur Bewertung enthält, kann die Idee dann zur Bewertung freigegeben werden (Check 1), welche durch ein zuvor festgelegtes Gremium anhand festgelegter Kriterien erfolgt. Die Idee durchläuft eine vom Unternehmen festgelegte Anzahl von Phasen, aus der sie mit einer positiven Bewertung bzgl. der Kriterien hervorgehen muss, um voranzuschreiten und schließlich umgesetzt zu werden.

Das Besondere am IdeaCheck ist die Möglichkeit, das Tool sehr individuell an die Bedürfnisse des Unternehmens anzupassen. Das Unternehmen konfiguriert dazu bei Einführung des Tools:

- Die Ideen-Kategorien
- Die Anzahl und Inhalte der einzelnen Phasen für jede Kategorie
- Die Kriterien zur Bewertung der Idee
- Die Zusammensetzung der Bewertungsgremien.

Die Ideen-Kategorien erlauben es, die Ideen zu wichtigen, unterscheidbaren Bereichen im Unternehmen zuzuordnen, innerhalb derer sie nach gleichen Kriterien bewertet werden. Kategorien können unterschiedliche Produkte oder Dienstleistungen, aber auch

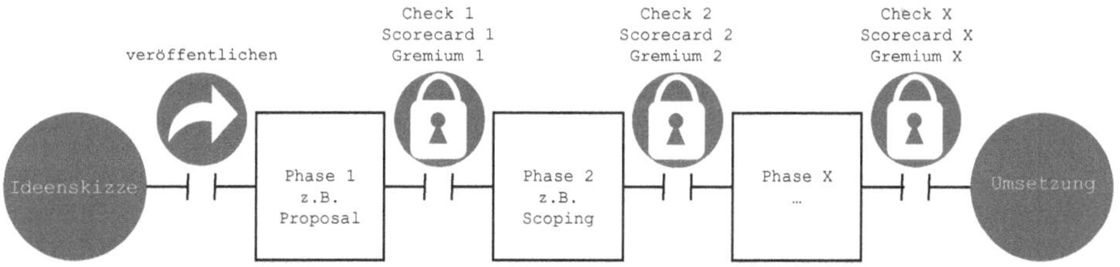

Abb. 4.3 Der Prozessablauf im IdeaCheck. (Angelehnt an den Stage-Gate-Prozess der Produktentwicklung (Cooper, 2014))

Unternehmensbereiche sein. Sie helfen als Wissensspeicher auch dabei, dass Interessierte einen schnellen Überblick zu Ideen in den von ihnen gewählten Kategorien erhalten sowie gezielt nach Ideen suchen können. Pro Kategorie können Anzahl und Inhalte der Phasen in der Ideenentwicklung definiert werden. So können die inhaltlichen Anforderungen pro Phase und pro Kategorie spezifiziert werden. Über die Anzahl der Phasen steuert das Unternehmen, wie viele Stufen eine Idee durchlaufen muss, bevor sie in die Umsetzung geht. Genauso werden die Checks nach jeder Phase über die Bewertungskriterien spezifiziert. Pro Kategorie werden Bewertungskriterien definiert und es wird entschieden, welche dieser Kriterien zu welchem Zeitpunkt im Prozess relevant und bewertungskritisch sind. Für jeden dieser Checks wird ein Bewertungsgremium zusammengestellt, das bestenfalls die Expertise sowie Entscheidungsbefugnis zur Bewertung der Ideen dieser Kategorie mitbringt. Diese Konfigurierbarkeit macht den IdeaCheck sehr flexibel und nah am Unternehmensgeschäft einsetzbar, da er differenzierte Urteile und Entscheidungen ermöglicht.

Damit stellt der IdeaCheck ein Tool dar, welches das Ideenmanagement im Unternehmen sehr individuell und flexibel unterstützt. Es bietet den Mitarbeitenden und der Unternehmensspitze einen Überblick über die entwickelten Ideen im Unternehmen und bringt die Expertise im gesamten Unternehmen zusammen. Dies fördert eine Innovationskultur im Unternehmen, die ein gemeinsames Vorantreiben guter Ideen stimuliert.

Aufbau des IdeaChecks: Rollen und Rechte

Im IdeaCheck gibt es fünf festgelegte Rollen, die im Folgenden erläutert werden:

- Adminstrator*in
- Ideenverantwortliche*r
- Unterstützer*in
- Folgende*r
- Bewertungsgremium

Der/die Administrator*in registriert das Unternehmen im IdeaCheck und ist für dessen unternehmensspezifische Konfiguration verantwortlich. Außerdem legt er die User im Tool an und ist für deren Verwaltung zuständig.

Die drei Rollen Ideenverantwortliche*r, Unterstützer*in und Folgende*r sind für das Entwickeln und Vorantreiben einer Idee verantwortlich. Hierbei kann es sich um jegliche Mitarbeitende des Unternehmens handeln, die Ideen und Innovationen im Unternehmen voranbringen möchten. Der/die Ideenverantwortliche geht dabei den ersten Schritt und bringt eine Idee im IdeaCheck ein. Wenn diese veröffentlicht wird, kann die Idee im Unternehmen gesehen werden. Die Mitarbeitenden, die dies sehen, haben dann bei Interesse an der Idee die Möglichkeit, diese aktiv zu unterstützen, indem sie ihre Expertise für die Weiterentwicklung der Idee anbieten und damit als Unterstützer*in Teil des Teams werden. Wenn keine direkte Expertise mit eingebracht werden soll, jedoch trotzdem ein Gefallen an der Idee ausgedrückt werden möchte, kann dies über einen „Gefällt mir“-Klick geschehen. Wer sich weitere Informationen zum Fortlauf der Idee wünscht, kann der Idee „folgen“ und damit Nachrichten zu Neuigkeiten rund um die Idee aktivieren.

Auf der anderen Seite steht das Bewertungsgremium, welches sich aus Experten*innen für den jeweiligen Bereich zusammensetzt. Ein Bewertungsgremium wird für den „Check“ nach jeder Phase in der Ideenentwicklung eingesetzt. Dieses soll entscheiden, ob die Idee soweit ausgereift ist und eine sinnvolle Idee für das Unternehmen darstellt, dass sie in die nächste Phase der Ideenentwicklung übergehen kann (s. Abb. 4.4). So kön-

Kommentar zur Bewertung

Bitte geben Sie hier Ihre Begründung für die Bewertung ein. Dieses Feld ist ein Pflichtfeld

Faktor 1: Beitrag zu Unternehmenszielen

Kriterium	1 trifft gar nicht zu	4 trifft eher nicht zu	7 trifft eher zu	10 trifft voll zu
Passt einfach zu allem	1	4	7	10
Die Idee kann Unternehmensweit Angewandt werden	1	4	7	10

Abb. 4.4 Die Bewertungsmaske im IdeaCheck

nen Ideen Schritt für Schritt auf dem Feedback des Bewertungsgremiums aufbauen und so weiterentwickelt werden, aber auch größere Investitionen in nicht zukunftsfähige Ideen vermieden werden.

Handbuch
Der IdeaCheck wurde so aufgebaut, dass die Funktionen im Tool so selbsterklärend wie möglich sind.

Zur Einführung in das Tool öffnet sich zu Beginn eine vorbereitete „Tour", die durch die wichtigsten Funktionen des Tools führt. So kann sich jeder User einen schnellen Überblick über Nutzen und Möglichkeiten des Tools verschaffen. Auf diese Information kann jederzeit auf jeglicher Bildschirmseite im Tool zurückgegriffen werden.

Daneben ist ein QuickGuide im Tool eingebaut und über eine FAQ-Seite ständig abrufbar. Dieser führt mit kurzen Erläuterungen durch die ersten Schritte.

Darüber hinaus liegt dem IdeaCheck begleitend ein Handbuch bei, welches neben einer Zusammenfassung der wichtigsten Schritte im Tool den Lesenden und die Lesende mittels eines anschaulichen Beispiels durch die Konfiguration des Tools führt. Weiterhin finden sich hier Tipps zur Einführung und zu begleitenden Maßnahmen im Unternehmen (das Handbuch und weitere Infomationen und Materialien finden sich auch auf der Website des Projektes www.vlead.de).

4.2 Der IdeaCheck für das Innovationsmanagement – ein Erfahrungsbericht der Human Solutions Gruppe zu Entwicklung und Anwendung

Ulrike Grün, Valeria Bernardy und Rainer Trieb

Im Folgenden werden die Ziele und Erfahrungen der Human Solutions Gruppe bei der Entwicklung und Anwendung des IdeaCheck vor dem Hintergrund der Ausgangssituation des Unternehmens und der Bedeutung, die das Unternehmen Innovationen und digitaler Zusammenarbeit beimisst, beschrieben.

4.2.1 Ausgangsituation der Human Solutions

4.2.1.1 Das Unternehmen Human Solutions
Human Solutions ist ein mittelständisches Unternehmen der IT-Branche, das Entwicklung, Vertrieb, Wartung und Support von Softwarelösungen für Mobility, Fashion, Interiors und die Sportindustrie betreibt. Human Solutions arbeitet eng mit führenden Unternehmen zusammen, um Märkte durch moderne Technologien und überzeugende Produkte neu zu gestalten. Innovation ist Kerngeschäft, das sich durch alle Bereiche des Unternehmens zieht.

Die Human Solutions Gruppe umfasst mehrere Unternehmen unter einem gemeinsamen Dach – darunter das Mutterunternehmen Human Solutions Verwaltungs GmbH sowie die

Tochterunternehmen Human Solutions GmbH, Assyst GmbH und Human Solutions of North America sowie die Sistemi Assyst in Italien. Die Human Solutions GmbH wurde 2002 als Ausgliederung der Firma Tecmath GmbH als eigenständiges Unternehmen gegründet und ist in Kaiserslautern ansässig. Die Standorte der Tochterunternehmen sind Italien, USA und München. Im Ausland gibt es insgesamt über 30 Niederlassungen und Vertretungen des Unternehmens und der Vertrieb verteilt sich über 50 Länder hinweg. In der gesamten Gruppe beschäftigt das Unternehmen in 2020 ca. 200 Mitarbeiter, darunter Softwareentwickler*innen, Mathematiker*innen, Wirtschaftsingenieur*innen und Betriebswirt*innen. Damit ist die Human Solutions Gruppe breit aufgestellt und Beschäftigte im Unternehmen arbeiten über unterschiedliche Standorte und in Teilen auch über unterschiedliche Zeitzonen hinweg zusammen. Die Zusammenarbeit über digitale Medien ist selbstverständlich – aber wie sieht diese konkret aus und welche Auswirkungen hat sie auf die Innovationsprozesse im Unternehmen?

4.2.1.1.1 Stellenwert von Innovationen und digitale Zusammenarbeit bei Human Solutions

Welchen Stellenwert das Thema Innovationen bei Human Solutions hat und was man unter Innovationen bei Human Solutions verstehen kann, wird im folgenden Interview ausgeführt. Dr. Rainer Trieb, Director Research and Development bei der Human Solutions Verwaltungs GmbH, gibt außerdem einen Einblick dazu, wie digitale Innovationsprojekte bisher durchgeführt wurden und was Human Solutions dazu bewegt hat, im Rahmen des Projekts *vLead* ein digitales Innovations-Tool zu entwickeln.

F: Innovationsfähigkeit wird in den meisten Unternehmen großgeschrieben. Welchen Stellenwert haben Innovationen bei Human Solutions und was sind das für Innovationen, die Sie entwickeln und auf den Markt bringen?

Zitat: „Human Solutions stellt den Menschen in den Mittelpunkt des Produktentwicklungsprozesses und bietet dazu leistungsfähige branchenspezifische Softwarelösungen. Produktdesigner*innen und Ingenieure*innen können damit zielkundenschaftsspezifische Anforderungen bereits in der Designphase – zum Beispiel in die ergonomische Auslegung eines Fahrzeuginnenraumes oder bei der Passformoptimierung von Bekleidung – berücksichtigen.

Statistisch abgesicherte und funktional valide Menschmodelle auf Basis von weltweiten anthropometrischen Bevölkerungsdaten sind dafür die Grundlage. Human Solutions hat daher bereits Mitte der 90er Jahre mit der Entwicklung von 3D-Bodyscanning-Systemen begonnen, mit denen ein dreidimensionales, virtuelles Abbild von Menschen generiert werden kann. Mit der erstmaligen Durchführung von 3D Reihenmessungen z. B. in Deutschland, Frankreich, Italien und den USA ist damit die weltweit größte Datenbasis an 3D-Bodyscans entstanden. Dieses anthropometrische Wissen steht in unseren innovativen Softwarelösungen beispielsweise den automobilherstellenden Unternehmen und der Bekleidungsbranche zur Verfügung.

Ziel ist dabei immer die durchgängige Digitalisierung der Prozesse, sodass Produktdesign und Produktoptimierung virtuell erfolgen können. Hier steht Human Solutions in hartem Wettbewerb mit Anbietern und Anbieterinnen weltweit. Kontinuierliche Innovation und die Stärkung der Innovationsfähigkeit der Mitarbeitenden und Teams sind daher grundlegender Bestandteil der Unternehmensstrategie“.

F: Wer arbeitet im Unternehmen an Innovationen?

Zitat: „Innovation erfordert die Zusammenarbeit und Kooperation in allen Unternehmensbereichen. Dies beginnt mit dem Verstehen der Kundschaftsanforderungen im Bereich des Consultings, der Konzeption entsprechender Lösungen, der Erforschung und Entwicklung leistungsfähiger Methoden und Verfahren sowie der softwaretechnischen Umsetzung in praxisorientierte Softwarelösungen für unsere Kundschaft".

F: Die Human Solutions Gruppe ist mit ihren Tochterunternehmen, die über mehrere Standorte verteilt sind, breit aufgestellt. Wird über die unterschiedlichen Standorte verteilt zusammengearbeitet und wie sieht diese Zusammenarbeit insbesondere in Bezug auf Innovationsprojekte konkret aus? Haben Sie viele Videokonferenzen mit Kollegen und Kolleginnen oder tauschen Sie sich eher über E-Mail oder Chatprogramme aus?

Zitat: „Durch die unterschiedlichen Standorte ist die digitale Zusammenarbeit permanent notwendig und bereits Alltag. Vor allem zwischen den Standorten Kaiserslautern und München sowie unserer Niederlassung in den USA existieren viele gemeinsame Projekte, die vor allem mit Hilfe von Telefon- und Videokonferenzen und zum Informationsaustausch über digitale Plattformen durchgeführt werden."

F: Wie oft treffen Sie sich noch persönlich?

Zitat: „Natürlich finden noch persönliche Treffen statt, doch versuchen wir immer mehr, hier die digitalen Möglichkeiten auszuschöpfen, indem wir z. B. ein für die gesamte Unternehmensgruppe einheitliches Video-Konferenzsystem einsetzen.

Gerade am Anfang eines Projektes ist es uns immer wichtig, zusammen an einen Tisch zu kommen, um neben den rein fachlichen Aspekten auch eine gemeinsame, persönliche Basis im Projektteam zu erzeugen. Dies ist nicht nur wichtig, um ein gemeinsames Verständnis des Projekts und der Zielsetzung zu schaffen, sondern auch um die persönlichen Beziehungen, die Rollen und Verantwortlichkeiten in Projekten zu stärken.

Danach versuchen wir dann allerdings den Großteil der Projektarbeit digital durchzuführen. Das Ziel ist, sich lediglich zu Projektmeilensteinen wieder persönlich zu treffen, sei es bei Produktentwicklungen, Kundschaftsprojekten oder im Rahmen von Kooperationsprojekten. Hin und wieder sind allerdings Brainstorming-Aufgaben oder technische Fragestellungen zu lösen, bei denen es sich gezeigt hat, dass Präsenzmeetings die Arbeit effektiver voranbringen".

In einem Unternehmen wie Human Solutions trägt die Innovationsfähigkeit einen großen Beitrag zur Wettbewerbsfähigkeit bei und hat daher einen sehr hohen Stellenwert. Auch aufgrund der Verteilung des Unternehmens auf mehrere Standorte ist die Zusammenarbeit über digitale Tools nicht mehr wegzudenken.

4.2.1.1.2 Herausforderungen bei Human Solutions in Bezug auf Innovationsprozesse

Herausforderungen in Bezug auf die vermehrt stattfindende digitale Zusammenarbeit gibt es viele. Als im Projekt *vLead* beteiligtes Unternehmen hat sich Human Solutions auf die Entwicklung eines Tools zur Unterstützung von digitalen Innovationsprozessen fokussiert. Welche spezifischen Herausforderungen Auslöser für die Entscheidung waren, den Fokus auf Innovationsprozesse zu legen, wird im Folgenden erläutert.

F: Sie arbeiten in Ihrem Unternehmen auch heute schon an Innovationsprojekten digital zusammen. Was hat Sie dazu bewogen, ein Tool zu entwickeln, das Innovationsprozesse digital unterstützt?

Zitat: „Mit zunehmender Mitarbeitendenzahl und steigender Komplexität der Fragestellungen hat sich gezeigt, dass wir strukturierte Prozesse für die systematische Erfassung von Innovationsideen, deren Bewertung und Auswahl für die weitere Verfolgung benötigen.

Unser Ziel im Projekt vLead war es, das Innovationspotenzial im Unternehmen zu heben und die Quantität und Qualität von Ideen, die zu Innovationen werden können, zu erhöhen. Viele Innovationsideen schlummern in einzelnen Abteilungen und schaffen es unter Umständen aus Zeitgründen nicht zur Umsetzung. Auch sind manche Ideen anfangs qualitativ nicht ausreichend hinsichtlich technischer oder wirtschaftlicher Wirkung durchdacht. Das Bündeln und Systematisieren dieser Ideen in einem Ideen- und Wissenspool ist daher ein zentrales Anliegen.

Uns ging es bei der Entwicklung des Tools vor allem um den Prozess von der Ideenfindung über die Ideenkonkretisierung bis hin zur endgültigen Entscheidung, ob eine Innovationsidee umgesetzt werden soll oder nicht. Für den späteren Prozess der tatsächlichen Umsetzung der Innovationsideen haben wir bereits etablierte Tools im Einsatz, die auch nicht ersetzt werden sollen."

F: Bei der Entstehung von Innovationen denkt man ja erstmal an Brainstorming mit Post-It's und Flipcharts, eine eng zusammenarbeitende Truppe in einem Raum... Wie laufen solche Prozesse bei Human Solutions ab? Was war Ihrer Meinung nach die Hauptsorge von Unternehmensseite, was die Innovationsprozesse innerhalb einer immer stärker digitalisierten Arbeitswelt angeht?

Zitat: „Mit zunehmender Digitalisierung und weniger persönlichen Kontakten reduziert sich auch der formelle – beispielweise in Brainstormings – und der informelle Austausch im Kollegium, der zu gemeinsamen Ideen führt: man trifft sich auf dem Flur, erzählt sich von den eigenen Projekten, im Gespräch baut man auf gegenseitigen Erfahrungen auf, Ideen entwickeln sich. Die virtuellen Meetings erlauben erfahrungsgemäß weniger „Nebengespräche" und es werden ggf. weniger Informationen geteilt, die nicht direkt themenrelevant sind.

Daher war ein großes Anliegen zu vermeiden, dass gute Ideen in den Köpfen der Mitarbeitenden dadurch am Ende für das Unternehmen verloren gehen."

F: Wie viele Ideen wurden denn so in etwa im Unternehmen pro Jahr eingebracht von Seiten der Mitarbeitenden?

Zitat: „Das ist natürlich schwierig zu sagen. Viele Ideen werden im Rahmen der Produktentwicklung oder in Kundschaftsprojekten in den Teams direkt umgesetzt. Die Arbeiten an neuen Produkt- und Dienstleistungsentwicklungen werden im Rahmen der jährlichen Unternehmensplanung, in regelmäßigen Produktstrategie- und Produktmanagementsitzungen und in Form von Zielvereinbarungen oder durch Kundenaufträge initiiert.

Wichtig ist es uns daher, frühzeitig gute Ideen, an denen im Unternehmen gearbeitet wird, für die Mitarbeitenden transparent zu machen, um Redundanzen zu vermeiden und stattdessen Synergien zu schaffen".

F: Wie motiviert schätzen Sie denn die Mitarbeitenden im Unternehmen ein, sich für ihre Ideen einzubringen und diese voranzutreiben?

Zitat: „Generell schätzen wir hier die Motivation unserer Mitarbeitenden als sehr hoch ein, da eine hohe Identifikation mit der Vision und Mission des Unternehmens besteht. Allerdings ist das Vorgehen innerhalb der einzelnen Unternehmen historisch gewachsen und damit unterschiedlich. Dies ist sicherlich auch der hohen Diversifikation der Themen- und Spezialgebiete geschuldet."

F: Die Quantität der Ideen zu erhöhen ist eine Sache – das macht die eingebrachten Ideen ja noch nicht zu qualitativ hochwertigen Ideen, die für das Unternehmen einen Nutzen bringen.

Zitat: „Wir sind davon überzeugt, dass viele qualitativ gute Ideen und Innovationsansätze in den Köpfen unserer Mitarbeitenden existieren. Eine Umsetzungsentscheidung ist aber auch immer eine Investitionsentscheidung und muss zur Unternehmensstrategie passen. Die Fokussierung auf den Nutzen für die Kundschaft sowie die Berücksichtigung wirtschaftlicher Faktoren sind damit wichtige Kriterien für die Beurteilung der Wirksamkeit und Qualität einer innovativen Idee. Daher ist es essenziell, Entscheidungsprozesse nachvollziehbar zu machen. Langfristig schärft das den Sinn dafür, was für das Unternehmen wertvoll ist und vorangetrieben werden soll."

Eine der größten Herausforderungen von Human Solutions war die Schaffung einer unternehmensübergreifenden Plattform, die eine systematische Erfassung und Dokumentation von Ideen erlaubt und damit die notwendige bereichsübergreifende Transparenz über den vorhandenen „Ideenpool" schafft. Darüber hinaus standen die Strukturierung und Standardisierung eines mehrstufigen Entscheidungsprozesses im Vordergrund.

4.2.2 Ziele und Erwartungen der Human Solutions an den IdeaCheck

Aus den Herausforderungen, mit denen sich Human Solutions in Bezug auf die Innovationsprozesse im Unternehmen konfrontiert sah, haben sich konkrete Ziele und Erwartungen an das Tool ergeben, das im Projekt gemeinsam entwickelt werden sollte. Im Folgenden werden die für die Entwicklung des IdeaChecks wichtigsten Ziele erörtert und wie das Tool letztendlich zu diesen beiträgt.

4.2.2.1 Ideen sollen nicht verloren gehen

F: Eines Ihrer Fokus-Ziele bei der Entwicklung des IdeaChecks war es, gute Ideen der Mitarbeitenden nicht verloren gehen zu lassen und eine Art Ideenspeicher mit dem Tool aufzubauen. Wie soll der IdeaCheck dazu beitragen?

Zitat: „Im hektischen Alltag vergisst man schnell mal eine gute Idee, wenn sie nicht dokumentiert wird. Und manchmal ist die Zeit für eine Idee noch nicht reif und sie wird daher verworfen. Mit einer geeigneten Plattform, die einfach und schnell erlaubt, Ideen zu erfassen, diese mit den Kollegen und Kolleginnen zu teilen und gemeinsam weiterzuentwickeln sowie den Entscheidungsprozess zu moderieren, wird ein strukturierter Innovationsprozess angestoßen. Hier spielt die Konfigurierbarkeit nach unternehmensspezifischen Produkten, Dienstleistungen und Prozessen eine entscheidende Rolle: handelt es sich um eine Idee für das Produktportfolio, spielen für deren Bewertung und Weiterentwicklung andere Kriterien eine Rolle als beispielsweise bei einer Verbesserung interner Prozesse. In der Plattform werden damit nicht nur Ideen gesammelt, sondern durch systematische Reflektion auch der gedankliche Ansatz bis zur praxisreifen Umsetzung dokumentiert und jederzeit nachvollziehbar gemacht."

4.2.2.2 Entscheidungsprozesse sollen nachvollziehbar sein

F: Ein weiteres Ziel, mit dem Sie in die Entwicklung des IdeaChecks gegangen sind, war die Transparenz von Umsetzungsentscheidungen in Innovationsprozessen zu erhöhen und damit die Nachvollziehbarkeit dieser Entscheidungen zu stärken. Wie gelingt das mit dem Tool?

Zitat: „Der IdeaCheck ist in Phasen eingeteilt, um regelmäßiges Feedback zu gewährleisten, auf dessen Basis die Idee weiterentwickelt oder zunächst mal zurückgestellt werden kann. Die Entscheidung des Bewertungsgremiums zu jeder Phase ist transparent. So wird sichergestellt, dass der oder die Ideenverantwortliche erfährt, wie die Idee vom Unternehmen beurteilt wird. Diese Transparenz in den Prozessen führt langfristig auch zur Schärfung des Bewusstseins, welche Ideen für das Unternehmen wichtig sind. Dies steigert damit die Effektivität der Ideenprozesse, indem Ideen weiterverfolgt werden, die sowohl zur Unternehmensstrategie passen als auch umsetzbar sind."

4.2.2.3 Ideenprozesse sollen transparent und zugänglich sein

F: Zuletzt ist es Ihr Ziel, Ideenprozesse für jeden im Unternehmen transparent zu machen. Wie unterstützt der IdeaCheck dabei?

Zitat: „Im IdeaCheck wird der komplette Ideen- und Entscheidungsprozess sichtbar – von der initialen Ideenskizze bis zur Umsetzungsentscheidung. Es können Dokumente im IdeaCheck hochgeladen werden, die zum Verständnis der Idee beitragen und den Nutzen für die Kundschaft und/oder das Unternehmen darstellen. Der Austausch zu Themen, die die Idee betreffen, kann im Forum zur Idee stattfinden. Ideen können „geliked", sie können aktiv unterstützt oder ihnen kann gefolgt werden. All das kann von jedem Tooluser eingesehen werden und schafft so einen Überblick zu dem bereits vorhandenen Ideenpool. Der IdeaCheck dient jedoch auch als Wissens- und Informationspool. Damit bleiben auch nach Jahren Entscheidungsprozesse noch nachvollziehbar. Auf dem dort gesammelten Wissen kann aufgebaut werden."

4.2.2.4 Unternehmensübergreifender Austausch zu Ideen soll gefördert werden

F: Nebenbei trägt der IdeaCheck als unternehmensübergreifendes Tool dazu bei, dass der Austausch zwischen Mitarbeitenden im Unternehmen über Ideen gestärkt wird. Was erhoffen Sie sich hiervon?

Zitat: „Das Tool ist einfach und intuitiv zu bedienen. Insbesondere der Austausch zwischen Mitarbeitenden in Bezug auf ihre Ideen war hier wichtig – unabhängig, ob dies über die Foren der jeweiligen Ideen geschieht oder als Unterstützung einer Idee und somit als Team die Idee weiter vorantreibt. So fördern wir die Motivation, das eigene Wissen gezielt einzubringen. Über das Tool können dann auch Mitarbeitende aus unterschiedlichen Bereichen zusammenarbeiten, die bisher nur geringe Berührungspunkte hatten, aber dieselbe Idee spannend finden."

Zusammenfassend verfolgt der IdeaCheck die folgenden Ziele: 1) Ideenspeicher, 2) Nachvollziehbarkeit der Entscheidungen, 3) Transparenz der Ideenprozesse und 4) unternehmensübergreifender Austausch zu Ideen. Inwieweit diese Ziele erfüllt werden konnten, wird im Folgenden aufgezeigt.

4.2.3 Erste Erfahrungen mit der Nutzung des IdeaChecks

Der IdeaCheck wurde in einer ersten formativen Evaluationsphase in zwei unterschiedlichen Unternehmensbereichen der Human Solutions getestet. Wie das Tool aufgenommen wurde, insbesondere in Hinblick auf die Ziele, die wir uns bei der Entwicklung des IdeaChecks im Projekt gesetzt hatten, wird im Folgenden geschildert.

4.2.3.1 Auswirkungen auf die Quantität und Qualität von eingebrachten Ideen

F: Die Quantität eingebrachter Ideen im Tool in der Testphase lässt sich schwer vergleichen mit der Quantität von Ideen ohne das Tool, da der Fokus auf das Testen sicherlich schon zu einem erhöhten Einbringen von Ideen geführt hat. Waren die Mitarbeitenden jedoch motiviert, den IdeaCheck in Zukunft zu nutzen und ihre Ideen über das Tool im Unternehmen einzubringen? Und haben Sie in der Art der Ideen und in der Ausführung dieser Ideen einen Unterschied zu vorher erkennen können?

Zitat: „Das Tool wurde von unseren Mitarbeitenden gut angenommen. Die visuell sehr ansprechend und modern gestaltete Useroberfläche sowie die leichte Handhabung wurde von beiden Testteams als intuitiv empfunden.

Vor allem der standardisierte und nachvollziehbare Bewertungsprozess wird sehr positiv wahrgenommen. Als motivierender Faktor wurde zeitnahes Feedback – vom Bewertungsgremium, aber auch von Kollegen und Kolleginnen, die als Unterstützer und Unterstützerinnen angefragt werden – als wichtige Anforderung der Mitarbeitenden genannt.

Die Möglichkeit das Tool auch als „soziales Netzwerk“ im Innovationsprozess zur Förderung des interdisziplinären Austausches zu nutzen, wurde ebenfalls als sehr hilfreich eingeschätzt.

Die systemische Erfassung im Tool führt insgesamt zu einer stärkeren Reflektion des Nutzens und zu einer Präzisierung bei der schriftlichen Formulierung. Dadurch erhöht sich die Nachvollziehbarkeit für die Kollegen und Kolleginnen und damit die Motivation zur gemeinsamen Weiterentwicklung.“

4.2.3.2 Auswirkungen auf den Zugang zu einem unternehmensübergreifenden Ideenpool

F: Wie ist das Tool als „unternehmensübergreifender Ideenpool“ angekommen?

Zitat: „Gute Innovationen entstehen im Team. Die heutige Komplexität erfordert ein Zusammenspiel unterschiedlicher Kompetenzen, um originelle und machbare Innovationen aus einer Idee hervorzubringen. Leider sind nicht alle Ideen gleichzeitig umsetzbar, stellen aber einen wertvollen Wissenspool des Unternehmens dar. Die Offenheit der Lösung und die Möglichkeit, auch bereichsübergreifend Ideen aus der Historie heraus zu folgen oder Synergien aus dem bereits dokumentierten Stand zu nutzen, stellt daher ein wertvolles Hilfsmittel im Innovationsprozess dar.“

4.2.3.3 Auswirkungen auf unternehmensübergreifende Austauschprozesse und das Innovationsklima im Unternehmen

F: Es ging uns bei der Entwicklung des IdeaChecks ja auch darum, mehr Austausch im Unternehmen zu Ideen zu schaffen und damit die Innovationskultur langfristig zu stärken. Funktionen wie das Unterstützen oder das Folgen von Ideen anderer sollten dies erleichtern. Wie aussichtsreich schätzen Sie das Tool dahingehend ein?

Zitat: „Der IdeaCheck dient dazu, nicht nur mehr, sondern vor allem bessere Ideen zu entwickeln, diese entschlossen – mit Unterstützung und Begleitung durch die Unternehmensleitung – voranzutreiben und zum Erfolg zu führen. Daher geht es auch darum, verdeckte Hindernisse im Innovationsprozess zu identifizieren und für die Mitarbeitenden aus dem Weg zu räumen. Hier sind wir sehr zuversichtlich, dass sich subjektiv wahrgenommene strukturelle und Kommunikationsbarrieren durch den Austausch und die Zusammenarbeit über Team-, Bereichs-, und Unternehmensgrenzen hinweg, aber auch über die individuellen Wissensgrenzen hinaus, mit der Nutzung des Tools auflösen. Gerade diese Funktion wird durch das Tool effektiv unterstützt."

Schon in der Evaluierungsphase zeigten sich erste positive Auswirkungen des IdeaChecks als Innovations-Tool im Unternehmen. Die Möglichkeit des Austauschs wurde von den Mitarbeitenden, die das Tool getestet haben, geschätzt und das Interesse, sich Ideen anderer im Tool anzuschauen, war hoch. Insgesamt hat der Gedanke, Ideen in einem Tool zu sammeln und damit Transparenz zu schaffen, einen hohen Zuspruch gefunden.

4.2.4 Ausblick

Wie auch die übrigen Tools der vLead-Toolbox ist der IdeaCheck mit dem Ziel entwickelt worden, insbesondere kleinere und mittlere Unternehmen mittels eines flexiblen Tools in der digitalen Zusammenarbeit zu unterstützen. Das Besondere des IdeaChecks ist die Möglichkeit, das Tool auf die Bedürfnisse des jeweiligen Unternehmens spezifisch zuzuschneiden. Aus den ersten Erfahrungen lassen sich Empfehlungen ableiten, wie der Idea-Check im Unternehmen eingeführt werden sollte und was es daneben noch zu beachten gibt.

4.2.4.1 Einführung des IdeaChecks im Unternehmen

F: Was halten Sie bei der Einführung des Tools im Unternehmen für kritische Erfolgsfaktoren?

Zitat: „Wichtig ist, dass die Unternehmensführung den Stellenwert von Innovationen im Unternehmen im Einklang mit der Unternehmensstrategie verdeutlicht sowie Ziel, Bedeutung und Nutzen des Tools den Mitarbeitenden klar kommuniziert.

Die Mitarbeitenden brauchen hier den notwendigen Freiraum und die Unterstützung der Unternehmensführung, da die Einführung und der Austausch zu diesen Themen Zeit in Anspruch nehmen.

Das Tool kann spezifisch auf die Bedürfnisse und Abläufe des Unternehmens angepasst werden. Daher sollten sich die Verantwortlichen ausreichend Zeit für die Konfiguration des Tools nehmen: geht es um die Entwicklung neuer Produkte oder darum, bestehende „smarter" zu machen? Sollen interne Prozesse optimiert werden oder neu überdacht und etabliert werden? Welche Kriterien sind für eine Bewertung und Priorisierung zur erfolgreichen Umsetzung relevant?

Hierzu muss im Vorfeld analysiert werden, in welchen Bereichen Innovationsprozesse ähnlich oder auch ganz unterschiedlich ablaufen und welche Komplexität diese besitzen. Die Spannbreite kann von der inkrementellen Prozessinnovation bis zum disruptiven Geschäftsmodell reichen. Davon abhängig ist dann die Definition der im Tool verwendeten Kategorien. Für jede Kategorie muss dann festgelegt werden, in welchen Stufen und nach welchen Kriterien diese Ideen bewertet werden sollen.

Ist das Tool erst einmal eingeführt, so muss es begleitet werden. Der Start in einem Bereich oder einem Team innerhalb des Unternehmens ist sinnvoll, um Erfahrungen zu sammeln und hemmende Motivations- und Kommunikationsbarrieren zu erkennen und zu beheben."

4.2.4.2 Empfehlungen an andere Unternehmen

F: Wenn Sie einem anderen Unternehmen vom IdeaCheck erzählen, was würden Sie den Verantwortlichen im Unternehmen raten?

Zitat: „Wir können es nur jedem Unternehmen empfehlen. Das Tool hilft einem Unternehmen dabei, die richtigen Ideen zu verfolgen, und diese Ideen auch richtig zu verfolgen.

Ist der IdeaCheck erst einmal eingeführt, begleitet das Management die Nutzung und sollte den Mitarbeitenden auch ausreichend Zeit für die Pflege des Tools einräumen. Das schnelle und konstruktive Feedback durch die Bewertungsgremien ist natürlich einer der wesentlichen Motivationsfaktoren.

Wenn es eine Idee bis zur tatsächlichen Umsetzung geschafft hat, sollte dies auch entsprechend gewürdigt werden. Dies führt dazu, dass potenzielle Barrieren im Innovationsprozess sinken und sich so das Potenzial der Mitarbeitenden effektiver entfalten kann.

4.2.4.3 Fazit

Zusammenfassend lässt sich festhalten, dass sowohl die unternehmensspezifische Konfiguration des IdeaChecks sowie dessen Einführung essenziell für die Nutzung des Tools sind. Daneben erweist sich vor allem die Begleitung durch das Management und die kontinuierliche Kommunikation zu dem Tool als wichtig, um die Nutzung dauerhaft zu gewährleisten.

4.3 Evaluation des vLead-IdeaChecks

Valeria Bernardy, Anna T. Niesen und Conny H. Antoni

Die Innovationsfähigkeit eines Unternehmens ist einer der entscheidendsten Wettbewerbsvorteile im heutigen Marktumfeld. Wie in Abschn. 4.1 dargestellt, zeigen prägende Innovationstheorien wie die „Componential Theory of Creativity and Innovation" von Amabile & Pratt (2016) auf, welche Faktoren auf der Ebene der Beschäftigten, aber auch auf der Ebene des Unternehmens ausschlaggebend für die Innovationsfähigkeit eines Unternehmens sind. Diese Faktoren beziehen sich sowohl auf die Phase der Ideengenerierung als auch auf die der Ideenrealisierung. Der von der Human Solutions Gruppe und der ABO-Psychologie der Universität Trier im BMBF- und ESF-geförderten Projekt *vLead* partizipativ entwickelte IdeaCheck setzt an der Schnittstelle dieser beiden Phasen an. Erste Ideen, die bisher bei einzelnen Beschäftigten entstanden sind, können im Tool dokumentiert und mit dem Input von Verantwortlichen im Unternehmen weiterentwickelt werden. Am Ende des Prozesses im IdeaCheck steht eine ausgereifte und geprüfte Idee, die nun in die Realisierung gehen kann.

Das Tool wurde mit dem Ziel entwickelt, eine individuell konfigurierbare Innovationsplattform für Unternehmen zu schaffen, die deren auch unter der Bedingung digitaler Zusammenarbeit stärkt. Die digitale Zusammenarbeit kann, wie in Abschn. 4.1 beschrieben, für die gemeinsame Arbeit an Innovationen herausfordernd sein, da zentrale Teamprozesse im digitalen Setting in Teilen schwieriger zu etablieren sind. Auf Organisationsebene kann eine solche Innovationsplattform jedoch zu einer Professionalitätskultur, wie im Center-of-Excellence-Ansatz von Frey (Kauffeld et al., 2004) beschrieben, beitragen, indem sie die Dokumentation von Innovationsprozessen fördert. Eine Innovationsplattform stellt nicht nur eine Möglichkeit für Mitarbeitende dar, die eigenen Ideen sichtbar zu machen und Unterstützende im Unternehmen zu finden, die diese Idee fördern und mit vorantreiben. Gleichzeitig bietet sie einen Überblick, welche Ideen schon existieren und an welchen mitgearbeitet und die eigene Expertise eingebracht werden kann. Zu guter Letzt schafft sie anhand des transparenten Feedbacks zu den Ideen für die Mitarbeitenden Orientierung, welche Art von Ideen vom Unternehmen erwünscht sind und welchen Kriterien diese Ideen genügen sollten.

Ausgehend von diesen Überlegungen lagen der Entwicklung des IdeaChecks die folgenden Ziele zu Grunde:

- Die Dokumentation aller Ideen im Unternehmen im Sinne eines Wissensspeichers von Ideen
- Der unternehmensübergreifende Austausch zu Ideen
- Die Transparenz und Nachvollziehbarkeit von Entscheidungsprozessen

Um zu prüfen, ob die gesetzten Ziele mit der Umsetzung des IdeaChecks erzielt werden können und die Innovationskraft im Unternehmen dadurch gestärkt werden kann, evaluierten wir die Entwicklung des Tools sowohl formativ als auch summativ nach dem Einsatz des Tools bei den Projektpartnerunternehmen (Antoni, 1993).

Im Rahmen der formativen Evaluation wurde die Beta-Version des IdeaChecks verschiedenen Personengruppen des Projektpartnerunternehmens Human Solutions vorgestellt. Ziel war es, die Anmerkungen und das Feedback in die Entwicklung des Ideenmanagementtools einfließen zu lassen, um die Nutzung zu erleichtern und die Nutzungsbereitschaft zu erhöhen. Im Rahmen der summativen Evaluation wurde der IdeaCheck inklusive der umgesetzten Verbesserung in einem weiteren, nicht an der Entwicklung des Tools beteiligten Kooperationsunternehmen eingesetzt und dieser Einsatz durch Fragebögen und Interviews begleitet. Die Ergebnisse dieser Nutzungserfahrungen werden im Folgenden dargestellt.

4.3.1 Evaluationsergebnisse des IdeaChecks (formativ & summativ)

Während der formativen Evaluation lag das Augenmerk darauf, Informationen zur Optimierung des IdeaChecks zu erhalten, die die Nutzungsbereitschaft des Tools erhöhen können. Das von Venkatesh et al. (2003) entwickelte UTAUT-Modell (Unified Theory of Acceptance and Use of Technology, s. Abb. 4.5) diente als Grundlage für die formative Evaluation. Das Modell definiert Einflussfaktoren für die Akzeptanz von Informations-

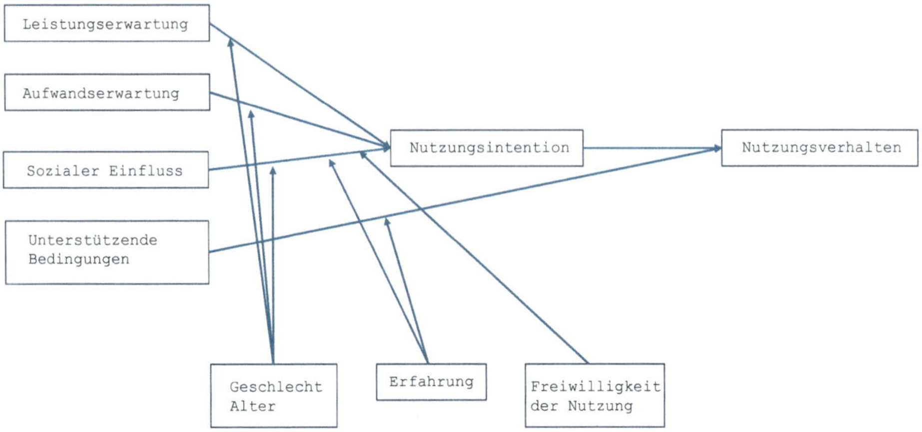

Abb. 4.5 UTAUT-Modell nach Venkatesh et al. (2003)

technologien und ermöglicht so einen Zugang zum individuellen Nutzungsverhalten. Basierend auf dem empirisch bestätigten Zusammenhang zwischen der Verhaltensabsicht und der tatsächlichen Nutzung (Venkatesh et al., 2003) finden sich in dem Modell vor allem Einflussfaktoren, die auf die Verhaltensabsicht einwirken, zusätzlich jedoch auch sogenannte „erleichternde Bedingungen" (facilitating conditions), die direkt auf die tatsächliche Nutzung einwirken.

Die zentralen, im UTAUT-Modell definierten Einflussfaktoren sind die Folgenden:

- Leistungserwartung (performance expectancy): die Erwartung, dass die Nutzung des Tools die eigene Leistung unterstützt
- Aufwandserwartung (effort expectancy): die Einschätzung des Aufwands zur Nutzung des Tools
- Sozialer Einfluss (Social Influence): die Einstellung wichtiger Personen im Unternehmen zum Tool
- Unterstützende Bedingungen (Facilitating Conditions): das Vorhandensein technischer und organisationaler Infrastruktur, die die Nutzung des Tools unterstützen
- Geschlecht, Alter, die Berufserfahrung und die Freiwilligkeit der Nutzung stellen moderierende Einflüsse dar.

Die formative Evaluation bestand aus zwei Schritten. Im ersten Schritt wurden Mitte 2019 sechs Personen, die das Tool zum ersten Mal sahen, mittels eines gemischt qualitativ-quantitativen Vorgehens befragt. Bei der Auswahl der Personen wurde Wert auf Diversität in Hinblick auf Geschlecht, Seniorität, Arbeitsbereich und Managementebene (Mitarbeitende sowie Führungskräfte unterschiedlicher Managementebenen) gelegt. Zunächst wurde den Teilnehmenden die Möglichkeit gegeben, das Tool ohne eine explizite Aufgabenstellung zu erkunden. Die wichtigsten Funktionen und Eigenschaften konnten sie sich über die Hilfe-Funktion im IdeaCheck anzeigen lassen. Anschließend erhielten die

Teilnehmenden eine Testaufgabe, bei der es darum ging, eine Innovationsidee aus Ihrem Tätigkeitskontext ins Tool einzutragen. Hierbei wurden sie beobachtet und gebeten, ihre Gedanken zur Tooloberfläche sowie zu den Funktionen und dem Prozess im Tool laut auszusprechen (Thinking Aloud Methode nach Jørgensen, 1990). Nach der Bearbeitung der Testaufgabe wurden die Teilnehmenden anhand eines leitfadengestützten Interviews zu ihrem Eindruck vom Tool und Ideen zu möglichen Verbesserungen befragt. Die Schwerpunkte lagen hierbei insbesondere in der Wahrnehmung und Handhabung des IdeaChecks sowie der Anwendungsfreundlichkeit. Vorschläge zur Verbesserung wurden im Nachgang im Tool umgesetzt.

Im zweiten Schritt der formativen Evaluation nutzten im Herbst 2019 zwei Teams des Unternehmens den überarbeiteten IdeaCheck für einen Zeitraum von sechs Wochen. Sie wurden bei Einführung in das Tool sowie zum Ende des Zeitraums nach ihren Eindrücken befragt. Für diese Probelaufzeit hat das vLead-Projektteam im kooperierenden Unternehmen die Struktur des Tools, d. h. die Kategorien, Bewertungskriterien und Phasen, definiert. Die begleitende Evaluation erfolgte zunächst mittels einer quantitativen online Befragung mit insgesamt drei Messzeitpunkten. Die erste Befragung erfolgte vor der Nutzung, die zweite nach drei Wochen und die dritte am Ende der Probelaufzeit. Im Anschluss daran wurden leitfadengestützte Gruppeninterviews mit beiden Teams durchgeführt. Diese fokussierten die Anwenderfreundlichkeit des IdeaChecks sowie die Einschätzung des Mehrwerts des Tools für die eigene Arbeit. So konnten Faktoren identifiziert werden, die bei der Einführung des Tools unterstützend wirken, aber auch solche, die sich als hinderlich erwiesen. Die Erkenntnisse aus der Evaluation flossen wieder in eine Überarbeitung des bestehenden Tools, sodass der IdeaCheck in der darauffolgenden summativen Evaluation in nochmals überarbeiteter Version eingesetzt werden konnte.

Die summative Evaluation fand im Frühjahr 2020 in einem zweiten Unternehmen statt. Das Unternehmen hatte schon vorab Kriterien und eine Struktur zur Bewertung neuer Ideen entwickelt, die sich an das Business Model Canvas anlehnte (Osterwalder et al., 2005). Ein Team (ca. 15 Personen), das für Innovationsmanagement im Unternehmen zuständig war, erprobte dazu den IdeaCheck. Die Bewertung erfolgte in zwei Schritten: im ersten Schritt bewertete das Team die Ideen in einem Workshop, dann folgte eine zweite Bewertung durch den Leiter des Innovationsmanagements. Diese schon bestehende Bewertungsstruktur wurde mit Hilfe der Bewertungskriterien und der Zusammensetzung der Bewertungsgremien in den IdeaCheck übertragen. Für die Evaluation sollten die Teammitglieder sowohl bereits eingereichte als auch neue eigene Ideen in das Tool eintragen und den bisherigen Entwicklungsprozess im IdeaCheck dokumentieren. Die Ideen wurden dann von den Gremienmitgliedern bewertet. Fragebögen sowie leitfadengestützte Interviews begleiteten die Evaluation. Für die Interviews wurden folgende Personengruppen befragt, die jeweils unterschiedliche Rollen im Innovationsprozess einnahmen: Im Fokus standen einmal die Ideengeber*innen, die ihre Ideen im Tool veröffentlicht und zur Bewertung freigegeben hatten. Diese wurden zu zwei verschiedenen Zeitpunkten befragt: Zuerst nach der Eingabe ihrer Idee und dann nach Erhalt des Feedbacks zu ihrer Idee im Tool. Des Weiteren wurden auch Mitglieder der Bewertungsgremien befragt, um auch deren Perspektive zu erfassen. Schwerpunkte der Interviews waren dabei die Fragen, inwieweit das Tool den Innovationsprozess im Unternehmen abbildet und im Unternehmensalltag praktikabel eingesetzt werden kann.

Die Ergebnisse dieser Evaluationsschritte werden im Folgenden berichtet und die Nutzungsbereitschaft eingeschätzt. Hierzu werden die zentralen Einflussfaktoren herangezogen, die im UTAUT-Modell definiert werden und die Schlussfolgerungen um entsprechende Zitate aus den Interviews ergänzt.

Hinsichtlich der **Leistungserwartung** (performance expectancy) wurde in den Interviews die Rückmeldung gegeben, dass das Tool die Sichtbarkeit der eigenen Ideen sowohl im Team als auch im gesamten Unternehmen erhöhe und damit deutliche Vorteile gegenüber der bisherigen Kommunikation neuer Ideen habe, wie das nachfolgende Zitat verdeutlicht.

> „[…] Für Sichtbarkeit der Idee […] innerhalb meines Teams […] [gebe ich Idea-Check] neun [von zehn Punkten], weil alle, die in dem Prozess in IdeaCheck eingetragen sind, sich an einer Stelle mal mit der Idee befasst haben und haben es damit auch mitbekommen, dass die Idee überhaupt existiert."

Die Nutzung von IdeaCheck kann und soll den persönlichen Austausch über Ideen innerhalb des Unternehmens nicht ersetzen, sondern ergänzen. Aus Perspektive der Interviewten ist ein elementarer Mehrwert des Tools, dass es als unternehmensweite Ideenplattform ermöglicht, Informationen zu Ideen und deren Entwicklung im Unternehmen an einer zentralen Stelle zu konsolidieren.

> „Das ist halt das, was das Tool, denke ich, auch so ein bisschen ausmacht. Man hat alles konzentriert an einer Stelle."

Weiterhin rege das Tool den Austausch mit Mitarbeitenden an, bei denen die persönliche Kommunikation beispielsweise aufgrund von geografischer Verteilung oder unterschiedlicher Abteilungszugehörigkeit erschwert ist. Ein weiterer wesentlicher Vorteil des Tools besteht aus Nutzer*innensicht deshalb im Austausch von Ideen und der Möglichkeit, vorhandene Ideen einzusehen, gemeinsam an diesen zu arbeiten und sie zu unterstützen.

> „Als Ideentreiber [braucht man] immer Unterstützung, [und zwar] tatkräftige. [Es ist] essentiell, dass man mit mehreren Leuten [an einer Idee] arbeitet, weil jeder andere Ideen hat."

Positiv bewertet wurde auch, dass Nutzer*innen Ideen nicht nur von sich aus unterstützen, sondern Ideengeber*innen im Tool auch aktiv nach Unterstützung und bestimmten Kompetenzen suchen können.

> „[Du kannst] Unterstützer finden und hast dann eine Auflistung von allen Leuten, die [im Tool] angemeldet sind. Du kannst sowohl nach Namen als auch nach den Kompetenzen suchen. Du kannst in das Textfeld reinschreiben, was du von der Person erwartest, wie sie mitwirkt bei der Idee."

Feedback zu den eigenen Ideen zu bekommen, sowohl von Kolleg*innen als auch von den Entscheidungstragenden, scheint einen entscheidenden Beitrag zur Motivation und Orientierung zu leisten. Feedback kann im IdeaCheck über „unterstützen" signalisiert werden. Es ist jedoch auch wichtig rückgemeldet zu bekommen, aus welchen Gründen eine Idee zum jetzigen Zeitpunkt nicht umsetzbar ist. Je detaillierter hier das Feedback, desto besser.

„[Es] ist auch wichtig für die Ideeninhaber, dass [...] man auch sieht, was andere davon halten oder ob das nur ein Geistesblitz war, der [...] demokratisch abgeschmettert wird. Es ist auch ziemlich unwahrscheinlich, dass eine Idee, von der niemand etwas hält, gut sein kann."

„Die Kommunikation mit Kollegen und Vorgesetzten [ist nicht immer] transparent, das heißt die Informationen werden nicht so oft geteilt und deswegen wäre es gut zu wissen, dass [eine Idee] abgelehnt wurde, weil sie zum Beispiel zu viele Ressourcen frisst, Budget, Zeit oder Personal. Das ist sicherlich was sehr Gutes."

Gleichzeitig wurde angemerkt, dass einige Aspekte des bisherigen Innovationsprozesses beibehalten werden sollten und diese durchaus mit dem Tool kombinierbar seien. Dabei ging es insbesondere um den „Pitch", also die Vorstellung der Idee in der Testphase, die weiterhin auch außerhalb des Tools stattfinden und in bestehende Meetings eingebettet werden könne. Wenn diese aufgrund der digitalen Zusammenarbeit nicht persönlich stattfinden könne, bieten Videopräsentationen, die als Datei im Tool hinterlegt werden können, eine gute Alternative.

Hinsichtlich der **Aufwandserwartung** (effort expectancy) wurden verschiedene Perspektiven betrachtet. Aus Perspektive des Unternehmens besteht der Aufwand in der Konfiguration des IdeaChecks. Unternehmen, die noch keinen formalisierten Innovationsprozess implementiert haben, müssen diesen erst entwickeln, um das Tool nutzen zu können. IdeaCheck kann den Innovationsprozess abbilden und Transparenz schaffen, erleichtert jedoch nicht das Aufsetzen des Prozesses.

Die Nutzungsfreundlichkeit – im Sinne von Verständlichkeit der Funktionen im Tool sowie Nachvollziehbarkeit der Toolprozesse – wurde insgesamt gut bewertet. Insbesondere die jederzeit zugängliche „Tour" durch das Tool, die mittels einfacher Erklärungstexte die jeweiligen Funktionen erläutert, wurde sehr geschätzt. So konnten beispielsweise Missverständnisse in Bezug auf die Funktion „unterstützen" ausgeräumt werden.

Der Zeitaufwand, sich in das Tool einzuarbeiten, wurde als hoch und als Barriere eingeschätzt:

„Die Nutzung erfordert eine Auseinandersetzung mit der Software, die von vornherein eine Barriere darstellt – vor allem im stressigen Berufsalltag."

Die Gremienmitglieder, die den Aufwand bei der Ideenbewertung einschätzten, bewerteten die Bewertungsmaske (s. Abschn. 4.1.3) als hilfreich, da alle Kriterien auf einen Blick erkennbar sind und Gremienmitglieder direkt eine Punktebewertung abgeben können. Auch die zusätzliche Kommentarfunktion bei Bewertungsabgabe wurde als sinnvoll erachtet. Die technische Umsetzung der Abgabe einer Bewertung als Gremienmitglied war mit etwas Übung leicht zu bedienen. Unterstützende Hinweistexte wurden im Anschluss an die Evaluation überarbeitet und ergänzt.

Die Bereitschaft, ein Tool zu nutzen, wird nicht nur durch den damit verbundenen Aufwand und Nutzen beeinflusst, sondern auch durch den **Sozialen Einfluss** (social influence), den das eigene Team und Unternehmen ausübt. Die Befragten erachteten es als besonders wichtig, dass das Management deutlich signalisiert, dass das Tool genutzt werden soll. Die Zeit, die sich das Management zur Ideensichtung und -bewertung nehme und die es den Mitarbeitenden zur Verfügung stelle, Ideen im Tool einzutragen, weiterzuentwickeln und andere zu unterstützen, scheint dafür den entscheidenden Unterschied zu machen, wie die folgenden Zitate verdeutlichen:

> „Ich glaube, die Kernhürde ist dann, dass man zwar eine Idee anlegt, aber [dann fehlt die] Zeit seine Bewertung zu geben [aufgrund eines] vollen Terminkalenders. [...] Es könnte wahrscheinlich eher daran scheitern als an dem Tool."

> „Dass die Personen sich nicht die Zeit nehmen, sich da durch zu klicken, sich mit den Ideen auseinanderzusetzen. Ich glaube, dass Zeit ein ganz großer Faktor ist bei uns im Unternehmen. Ich erlebe häufig, dass Dinge nicht stattfinden oder dass Dinge irgendwie ewig dauern."

> „Wir haben bei vielen Mitarbeitern ein massives Zeitproblem, die Leute sind ausgelastet und überlastet mit den Aufgaben, die sie auf dem Schreibtisch haben [...] Also das Problem ist, sich die Zeit zu nehmen, durchaus auch was aktiv zu tun [...]. Es ist tatsächlich auch eine Frage des Denkens und der Einstellung und ich glaube tatsächlich diese Schiene Innovation zu betreiben, die auch noch über Produktentwicklung hinausgeht, das muss man uns arg beibringen und uns auch irgendwie glaubhaft machen, dass das auch gewollt ist, dass wir auch tatsächlich die Zeit dafür investieren. Also wir haben durchaus alle Ideen, was man tun könnte, aber da ist glaub ich so ein bisschen Ernüchterung, über die man hinwegkommen muss."

Wie das letzte Zitat zeigt, kann insbesondere die Art und Weise, wie das Thema Innovation im Unternehmen platziert wird, wie glaubhaft dessen Relevanz im Unternehmen vermittelt wird und inwiefern die Mitarbeitenden mittels Ressourcen bei der Entwicklung von Ideen unterstützt werden, einen wichtigen Beitrag zur Nutzung des Tools leisten.

Als **unterstützende Bedingungen** (facilitating conditions) zählen die Einführung und die Einbindung des Tools im Unternehmen. Die Rückmeldungen zeigen, dass IdeaCheck kein Selbstläufer ist – bei der Einführung in einem Unternehmen müsse den Mitarbeitenden Sinn und Zweck des Tools erläutert werden und mit entsprechenden Maßnahmen begleitet werden:

> „Was mir jetzt fehlt, ist, dass mir jemand grob erklärt, was mit dem Tool gemacht wird, was Sinn und Zweck ist, der Nutzen fürs Unternehmen, für das Team und für die Mitarbeiter, [...]".

> „Ich glaube eine schöne Vorstellung wäre in einer großen Runde, in der man es allen Mitarbeitern zeigen kann, so dass relativ viele dann damit arbeiten können und dann noch Fallbeispiele genannt werden, die sich gerade in der Pipeline befinden und dementsprechend zurzeit verfolgbar sind und daraus auch jeder einen Benefit ziehen würde."

Neben der Einführung spiele die Aufrechterhaltung der Nutzungsintention im späteren Verlauf eine wichtige Rolle und könne am ehesten erreicht werden, wenn es eine spezifische Ansprechperson für IdeaCheck im Unternehmen gibt, die das Thema Innovation vorantreibe. Daneben müssen aber auch personelle und zeitliche Ressourcen zur Verfügung gestellt werden:

> „Wenn man so ein Tool [im gesamten Unternehmen] einführen würde […], glaube ich auch, dass man mindestens einen Menschen bräuchte, der sich um dieses Tool kümmert und dieses Tool pusht und auch pflegt."

> „Das heißt, wenn wir [IdeaCheck] nutzen wollen, brauchen wir eine Person, die dieses Tool trägt, die dieses Tool liebt, die die Ideen [auch] aufnimmt [und] da reinpackt. Und dann auch eine Person, die sagt, ihr dürft euch mit eurem Team einmal die Woche eine bestimmte Zeit nehmen, um das durchzugucken. […] Also die Zeit muss da sein, die Leute müssen da sein. Ich glaub, das sind für mich ganz kriegsentscheidende Faktoren."

Auch die Einbindung von IdeaCheck über Schnittstellen ins Intranet könne eine Möglichkeit darstellen, um die Nutzung zu steigern:

> „[Es ist gut], wenn es eine Schnittstelle gibt, zum Beispiel ein Intranet. [Wir arbeiten mit verschiedenen Software-Plattformen und viele] tun sich jetzt schwer […] weil die dann immer hin- und herspringen müssen. [Die Gefahr besteht, dass sie] in der Regel nicht wirklich [in IdeaCheck] reinsehen, weil die in ihrem operativen Umfeld arbeiten und ganz aktiv immer wieder das Tool öffnen müssten. […] [Ich] könnte mir vorstellen, dass das sehr als Akzeptanzsteigerung dient."

Abschließend lässt sich zusammenfassen:

> „Um das Tool gewinnbringend einzuführen, braucht [es] Ressourcen. Kapazitäten, Leute, die Zeit haben und die auch Lust haben, das zu machen."

Die Gesamtbewertung des IdeaChecks fiel im Großen und Ganzen positiv aus, sowohl in der mündlichen als auch in der schriftlichen Befragung. Die Motivation, den IdeaCheck in Zukunft für das Vorantreiben der eigenen Ideen zu nutzen, sowie das Interesse am Unterstützen von Ideen anderer war hoch. Die Bereitschaft, den IdeaCheck zu nutzen, war jedoch stark abhängig von den Rahmenbedingungen und den bereitgestellten Ressourcen im Unternehmen.

4.3.2 Fazit

Zusammenfassend lässt sich festhalten, dass die mit der Entwicklung des IdeaChecks verfolgten Ziele im Großen und Ganzen erreicht werden konnten. Die Idee mit dem IdeaCheck eine zentrale Ideenplattform im Unternehmen aufzubauen, die allen Beschäftigten einen Überblick über alle Ideen im Unternehmen und deren Status Quo ermöglicht, kam in den teilnehmenden Unternehmen sehr gut an. Besonders positiv hervorgehoben wurde die Möglichkeit, sich mit anderen Personen im Unternehmen zu Innovationsprojekten zusammenzufinden und so einen über die alltäglichen Arbeitsbeziehungen hinausgehenden Austausch zu etablieren, der weniger durch Abteilungszugehörigkeiten, sondern selbstbestimmt durch das gemeinsame Interesse an Themenbereichen motiviert ist. Das bestätigt Befunde der Innovationsforschung (Amabile & Pratt, 2016), dass die Motivation, sich an Innovationsprozessen zu beteiligen, umso höher ist, je wichtiger Personen ein Thema einschätzen.

Auch die Transparenz des Ideenbewertungsprozesses und die dadurch entstehende Nachvollziehbarkeit von Entscheidungen über die Unterstützung und Umsetzung von Ideen wurde sehr gut beurteilt. Aus Perspektive der Befragten kann langfristig gesehen eine solche Transparenz das Vertrauen in die Fairness der Entscheidungsprozesse und damit die Motivation, eigene Ideen ‚in den Ring zu werfen', stärken. Dies bestätigt den von Amabile und Pratt (2016) postulierten dynamischen Einfluss organisationaler Faktoren – hier die Transparenz des Innovationsprozesses – auf die individuelle Kreativität. Als Folge dieser Transparenz sahen die Befragten die Chance, ein gemeinsames Verständnis darüber zu etablieren, was gute Ideen für das Unternehmen ausmachen und sich entsprechend zu orientieren. Ein solch gemeinsames Verständnis wirkt aus Sicht des Managements positiv auf die Steigerung der Qualität der Ideen aus.

Der im Tool umgesetzte Stage-Gate-Gedanke unterteilt den Ideenentwicklungsprozess in für das Unternehmen und die jeweilige Ideenkategorie sinnvolle Phasen. Die in jeder Phase gewährleistete Transparenz der Bewertungskriterien ermöglicht es, Ideen kriterien- und damit „kundengerecht" auszuarbeiten. Die Beurteilung nach jeder Phase erlaubt ein schnelles Feedback, inwieweit die Ausarbeitung gelungen ist, und Anregungen zur Verbesserung der Passung, bevor Energie und Ressourcen in die weitere Entwicklung gesteckt werden. Damit eignet sich das Tool prinzipiell auch für agile Innovationsprozesse, in denen sich zu Beginn Teams zur Entwicklung einer Idee finden, diese in mehreren kurzen Phasen vorantreiben, und nach jedem dieser „Sprints" ein Feedback erhalten. Aus Unternehmensperspektive kann so der Einsatz von Ressourcen in die Ideenentwicklung strategisch gut gesteuert werden. Aus Perspektive der Mitarbeitenden ermöglicht es der Stage-Gate-Prozess, sich in jeder Phase an einem Ideenentwicklungsteam zu beteiligen, über das an jedem „Check" erhaltene Feedback Erfolgserlebnisse zu erhalten und die Idee kundengerecht weiter ausarbeiten zu können.

Der Erfolg des Tools steht und fällt damit, wie glaubhaft den Mitarbeitenden seitens des Unternehmen vermittelt wird, dass ihre Ideen einen hohen Stellenwert im Unternehmen haben: Im Arbeitsalltag zeigt sich das vor allem in den zeitlichen und finanziellen Ressourcen, die das Unternehmen für die erfolgreiche Arbeit an Innovationen zur Verfügung stellen muss, und in dem Umgang des Managements mit den Ideen; ein zeitnahes und nachvollziehbares Feedback an den Entscheidungsstellen im Prozess ist hier gefordert.

Nach der Konfiguration des Tools durch das jeweilige Unternehmen, d. h. nachdem unternehmensspezifische Ideenkategorien und Bewertungskriterien partizipativ erarbeitet und die Zusammensetzung der Gremien festgelegt wurden, muss die Unternehmensleitung den IdeaCheck, dessen Nutzen und dessen Funktionen allen Beschäftigten vorstellen.

Aus den Interviews kam der Vorschlag, dies anhand eines konkreten aktuellen Projekts zu tun, am besten in großen hierarchieübergreifenden Runden. Im Sinne des UTAUT-Modells kann dadurch das Management sozialen Einfluss ausüben und zeigen, dass die Nutzung des Tools im Unternehmen durch alle und von allen erwünscht ist. Durch die Darstellung des konkreten Nutzens und des dafür geforderten Aufwands anhand eines Beispiels sowie durch die Beantwortung von Fragen zu den Toolfunktionen können die Leistungs- und Aufwandserwartungen beeinflusst werden.

Um den IdeaCheck präsent zu halten, erscheint es sinnvoll, eine Person als Administrator*in und Ansprechpartner*in für das Tool zu benennen, die zugleich dafür sorgt, dass es über entsprechende Kommunikation und Marketing im Fokus bleibt und an wechselnde Anforderungen angepasst wird. Darüber hinaus sollte die Nutzung des Tools durch die Führungskräfte in ihren jeweiligen Teams kontinuierlich vorgelebt und verstärkt werden.

Die Evaluation des IdeaChecks belegt, dass Ideenentwicklungs- und -bewertungsprozesse im Unternehmen über dieses Tool unterstützt und professionalisiert werden können. Das volle Potenzial eines solchen Tools kann jedoch nur dann gehoben werden, wenn Ideen und Innovation im Unternehmen die erforderliche Wertschätzung finden und die notwendigen zeitlichen und finanziellen Ressourcen investiert werden.

Literatur

Amabile, T. M. (2012). Componential theory of creativity. In E. H. Kessler (Hrsg.), *Encyclopedia of Management Theory* (S. 135–140). SAGE Publications.

Amabile, T. M., & Pratt, M. G. (2016). The dynamic componential model of creativity and innovation in organizations: Making progress, making meaning. *Research in Organizational Behavior, 36*, 157–183. https://doi.org/10.1016/j.riob.2016.10.001

Antoni, C. H. (1993). Evaluationsforschung in der Arbeits- und Organisationspsychologie. In W. Bungard & T. Herrmann (Hrsg.), *Arbeits- und Organisationspsychologie im Spannungsfeld zwischen Grundlagenorientierung und Anwendung* (S. 309–337). Huber.

Antoni, C. H., & Syrek, C. (2017). Digitalisierung der Arbeit: Konsequenzen für Führung und Zusammenarbeit. Gruppe. Interaktion. Organisation. *Zeitschrift für Angewandte Organisationspsychologie (GIO), 48*(4), 247–258. https://doi.org/10.1007/s11612-017-0391-5

Breuer, C., Hüffmeier, J., & Hertel, G. (2016). Does trust matter more in virtual teams? A meta-analysis of trust and team effectiveness considering virtuality and documentation as moderators. *Journal of Applied Psychology, 101*(8), 1151–1177. https://doi.org/10.1037/apl0000113

Cooper, R. G. (2014). What's next?: After stage-gate. *Research-Technology Management, 57*(1), 20–31. https://doi.org/10.5437/08956308X5606963

DeChurch, L. A., & Mesmer-Magnus, J. R. (2010). The cognitive underpinnings of effective teamwork: A meta-analysis. *Journal of Applied Psychology, 95*(1), 32–53. https://doi.org/10.1037/a0017328

Edmondson, A. C., & Lei, Z. (2014). Psychological safety: The history, renaissance, and future of an interpersonal construct. *Annual Review of Organizational Psychology and Organizational Behavior, 1*(1), 23–43. https://doi.org/10.1146/annurev-orgpsych-031413-091305

Fredrickson, B. L. (2001). The role of positive emotions in positive psychology: The broaden-and-build theory of positive emotions. *American Psychologist, 56*(3), 218–226. https://doi.org/10.1037/0003-066X.56.3.218

Hülsheger, U. R., Anderson, N., & Salgado, J. F. (2009). Team-level predictors of innovation at work: A comprehensive meta-analysis spanning three decades of research. *Journal of Applied Psychology, 94*(5), 1128–1145. https://doi.org/10.1037/a0015978

Janssen, O. (2000). Job demands, perceptions of effort-reward fairness and innovative work behaviour. *Journal of Occupational and Organizational Psychology, 73*(3), 287–302. https://doi.org/10.1348/096317900167038

Kauffeld, S., Jonas, E., Grote, S., Frey, D., & Frieling, E. (2004). Innovationsklima – Konstruktion und erste psychometrische Überprüfung eines Messinstrumentes. *Diagnostica, 50*(3), 153–164. https://doi.org/10.1026/0012-1924.50.3.153

Kauffeld, S., Handke, L., & Straube, J. (2016). Verteilt und doch verbunden: Virtuelle Teamarbeit. Gruppe. Interaktion. Organisation. *Zeitschrift für Angewandte Organisationspsychologie (GIO), 47*(1), 43–51. https://doi.org/10.1007/s11612-016-0308-8

Marlow, S. L., Lacerenza, C. N., & Salas, E. (2017). Communication in virtual teams: A conceptual framework and research agenda. *Human Resource Managagement Revview, 27*(4), 575–589. https://doi.org/10.1016/j.hrmr.2016.12.005

Mathieu, J. E., Goodwin, G. F., Heffner, T. S., Salas, E., & Cannon-Bowers, J. A. (2000). The influence of shared mental models on team process and performance. *Journal of Applied Psychology, 85*(2), 273–283. https://doi.org/10.1037/0021-9010.85.2.273

Ortega, A., Sánchez-Manzanares, M., Gil, F., & Rico, R. (2010). Team learning and effectiveness in virtual project teams: The role of beliefs about interpersonal context. *The Span Journal of Psychology, 13*(1), 267–276. https://doi.org/10.1017/S113874160000384X

Osterwalder, A., Pigneur, Y., & Tucci, C. L. (2005). Clarifying business models: Origins, present, and future of the concept. *Communication of the Association for Information Systems, 16*(1), 1–25. https://doi.org/10.17705/1CAIS.01601

Paulsen, H. F. K., Klonek, F. E., Schneider, K., & Kauffeld, S. (2016). Group affective tone and team performance: A week-level study in project teams. *Front Communication, 1*, 175. https://doi.org/10.3389/fcomm.2016.00007

Rosen, B., Furst, S., & Blackburn, R. (2007). Overcoming barriers to knowledge sharing in virtual teams. *Organisation Dynamics, 36*(3), 259–273. https://doi.org/10.1016/j.orgdyn.2007.04.007

Venkatesh, V., Morris, M. G., Davis, G. B., & Davis, F. D. (2003). User acceptance of information technology: Toward a unified view. *MIS Quarterly, 27*(3), 425–478. https://doi.org/10.2307/30036540

Operative Führungskräfte in virtuellen Kontexten stärken und gesund erhalten

5

Erich Latniak und Jennifer Schäfer

Der Einsatz moderner Informations- und Kommunikationstechnologie (IKT) führt zu spezifischen Anforderungen, Bedingungen und Auswirkungen für die Beschäftigten. Während zu Beschäftigten hierzu Forschungsergebnisse vorliegen, bestehen Forschungs- und Gestaltungslücken inbesondere in Bezug auf operative Führungskräfte in virtuellen Teams. In diesem Kapitel stellen wir daher Ansätze zur Unterstützung und Reflexion der Arbeitsbedingungen operativer Führungskräfte vor, um diese in virtuellen Kontexten zu stärken und gesund zu erhalten. Diese wurden im Teilprojekt des Instituts Arbeit und Qualifikation (IAQ) der Universität Duisburg-Essen entwickelt. Hierzu erläutern wir zunächst in Abschn. 5.1 den konzeptionellen Hintergrund unseres Vorgehens und des Feedback- und Reflexionstools, das wir zu diesem Zweck entwickelt haben. Wir stellen dann in Abschn. 5.2 die explorativen Befunde zur Ressourcen- und Belastungssituation der teilnehmenden operativen Führungskräfte (TN) in virtuellen Arbeitskontexten vor und die daraus abgeleiteten Handlungsempfehlungen für die Gestaltung und Regulierung der Arbeitssituation, die zu einem verbesserten Ressourcenmanagement der operativen Führungskräfte beitragen sollen. Um den Nutzen der eingesetzten Tools sowie die möglichen Wirkungen der Empfehlungen aus den Feedback-Gesprächen abzuschätzen, wurde eine Nachbefragung der teilnehmenden operativen Führungskräfte durchgeführt, deren Befunde und weitere operative Hinweise zur Nutzung und Anwendung abschließend in Abschn. 5.3 präsentiert werden.

E. Latniak (✉) · J. Schäfer
Institut Arbeit und Qualifikation, Universität Duisburg-Essen, Duisburg, Deutschland
E-Mail: erich.latniak@uni-due.de; jennifer.schaefer@uni-due.de

C. H. Antoni et al. (Hrsg.), *Digitale Führung und Zusammenarbeit*,
https://doi.org/10.1007/978-3-662-63764-7_5

5.1 Ansätze zur Unterstützung von Reflexion und Gestaltung der Arbeitsbedingungen.

Die Nutzung moderner IKT ermöglicht es, dass Beschäftigte von unterschiedlichen Orten aus und zeitlich entkoppelt zusammenarbeiten. Beschäftigte arbeiten dabei in einem Team an einer gemeinsamen Aufgabe oder Problemlösung und nutzen hierfür unterschiedliche IT-gestützte Kommunikationsmedien (Boos et al., 2017). Technisch werden in den letzten Jahren neben den weiterhin eingesetzten schriftlichen Kommunikationsformen (wie e-mailing) zunehmend Videokonferenzsysteme und Plattformen verwendet, die mobile Endgeräte für Austausch und Bearbeitung unterschiedlicher Datentypen einbinden können. Aus Sicht der Unternehmen lassen sich so u. a. Reiseaufwände optimieren bzw. aufwändige Wohnsitzwechsel vermeiden. Ökonomisch bedeutsamer ist allerdings, dass dies mittlerweile auf der Grundlage der verfügbaren Infrastruktur eine weltweite Kompetenz- und Ressourcennutzung erschließt. Zudem wird durch die online-Kommunikation die Bearbeitung der Aufgaben tendenziell beschleunigt und der Arbeitseinsatz zeitlich wie räumlich flexibilisiert.

Diese Form der Arbeitsorganisation ist durch spezifische Herausforderungen gekennzeichnet, die sich als spezifische Anforderungen und Bedingungen für die Beschäftigten niederschlagen. Hierzu gibt es mittlerweile Forschungsbefunde in unterschiedlichen wissenschaftlichen Disziplinen (u. a. Gilson et al., 2015). Insbesondere die Arbeitssituation der operativen Führungskräfte in virtuellen Teams erweist sich allerdings bisher als Forschungs- und Gestaltungslücke.

Als operative Führungskräfte werden im Folgenden Team- und Projektleitende bezeichnet, wobei Teamleitende disziplinarisch und fachlich für ‚ihr' Team verantwortlich sind, während Projektleitende in der Regel für ihr(e) Projekt(e) die zeitlich befristete inhaltlich-fachliche Verantwortung tragen. Typisch für Projektmanagement ist der dynamische Arbeitsmodus, der auf ein Ausbalancieren von verfügbarer Zeit, Kosten und Qualität der Projektergebnisse zielt; dem/der Projektmanager*in kommt dabei die Hauptlast der Koordination und Steuerung des Ergebnisses zu. Gleichzeitig fehlen oft der Zugriff auf bzw. die Entscheidungskompetenz über Ressourcen sowie die Weisungsbefugnis und disziplinarische Zuständigkeit und damit wichtige Voraussetzungen für die Umsetzung von Anforderungen.

Erfolgt die Interaktion von Führungskraft und Geführten mittels IKT, wird dies als „virtuelle Führung" verstanden (Wald, 2014). Sheninger (2014) spricht in diesem Zusammenhang von „digitaler Führung" und betont damit den digital vermittelten Arbeitskontext, bei dem die Beschäftigten durchaus auch räumlich verbunden tätig sein können, während sich virtuelle Führung stärker auf verteilt arbeitende Beschäftigte richtet. Dabei gilt mittlerweile als gesichert, dass operative Führungskräfte eine zentrale Rolle für Erfolg und Leistungsfähigkeit der virtuell zusammenarbeitenden Teams haben (z. B. Akin & Rumpf, 2013), ebenso wie für Gesundheit und Leistungsfähigkeit der Teammitglieder (u. a. Gregersen et al., 2011).

Obwohl diese Gruppe von Beschäftigten also als erfolgskritisch anzusehen ist, verdichten sich die Hinweise, dass es sich um eine zumindest teil- bzw. zeitweise höher beanspruchte Beschäftigtengruppe handelt. Pangert und Schüpbach (2011) ermittelten u. a., dass in den unteren Führungsebenen Ressourcen geringer, Stressoren stärker ausgeprägt sind und dort zudem von stärkerer Beanspruchung berichtet wird als auf höheren Führungsebenen. Zimber et al. (2015) halten in ihrer Bilanzierung aktueller Forschungsbefunde fest, dass hinsichtlich psychischer Beeinträchtigungen gerade bei klinischen Befunden die Gesundheitsrisiken bei Führungskräften mit Verantwortung für operative Aufgaben tendenziell höher sind als bei anderen Beschäftigtengruppen. Pinto et al. (2016) kommen zusammenfassend zur Einschätzung, dass Projektleitende signifikant höhere emotionale Erschöpfung erleben als andere Beschäftigtengruppen. Ähnliches zeigten eigene Untersuchungen bei operativen Führungskräften im Vergleich mit höherem Management und mit anderen, nicht führenden Mitarbeitenden, bei denen die operativen Führungskräfte die höchsten Beanspruchungswerte hatten (Latniak, 2017). Die Frage nach der Entwicklung von Belastungen und Beanspruchungen in virtuellen Teams ist zwar mittlerweile im Fokus der Forschung (u. a. Kordsmeyer et al., 2019), sie ist für Teamleitende und operative Führungskräfte allerdings bisher empirisch weitgehend unbeantwortet.

Vor welchen spezifischen Herausforderungen stehen die operativen Führungskräfte in virtuellen Arbeitsumgebungen? Für sie ist, wie für alle operativen Führungskräfte charakteristisch, dass sie häufig an einer dreifachen Schnittstelle tätig sind, und zwischen den unterschiedlichen Perspektiven und Interessen von internen wie externen Kunden, dem strategischen Management (z. B. bei Ressourcenallokation bzw. Budgetfragen) und den jeweils ausführenden Teams vermitteln müssen. Ihre Tätigkeit lässt sich deshalb als kommunikationsintensives und spannungsreiches, Widerspruchsmanagement im Alltag charakterisieren: Operativen Führungskräften kommt die Aufgabe zu, die teilweise widersprüchlichen Vorgaben, Bedingungen und Ziele der genannten Stakeholder vereinbar zu machen (‚Scharnierposition'). Die konkreten Aufgabenstellungen variieren dabei erheblich; es gibt kaum vergleichbare Team- oder Aufgabenstrukturen und auch die inhaltlich-fachliche Ausrichtung der Tätigkeiten ist ausdifferenziert. (u. a. Latniak, 2017)

Virtuell arbeitende operative Führungskräfte sind im Vergleich zur ‚traditionellen' Führung damit konfrontiert, Teams zeitlich entkoppelt, räumlich (teilweise) getrennt und mit weniger face-to-face (ftf)-Kontakt, z. T. über Zeitzonen und Ländergrenzen hinweg, koordinieren zu müssen; sie stehen dabei vor technischen, zeitlichen, sprachlichen und kulturellen Herausforderungen, die sich in spezifischen Kommunikations- und Koordinationsanforderungen niederschlagen. Eine solche Form der Führung wird als herausfordernd und komplex erlebt (Akin & Rumpf, 2013).

5.1.1 Zielsetzung

Ziel des im Folgenden vorgestellten vLead-Teilprojekts „Operative Führungskräfte in virtuellen Kontexten stärken und gesund erhalten" war es vor diesem Hintergrund, die

Arbeitsbedingungen, Belastungen und Ressourcen der operativen Führungskräfte explorativ zu untersuchen, um darauf aufbauend Maßnahmen bzw. Bausteine zu erarbeiten, die die Leistungsfähigkeit und Gesundheit dieser Führungskräfte fördern bzw. erhalten sollen. Angesichts der individuellen Ausdifferenzierung der Anforderungen wurde dabei primär eine Förderung der individuellen Handlungsfähigkeit im Rahmen der konkreten betrieblichen Bedingungen angestrebt.

Um dies zu unterstützen, wurde zum einen ein Feedback- und Reflexionstool auf Screening-Niveau erarbeitet, das die individuelle Reflexion der Arbeitsbedingungen und des Bewältigungshandelns der operativen Führungskräfte unterstützt. Zum anderen haben wir Gestaltungsvorschläge in Form einer Handreichung ausgearbeitet, die individuell nutzbare Anregungen und Hilfen geben und so ein verbessertes individuelles Ressourcenmanagement fördern sollen. Diese Bausteine können z. B. individuell oder im Rahmen eines Coachings angewendet werden, um Arbeitsbedingungen und das Bewältigungshandeln der Gesprächspartner*innen zu reflektieren und um Ansatzpunkte für Verbesserungen zu erarbeiten.

Praktisch entwickelt und erprobt wurden diese Tools im Rahmen von sog. ‚Feedbackgesprächen' zu Arbeitssituation und individueller Bewältigung; das Feedback- und Reflexionstool und die Empfehlungen wurden jeweils in Entwurfsfassungen in diesen Feedbackgesprächen angewendet. Das Feedback- und Reflexionstool diente dabei dazu, einerseits die Arbeits- und Bewältigungsmuster der Gesprächspartner*innen bewusst zu machen und andererseits Ansatzpunkte für Verbesserungen beim Ressourcenmanagement durch Belastungsabbau bzw. Aufbau von Arbeits- und Bewältigungsressourcen zu ermitteln. Aufbauend auf dieser Reflexion wurden in den Gesprächen mit den Teilnehmenden konkrete Vorschläge für Maßnahmen im Arbeitsumfeld oder bei der individuellen Arbeitsweise erarbeitet, die dann als Empfehlungen in die Handreichung übernommen wurden.

Im folgenden Beitrag wird das konzeptionelle Fundament des Feedback- und Reflexionstools und seine Struktur vorgestellt. Dafür wurde vorbereitend einerseits eine Literaturrecherche zu Rahmenbedingungen, Belastungen und Ressourcen virtuell arbeitender operativer Führungskräfte durchgeführt. Andererseits befragten wir solche Führungskräfte in zwei IT-Services-Unternehmen zu ihren Arbeitsbedingungen, Belastungen und Ressourcen, um aktuelle Entwicklungen der Arbeitssituation qualitativ zu ermitteln (s. u. zu ausgewählten Befunden). Beide Vorarbeiten dienten der Identifizierung und Auswahl der spezifischen Faktoren, die dann im Feedback- und Reflexionstool berücksichtigt wurden. Aufbauend darauf und in der Weiterführung konzeptioneller Überlegungen aus vorangegangenen Projekten (u. a. Gerlmaier & Latniak, 2011a; Gerlmaier, 2019a) wurde das Feedback- und Reflexionstool aus Einzelfragen und Kurzskalen entworfen und dann in den ‚Feedbackgesprächen' mit insgesamt 24 virtuell arbeitenden operativen Führungskräften testweise eingesetzt: Das Tool diente einerseits dazu, durch gezielte Fragen zu Ressourcen, Belastungen, Bewältigungsaktivitäten und Befinden sowie durch eine Visualisierung der Antworten das Feedbackgespräch zu strukturieren und dabei die Einschätzungen der Führungskräfte zu visualisieren, d. h. möglichst schnell Ansatzpunkte zur Optimierung der Arbeitssituation zu liefern. Gleichzeitig sollten die Fragen möglichst viele der auftretenden psychischen

Belastungen, Arbeits- und Bewältigungsressourcen abbilden bzw. thematisieren, die Auswirkungen auf die Gesundheit und Leistungsfähigkeit der operativen Führungskräfte haben können. Die explorativen Ergebnisse zur Ressourcen- und Belastungssituation werden in Abschn. 5.2 vorgestellt.

Wie weit der jeweilige Arbeitszusammenhang durch die operativen Führungskräfte gestaltet werden konnte oder inwieweit veränderte Rahmenbedingungen zu einer Verschärfung der Belastungssituation und einer Verschlechterung der Ressourcenbasis beitragen (Boes & Kämpf, 2019; Verburg et al., 2013), sollte im Rahmen einer Nachbefragung der Teilnehmenden untersucht werden. Dies ließ sich auf Grund veränderter Rahmenbedingungen allerdings nur ansatzweise untersuchen, da durch organisatorische Änderungen, vor allem aber durch die Corona-bedingte Umstellung der Arbeitstätigkeit auf Home-Office seit Frühjahr 2020 ein Teil der Gestaltungsvorschläge nicht mehr umsetzbar war. Die Befunde der Nachbefragung sind in Abschn. 5.3 zusammengefasst.

5.1.2 Operative digitale Führungsarbeit als Ansatzpunkt

Um die angesprochenen Anforderungen an operative Führungskräfte konkreter zu fassen, werden im Folgenden auf Basis der Literaturrecherche und der Interviews die Herausforderungen skizziert, denen Team- und Projektleitende in virtuellen Teams und digitalen Arbeitsumgebungen gegenüberstehen.

5.1.2.1 Forschungsstand zu Belastungen und Ressourcen bei operativer Führung

Aufbauend auf von Wegge und Rosenstiel (2004) ist für die ‚traditionelle' Führungsarbeit davon auszugehen, dass sie stark kommunikativ geprägt ist; dabei spielt der Austausch auf gleicher Hierarchieebene und mit Vorgesetzten eine zentrale Rolle. Charakteristisch ist zudem eine extreme Fragmentierung der Tätigkeiten, insbesondere auf den unteren Führungsebenen, ausgelöst durch häufige Anstöße bzw. Unterbrechungen durch Stakeholder (s. o.); dies führt insgesamt zu einer begrenzten Planbarkeit der Tätigkeiten.

Hinsichtlich der Belastungen und Ressourcen von Führungskräften wurden Faktoren wie hohe Arbeitsintensität bzw. quantitative Arbeitsbelastung, Zeit- und Termindruck sowie lange Arbeitszeiten als Risiken für die Entstehung psychischer Beeinträchtigung identifiziert. Belastungen von Führungskräften ergeben sich dabei aus Konflikten mit der Führungsrolle, wie z. B. Rollenambiguität, Konflikte zwischen Beruf und Privatleben (u. a. Zimber et al., 2015). Auch mangelnde Anerkennung und Wertschätzung (z. B. Zimber et al., 2018) werden in diesem Zusammenhang genannt. Die soziale Interaktion z. B. mit dem Team, Kolleg*innen oder der eigenen Führungskraft wird dabei ambivalent gesehen: Sie kann eine Belastung – z. B. in Form von Konflikten mit Vorgesetzten und Mitarbeitenden –, aber auch eine Ressource als Form von sozialer Unterstützung darstellen, z. B. durch regelmäßiges Feedback. Zudem werden die Handlungs- und

Gestaltungsspielräume als Schutzfaktor gegen die Entstehung psychischer Beeinträchtigungen bei Führungskräften gesehen (Zimber et al., 2015).

Als Ressourcen von Führungskräften werden individuelles Bewältigungsverhalten, wie z. B. ein aktives Coping, das Gesundheits- bzw. Erholungsverhalten, Selbstorganisation, Selbstführung und Selbstbeeinflussung betont. Hinzu kommen Faktoren, die einen Bezug zur Qualität der Arbeitsaufgabe und der beruflichen Sinnerfüllung haben, wie z. B. abwechslungsreiche bzw. herausfordernde Aufgaben oder Kohärenzerleben (Busch & Steinmetz, 2002).

Für *operative Führungskräfte* wurde die Bedeutung dieser Aspekte u. a. in der Untersuchung von Pangert und Schüpbach (2011) deutlich: Im engen Zusammenhang mit Befindensbeeinträchtigungen standen dort Zeitdruck, emotionale und kognitive Widersprüche sowie auch soziale Stressoren. Richmond und Skitmore (2006) ermittelten für IT-Projektleitende als Risikofaktoren u. a. Zeitdruck und Arbeitsüberlastung sowie Team- bzw. Rollenkonflikte, Kommunikationsprobleme, widersprüchliche Anforderungen, Verantwortung unter Unsicherheit, aber auch den Umgang mit neuer Technologie. Bei Smith et al. (2011) gaben IT-Projektleitende an, dass zu wenig Zeit der Hauptgrund für Stress sei. Fehlende Unterstützung durch die eigene Führungsperson oder das Management wurde als hinderlich für den Projektfortschritt gesehen. Als unterstützende Ressourcen wurden u. a. Feedbackprozesse, ein positives Umfeld und ein kompetentes Team gesehen, während die Unsicherheit darüber, ob das Team die Fähigkeiten/Kompetenzen für das Projekt besitzt, belastungskritisch auf IT-Projektleitende wirkte. Roth (2015) nennt für Führungspersonal aus dem Dienstleistungssektor Unterbrechungen durch Telefonate und Kollegen, starken Zeitdruck, Informationsdefizite und widersprüchliche Arbeitsanforderungen, häufig in Kombination mit hoher Arbeitsintensität, als am weitesten verbreitete Belastungen, gleichwohl ein Belastungsempfinden lediglich von 40 % der Befragten angegeben wird.

Insgesamt gibt es damit deutliche Anhaltspunkte für eine spezifische Belastungssituation bei der operativen Führung in den Unternehmen. Dabei konzentrieren sich die Befunde der ausgewerteten Studien auf psychische Belastungen wie

- Zeitdruck und Auslastung (‚workload'),
- Ziel- und Rollenkonflikte,
- Psychosoziale Belastungen,
- Regulationsbehinderungen wie Unterbrechungen, Zusatzaufwand, und
- Informationsdefizite/-probleme,

sowie auf Ressourcen wie

- soziale Unterstützung durch Kolleg*innen oder Vorgesetzte,
- Handlungs- und Gestaltungsspielraum,
- Rollenklarheit,
- Wertschätzung und Feedback,

- Work-Life-Balance,
- berufliche Sinnerfüllung, und
- Bewältigungsressourcen.

5.1.2.2 Forschungsstand zur digitalen Führungsarbeit

Hinsichtlich digitaler Führungsarbeit sind darüber hinaus eine Reihe spezifischer Herausforderungen und Belastungen zu berücksichtigen: Digital vermittelte Formen der Zusammenarbeit erschweren es den operativen Führungskräften, Transparenz und Kontrolle über die Arbeitsleistung der Teammitarbeitenden zu gewinnen. Herausfordernd für die digitale Führung ist dabei die Kombination aus einerseits Informationsüberflutung sowie vielfältiger Interaktion (‚Kommunikationsrauschen') – es handelt sich dabei um Situationen, in denen Mitarbeitende „aufgrund des technologischen Fortschritts mit Informationen überladen werden, die für ihre Arbeit nicht direkt relevant sind" (Böhm et al., 2017, S. 17) –, und andererseits dem begrenzten Zugriff auf steuerungs- und koordinationsrelevante Informationen zur Arbeit einzelner, ‚remote' tätiger Teammitglieder.

Die Leistungsbeiträge einzelner Teammitglieder sind für die Führungskräfte dabei oft schwerer erkennbar, weil der Kontakt seltener und indirekt erfolgt (Staar et al., 2019). Dies führt zu Unsicherheit in der Kommunikation und in der Steuerung der Prozesse (Breuer et al., 2017). Das, was in Teams bei direkter Zusammenarbeit – quasi ‚nebenbei' – als Überblick über Leistungsbeiträge entsteht, muss in digital vermittelten Arbeitskontexten gezielt hergestellt werden.

Operative Führungskräfte sind bei digitaler Führung kontinuierlich in mehrere parallele Informationsflüsse (Seidler et al., 2018) eingebunden – bis hin zu einem quasi ungeregelten Multitasking. Neue Systeme und Kommunikationswege ersetzen dabei i. d. R. nicht die vorhandenen Mittel, sondern kommen ‚on top' hinzu. Diese parallele Nutzung trägt zur Wahrnehmung einer ‚Informationsflut' bei, der sich die operativen Führungskräfte oft ausgesetzt sehen (u. a. Schulz-Dadaczynski et al., 2019). Dabei kann es verstärkt zu störenden Unterbrechungen, gerade bei der Bearbeitung konzentrationsintensiver Aufgaben kommen. Gleichzeitig verkürzen sich im virtuellen Kontext die erwarteten Reaktionszeiten auf Anfragen in den Teams (z. B. in mitlaufenden Chats); insgesamt ist deshalb von einer zunehmenden Dynamisierung der Abläufe in den Teams auszugehen (insg. Korunka & Hoonakker, 2014), die auch die operativen Führungskräfte betrifft.

Diese Führungskräfte sind in vielerlei Hinsicht von der Motivation und Kooperationsbereitschaft der Teammitglieder für den Team- bzw. Projekterfolg und die Bewältigung der gemeinsamen Aufgaben abhängig (Boes & Kämpf, 2019): Wegen dieser Abhängigkeit ist die Motivierung der Teammitglieder eine Aufgabe, die bei reduzierten Kontakten gezielt anzugehen und damit tendenziell aufwändiger und schwieriger ist. Die Abhängigkeit führt zudem dazu, dass sich Spannungen in den Teams schnell zu emotionalen wie sozialen Belastungen gerade für die operativen Führungskräfte entwickeln können, ohne dass umgehend geeignete Lösungswege umsetzbar sind. ‚Hierarchische' Anweisungen oder Sanktionen sind dabei zumindest zwiespältig: Möglicherweise lassen sich damit kurzfristig Konflikte eindämmen, aber gleichzeitig kann durch Effekte auf persönlicher bzw.

Interaktionsebene die langfristige Kooperation im Team beeinträchtigt werden. Dies kann wiederum zusätzliche Anstrengungen zum Vertrauensaufbau und -erhalt notwendig machen. Das ist zwar nicht grundsätzlich neu, denn auch früher gab es schon bei Projekt- bzw. Teamarbeit Situationen, in denen sich die Kooperationsbeteiligten lediglich durch Telefonate kannten. Während das früher aber eher die Ausnahme war, ist es heute vielfach der Regelfall. Die angesprochene Dynamisierung kann zu einer Verschärfung der Effekte solcher Handlungsmuster beitragen.

In virtuellen Teams ist Personalführung tendenziell aufwändiger als dies bei traditioneller Führung der Fall war; weniger und weniger intensive persönliche Kontakte und Bindungen müssen gezielt kompensiert werden: Dies zeigt sich u. a. darin, dass Vertrauensaufbau bei fehlenden face-to-face (ftf)-Kontakten oft Zusatzaufwand erfordert (Breuer et al., 2017), etwa zusätzliche Telefonate oder virtuelle Treffen, bei denen entstandene Unklarheiten bearbeitet werden müssen. Die Führungskräfte müssen gegebenenfalls für ein persönliches ftf-Kennenlernen im Team sorgen. Zudem steigt das ‚Vereinzelungsrisiko' bei Teammitgliedern, die ausschließlich im Home-Office arbeiten und damit in die Gefahr geraten, sozial abgekoppelt und ohne ausreichende Einbindung ins Team bzw. in den Arbeitsprozess tätig zu sein.

Bei weltweit verteilten Teams ist es häufig wegen der unterschiedlichen Lage der Arbeitszeiten notwendig, dass Teamtreffen und Kommunikation in die Morgen- oder Abendstunden gelegt werden müssen, um ‚remote' Beschäftigte bei überlappender Arbeitszeit aller Beteiligten einzubinden. Dies kann zu einer Entgrenzung der Arbeitszeit der operativen Führungskräfte beitragen, und Regeneration und Work-Life-Balance beeinträchtigen.

Schließlich ist für digitales Führen von zunehmenden technischen Kompetenz-Anforderungen an operative Führungskräfte auszugehen, insbesondere, wenn etwa neue Groupware- oder Collaboration-Systeme eingeführt werden (oder nicht gut in die technische Arbeitsumgebung integriert sind). Operative Führungskräfte müssen sie sicher beherrschen und einsetzen können (zur Nutzung neuer Medien vgl. Gilson et al., 2015). Dies ist eine potenzielle Quelle für Regulationsbehinderungen; deshalb sind Probleme z. B. durch unstrukturierte Ablagen auf Speicherlaufwerken, durch den Einsatz unterschiedlicher Informationstechnologien (Müller, 2018) oder durch den mangelhaften Zustand von Softwarelösungen, die als komplex und wenig zuverlässig von den Beschäftigten wahrgenommen werden (Buchtal, 2014), auch für operative Führungskräfte ein Risikofaktor.

Diese Führungskräfte sind schließlich durch ihre Position in der Organisation in einer Doppelrolle als Geführte und Führende: Häufig werden sie selbst digital geführt; damit fällt z. T. eine alltägliche, informelle Rückmeldung durch die Vorgesetzten als Ressource aus, wenn dies nicht explizit organisiert ist. Eine gesicherte Unterstützung ‚von oben' ist häufig nicht zeitnah verfügbar (Roth & Müller, 2017).

Zusammenfassend lässt sich damit festhalten, dass die Tätigkeit von virtuellen Führungskräften spezifische Herausforderungen mit sich bringt: Für die Personalführung ergibt sich Zusatzaufwand durch zusätzlich erforderliche Kommunikation für den Aufbau einer vertrauensvollen Zusammenarbeit. Dies führt dazu, dass digitale Führung insgesamt tendenziell zeit- und ressourcenintensiver als ftf-Führung sein kann (Hoch & Kozlowski, 2014). Sowohl Arbeitsunterbrechungen, Informationsüberflutung, Kommunikationsrauschen als auch ein zusätzlicher Aufwand (um Informationsmängel zu beseitigen) sind vor diesem Hintergrund als Belastungsfaktoren zu berücksichtigen. Einerseits ermöglichen die eingesetzte technische Infrastruktur bzw. die digitalen Medien die skizzierte Tätigkeit der operativen Führungskräfte erst in der aktuellen Form, sie können aber die Gefahr einer zeitlichen Entgrenzung der Arbeit erhöhen oder technische Probleme mit sich bringen; die Abhängigkeit von der Technik kann z. B. bei zeitweisem Ausfall oder schlechter, ‚unintuitiver' Bedienbarkeit zu Regulationsbehinderungen führen. Zudem ist die kontinuierliche Aktualisierung der technischen Kompetenzen erforderlich, was z. B. unter Zeitdruck nicht angemessen zu leisten ist (Aneignungsbehinderungen).

5.1.2.3 Ausgewählte Befunde aus den Interviews

Um vor diesem Hintergrund die spezifischen Bedingungen digitaler Führung durch operative Führungskräfte unter aktuellen Bedingungen (Stand: Frühjahr 2019) zu erfassen, wurden ergänzende Interviews durchgeführt, in denen die Anforderungen, Belastungen und Ressourcen der operativen Führungskräfte in den Unternehmen erfragt wurden. Insgesamt führten wir dafür zwölf Interviews mit 13 Personen, die Auskunft zur Arbeitssituation unserer Zielgruppe geben konnten. Die Interviews dauerten jeweils etwa eine Stunde. Sie wurden in zwei IT-Services-Unternehmen großer Konzerne durchgeführt.[1] Unter unseren Gesprächspartner*innen waren sowohl operative Führungskräfte wie Unternehmensvertreter* innen aus Funktionsbereichen (wie z. B. HR und Betriebsrat). Die Gespräche wurden aufgezeichnet, transkribiert und die in den Interviews angesprochenen Themenbereiche (in Bezug auf Rahmenbedingungen, Belastungen und Arbeits- und Bewältigungsressourcen) qualitativ mit Hilfe des Softwarepaketes MAXQDA ausgewertet.

So wurde in diesen Interviews die anhaltend hohe Gesamtbelastung, der die operativen Führungskräfte offenbar ausgesetzt sind, vor allem durch eine Interviewaussage pointiert benannt: Solange alles wie geplant laufe, ließe sich die Arbeit bewältigen; sobald aber Unvorhergesehenes eintrete, habe dies Auswirkungen auf die gesamte Arbeit, weil alle Planungen ‚zeitlich ins Rutschen' kämen. Dies führt zu temporären Hoch- bzw. Überlastphasen: In mehreren Gesprächen berichteten Interviewte über länger anhaltende Überlastungserfahrungen aus der Vergangenheit, die z. T. zu Befindensbeeinträchtigungen und Motivationsverlust geführt hätten.

Eine häufig genannte Belastung sind Aneignungs- bzw. Lernbehinderungen, konkret in Form von fehlender Einarbeitungszeit z. B. für Methoden oder Tools, die eigentlich als Arbeitsunterstützung dienen sollen. Die Einarbeitung erfolge z. T. am Wochenende;

[1] Die IT-Branche bietet sich für ein solches Vorgehen besonders an, weil sie in der Nutzung der technischen Infrastruktur für verteiltes Arbeiten (Roth & Müller, 2017) weit fortgeschritten ist: Dort scheint sich zunehmend ein ‚faceless management' zu entwickeln, bei dem die Führungsperson stark medienvermittelt führt (Syrek et al., 2013).

Angebote dazu während der Arbeitszeit könnten nicht genutzt werden, weil durch die Prioritäten des Alltags hierfür die Kapazität fehle.

Relativ selten berichteten unsere Interviewpartner*innen – entgegen den Befunden der Literaturrecherche – von Problemen durch Arbeitsunterbrechungen: Zwar sind Chat-Anfragen, E-Mail-Häufung und Video-Calls oder Anrufe bei der Arbeit sehr verbreitet. Eine Interviewpartnerin beschrieb dies aber als unumgänglichen Teil der Arbeitsaufgabe, weil der Kern der Arbeit in der Kommunikation mit dem Team liege:

> „Wie gesagt, meine Art zu arbeiten ist sozusagen ständig mit Mail und Jabber und Telefon zu arbeiten, und deswegen ist das für mich keine wirkliche Unterbrechung, sondern Teil von dem was ich den ganzen Tag mache. Das heißt (...) dieses konzentriert Arbeiten würde dann ja eine Unterbrechung sein, wenn mich dann jemand „anjabbert". Aber da ich ja Mails schreibe, die ja – keine Ahnung – 15 Min/20 Min dauern, und dann, die nächste Unterbrechung ist dann die nächste Mail oder der nächste Jabber. Deswegen ist das für mich nicht wirklich – also ich sehe es nicht als Unterbrechung."

An dieser Aussage wird deutlich, dass die Wahrnehmung der Unterbrechung als Störung oder Behinderung des eigenen Handlungsablaufs bei dem Befragten von der Art der Tätigkeit abhängt, d. h. – wie in diesem Fall – kommunikationsintensive Arbeiten weniger von als solchen wahrgenommenen Arbeitsunterbrechungen betroffen sind als konzentrationsintensive Tätigkeiten.

Die skizzierte Ambivalenz der technischen Unterstützung, die hilfreich und gleichermaßen beeinträchtigend sein kann (und so z. B. zu Zeitdruck und Priorisierungsproblemen beiträgt), wird in einer anderen Interviewpassage plastisch geschildert:

> „Also ich denke bei mir kommt das sehr häufig vor, allein durch die Mail-Flut und dass diese vielen Kommunikationsmöglichkeiten, die wir haben – das ist gleichzeitig Fluch und Segen, meines Erachtens. (...) Meetings werden direkt in die Kalender eingetragen ohne irgendeine Übergangszeit. Deshalb kam ich ja auch zu spät jetzt hier rein (...) Es werden, es werden sehr viele Mails geschrieben. (...) Es gibt auch irgendwelche Angewohnheiten, dass Mails an große Verteiler geschickt werden, aus denen nicht eindeutig hervorgeht: ‚Habe ich jetzt was damit zu tun oder habe ich nichts zu tun?'. Also gucke ich mal rein und lese es und dann überlege ich mir, wie ich es für mich priorisiere – ob ich es gleich verarbeiten muss. (...) Also ich habe kurz vor Weihnachten habe ich eine Mail bekommen, da waren 300 Empfänger drauf – finde ich heiß."

Daneben wurden in den Interviews häufig Zusatzaufwände als störende Belastungen genannt: So u. a. zusätzlicher Koordinationsaufwand durch Planen mehrerer Meetings mit Teammitgliedern an den unterschiedlichen Standorten, um die asynchronen Arbeitszeiten in den Zeitzonen weltweit abzudecken. Die Zusammenarbeit mit global verteilten Teams wurde von den Gesprächspartner*innen im Hinblick auf Zeitzonen und kulturelle Unterschiede als herausfordernd und hinderlich für die Projektarbeit geschildert, weil sie mit erschwerter Kommunikation (durch fehlende persönliche Ebene in der Interaktion) und Missverständnissen einhergehen. Die Kommunikation über technische Medien wird durch Unterschiede in der Sprachkompetenz erschwert: Englisch wird dabei generell als

Verkehrssprache genutzt. Die (bei weltweit verteilten Teams) auftretenden sprachlichen und kulturellen Unterschiede führen häufig zu Zusatzaufwand, wenn etwa zwei nicht muttersprachliche Sprecher sich über komplexe Zusammenhänge in Englisch verständigen müssen und dies neuen Klärungsbedarf nach sich zieht. Abweichende Auffassungen und Wahrnehmungen führen zu E-Mail-„Kaskaden", in denen versucht wird, aufgetretene Unklarheiten oder Missverständnisse schriftlich zu klären.

Dabei hat die technische Infrastruktur in den Unternehmen, in die wir Einblick bekamen, insgesamt offenbar eine zufriedenstellende Qualität erreicht und läuft verlässlich. Sie wird als positiv wahrgenommen, weil dadurch auch weniger aufwändige Fernreisen anfallen.

Im Arbeitsalltag der operativen Führungskräfte ergeben sich Ressourcen sowohl aus der Organisation der Arbeit (z. B. alternierende Telearbeit) als auch aus der Nutzung von Unternehmensangeboten (z. B. technische Tools). ‚Soziale Unterstützung' wurde uns in den Gesprächen in zwei Formen als hilfreich geschildert: Einerseits kurzfristig, als Unterstützung durch Kollegen und Kolleginnen, die durch ihre Einschätzungen und Kenntnisse zu einer aktuellen Problemlösung beitragen können, sowie andererseits langfristig, z. B. durch aufgebaute Netzwerke mit Fachkolleg*innen, die als Vertraute in einer Art Mentor*innenrolle bei der Einordnung von Konflikten oder Entwicklungen im Unternehmen helfen können. Dies hat den Charakter eines ‚sozialen Kapitals', das bei Bedarf genutzt werden kann.

Vor allem die Beständigkeit des Teams und das dabei entstehende Vertrauensverhältnis wurden in den Interviews als wichtige Grundlagen einer erfolgreichen virtuellen Zusammenarbeit betont:

> „In den letzten Jahren ist es eher so, dass wir hier dann mit den virtuellen Tools arbeiten, was ich aber wie gesagt jetzt nicht als unbedingten Nachteil empfinde, weil die Fluktuation bei mir im Team, die ist, was das eigeninitiative Verlassen des Teams betrifft, quasi null oder fast null. Das ist sehr beständig, (...) und klassisch ist halt eben auch das Vertrauensverhältnis der Kollegen untereinander, die jetzt schon (mehrere Jahre; Anm. d. V.) bevor ich in das Team kam, zusammenarbeiten, schon groß, und dann geht es auch insgesamt virtuell gut."

Gemeinsame Workshops zum Kennenlernen werden z. B. beim Projektstart überwiegend als hilfreich angesehen, was anschließend auch die digital vermittelte Zusammenarbeit erleichtere. Die Möglichkeit dazu ist allerdings von den verfügbaren Budgets abhängig; bei schwieriger ökonomischer Situation des Unternehmens wird vielfach zuerst hier gespart. Andererseits stehen mehrere Gesprächsparner*innen der Einsparung solcher oft mehrtägigen Dienstreisen durch medienvermittelte Kommunikation positiv gegenüber, die sonst als anstrengend eingestuft werden.

Daneben nannten die Gesprächspartner*innen ihre eigene Einstellung und ihre Erfahrungen im Umgang mit kritischen Situationen als relevante Ressourcen. Um mit belastenden Situationen in der Arbeit umzugehen, nutzen sie das Spektrum der Möglichkeiten, die sich aus ihrer Position ergeben: Sie delegieren, reorganisieren, priorisieren und ziehen Grenzen, indem sie die eigene Erwartungshaltung kommunizieren sowie Ideen und Vorschläge zur Lösung einer Situation einbringen.

Zusammenfassend zeigt sich das insgesamt hohe Arbeitsvolumen der Interviewpartner*innen, das sich oft in Termindruck oder Aneignungsbehinderungen niederschlägt. Herausforderungen ergeben sich zudem durch zusätzlichen Koordinationsaufwand mit Teammitgliedern, die global verteilt arbeiten. Als Ressourcen nannten die Gesprächspartner*innen sowohl individuelle Bewältigungsressourcen als auch die soziale Unterstützung durch das Team, die Kolleg*innen und die Führungskraft.

5.1.3 Theoretische Konzepte und praktisches Vorgehen

Die aus diesen Herausforderungen resultierenden unterschiedlichen Belastungs- und Ressourcenmuster machen es schwierig, mit regulierenden Maßnahmen auf Unternehmensebene zur Arbeitsgestaltung beizutragen. Insofern war es, wie angesprochen, für unser Vorgehen zweckmäßig, für operative Führungskräfte entsprechend individualisierte, situationsangepasste Lösungsmöglichkeiten für unterschiedliche Problemlagen zu erarbeiten. Sowohl in den Forschungsbefunden als auch in unserer Interview-Vorstudie zeigte es sich, dass die jeweils konkrete Ausprägung der Arbeitssituation nicht ein-für-allemal gesetzt, sondern der Reflexion und damit der Veränderung durch die Handelnden zugänglich ist. Insofern bietet sich hier durch Belastungsabbau bzw. ein entsprechendes Ressourcenmanagement grundsätzlich die Möglichkeit, zu verbesserten Arbeitsbedingungen der operativen Führungskräfte beizutragen. Zum Belastungsabbau bzw. Ressourcenmanagement haben wir auf Basis des Belastungs- und Ressourcenkonzepts ein Feedback- und Reflexionstool entwickelt. Im Folgenden stellen wir zunächst das zugrundegelegte Belastungs- und Ressourcenkonzept kurz vor.

5.1.3.1 Belastungs- und Ressourcenkonzept

Ressourcen verstehen wir dabei als Handlungspotenziale, die von den Beschäftigten funktional unterstützend zur Bewältigung ihrer Anforderungen oder zur Reduzierung von Belastungen genutzt werden können (Gerlmaier, 2019a). Dabei wird im Sinne eines relationalen Belastungs- und Ressourcenkonzepts davon ausgegangen (Moldaschl, 2005; Gerlmaier & Latniak, 2007), dass Ressourcen erst im Gebrauch ihren Ressourcencharakter entfalten, und insbesondere ihre stressreduzierenden Wirkungen von äußeren und inneren Bedingungen der Arbeitssituation bzw. der Handelnden abhängig sind. Dies knüpft an Überlegungen zum Arbeitsanforderungs-Ressourcen-Modell an (u. a. Bakker & Demerouti, 2007), das davon ausgeht, dass es keine ‚universalen' Ressourcen gibt, die in allen Arbeitssituationen entlastend wirken, sondern die Ressourcenwirkung aus den jeweils tätigkeitsspezifischen Anforderungsmustern heraus entsteht.

Als mögliche Quellen gesundheitsförderlicher Ressourcen, die beeinflusst werden können, unterscheiden wir im Anschluss an die genannten Arbeiten (a) arbeitsorganisatorische und kapazitätsbezogene Ressourcen, die z. B. in Form von Handlungs- und Gestaltungsspielraum, Kapazitätspuffern oder Arbeitstandems (Gerlmaier, 2019b) stressreduzierend wirken können. Eine zweite wichtige Ressourcenquelle sind (b) soziale Ressourcen, wie das soziale Klima, soziale Unterstützung durch Kolleg*innen, oder das Führungsverhalten des oder der Vorgesetzten, für die stressmindernde Wirkungen als nachgewiesen gelten. Daneben gibt es (c) Qualifikationsressourcen, die z. B. durch arbeitsimmanentes Lernen präventive Effekte entfalten können. Hinzu kommen schließlich (d) persönliche und Bewältigungsressourcen, die der Aufrechterhaltung der Gesundheit dienen können, wie etwa Selbstmanagementfähigkeiten oder Erholungskompetenz.

Dabei handelt es sich häufig zunächst um organisational bereitgestellte bzw. verfügbare Optionen, die jeweils individuell genutzt werden können. Gemeint ist damit beispielsweise, dass eine Führungskraft z. B. Aufgaben und Verantwortlichkeiten delegiert; wie und in welchem Umfang das geschieht, ist dabei je nach den Bedingungen und Möglichkeiten individuell unterschiedlich. Die Nutzung schlägt sich zunächst allerdings als zusätzlicher Aufwand nieder, ermöglicht aber eine Reduzierung spezifischer Belastungen und kann damit zu einem verbesserten Beanspruchungsmanagement beitragen.

Hinsichtlich der Typisierung psychischer Belastungen, die wir im Tool berücksichtigt haben, schließen wir im Folgenden an das Konzept widersprüchlicher Arbeitsanforderungen an (Moldaschl, 2005), das postuliert, dass in der Arbeit spezifische Widersprüche zwischen Anforderungen, Regeln und Ressourcen bestehen, die von den Betroffenen nicht gelöst oder bearbeitet werden können. Stress (als Form der Beanspruchung) entsteht nach diesem Verständnis als Resultat einer unzureichenden Ressourcensituation für die Bewältigung der Anforderungen bzw. der Folgen solcher widersprüchlichen Konstellationen, d. h. es liegt zusätzlich eine Einschränkung der Handlungsmöglichkeiten der Betroffenen vor. Für die Arbeit in IT-Projekten wurden fünf Widerspruchstypen identifiziert und operationalisiert (Gerlmaier & Latniak, 2007), denen jeweils spezifische Belastungen zugeordnet werden können: Neben (1) Zielwidersprüchen sind dies (2) Widersprüche zwischen Anforderungen und Ausführungsbedingungen, (3) zwischen Aufgaben und Aneignungsbedingungen (Aneignungsbehinderungen), (4) zwischen subjektiven Erwartungen und betrieblichen Zielen sowie (5) zwischen Arbeits- und Lebensweltanforderungen (work-life-balance).

Die angesprochene Nutzung oder Einschränkung von Handlungsmöglichkeiten wirkt zunächst auf drei Wegen auf die Bearbeitung der Arbeitssituation:

(1) Durch Verhandeln von Terminen oder Arbeitsvolumina oder durch Aufbau von Puffern (z. B. durch Delegieren von Aufgaben) kann entlastender Zeit- oder Handlungsspielraum gewonnen werden.
(2) Das Fehlen einer Ressource, wenn etwa soziale Unterstützung durch den Vorgesetzten fehlt, kann z. B. zu Überforderung beitragen.
(3) Ressourcen können – wie erwähnt – den Charakter eines ‚sozialen Kapitals‘ haben, das bei Bedarf (z. B. zur Absicherung von Einschätzungen) genutzt werden kann. Dies ist insgesamt eher latent wirksam.

Die skizzierten Belastungen und Ressourcen können im alltäglichen Arbeitshandeln verändert werden: Für operative Führungskräfte bietet ein reflektiertes Ressourcenmanagement einen geeigneten Ansatzpunkt zur gesundheitsförderlichen und produktiven Verbesserung der Arbeitssituation. Ein solches individuell ansetzendes Ressourcenmanagement umfasst die Reflexion und Gestaltung der Arbeitssituation. Dabei sind Lösungen angepasst an die jeweiligen Bedürfnisse und Bedingungen zu erarbeiten. Wir knüpfen damit an Vorerfahrungen aus früheren Projekten zur Arbeitsgestaltung im IT-Sektor (Gerlmaier & Latniak, 2007; 2011) an: Im Kontext von Teamtrainings wurden damals mit Diagnosefragebögen und Feedbackgesprächen Impulse für eine Verbesserung der individuellen Arbeitssituation der Teilnehmenden vermittelt. Dieses Vorgehen sollte für die individuellen Reflexions- oder Beratungssituationen bzw. Coaching-Ansätze für operative Führungskräfte fruchtbar gemacht und mit geeigneten Hilfsmitteln unterstützt werden.

5.1.3.2 Feedbackgespräche als Ansatzpunkt für Coaching

Coaching wird nach Rauen (2014) verwendet als Sammelbegriff für personenzentrierte Beratungsleistungen. Es richtet sich grundsätzlich auf die Stärkung bzw. den Aufbau von Autonomie und Selbstregulation des oder der Klienten*in durch Förderung von Selbstreflexion und Verantwortung, um damit zu höherer Selbstwirksamkeit im organisatorischen Kontext beizutragen. Dies geschieht in Gesprächen, die einen geschützten Raum darstellen, in dem die Interaktion zwischen Coach und Klient*in dazu genutzt wird, mit transparenten Vorgehensweisen auf ein vereinbartes Entwicklungsziel zuzuarbeiten. Grundprinzipien für Coachings sind deshalb die Freiwilligkeit der Teilnahme, persönliche Akzeptanz und Wertschätzung der Gesprächsbeteiligten sowie Diskretion und Vertraulichkeit des Besprochenen.

Die von uns geführten Feedbackgespräche führen u. a. Überlegungen von Busch und Steinmetz (2002, S. 394) weiter, Einzelcoaching als ergänzende Maßnahme für Führungskräfte zu nutzen, um die stressbezogene Reflexion der eigenen Tätigkeit bei höherer Vertraulichkeit besser bearbeiten zu können. Zudem sollte ein „Einzelcoaching im Bereich Gesundheit und Stressmanagement [...] an die Besonderheiten des Einzelfalls und an die organisationalen Kontextbedingungen [... angepasst werden]" (Greif, 2011, S. 368; Auslassungen durch d. V.). Laut Greif und Bertino (2018) schätzen es Personen im Coaching, wenn im Vorfeld des Gesprächs eine Analyse der Belastungsfaktoren erfolgt und empfehlen, die Ressourcen ebenfalls zu erfassen. Die konkrete Problemanalyse – zusammen mit einer Motivationsklärung – können dabei hilfreich sein, „um bei Klienten vorhandene Ressourcen zu aktivieren und selbstständig zu einer Verhaltensmodifikation zu gelangen." (Hautzinger, 2018, S. 629).

Die durchgeführten Gespräche, in denen wir dies umzusetzen versuchten, haben wir als Feedback-Gespräche bezeichnet; wir verstehen sie als ein Reflexionsangebot, bei dem mit den Gesprächspartner*innen die Schwerpunkte der Ressourcen und Belastungen besprochen und anknüpfend daran konkrete Verbesserungsvorschläge erarbeitet wurden. Dabei haben wir eine Entwurfsfassung des Feedback- und Reflexionstools als Fragebogen eingesetzt, der zu Beginn des Gesprächs von den Teilnehmenden ausgefüllt wurde. Für das Tool wurde dies in Hinweise auf potenzielle Ressourcendefizite und Belastungsschwerpunkte sowie darauf bezogene Gestaltungsvorschläge umgesetzt, um dies im Dialog mit Vertrauten oder in Coachingsituationen nutzen zu können.

Die Anforderungen, denen ein solches Instrument genügen sollte, lassen sich zunächst mit drei Kriterien beschreiben: Es sollte (1) die wesentlichen Variablen abbilden, die für die Beanspruchungsentstehung von Führungskräften relevant sein können. Es sollte (2) im Gesprächskontext einfach handhabbar sein, um ohne großen Aufwand die Befunde zu zeigen (und gegebenenfalls ins Gespräch einbinden zu können). Es sollte (3) effizient sein und schnell die Erarbeitung von Handlungsmöglichkeiten erschließen können. Dies sehen wir als Heuristik, die die zentralen Belastungsfaktoren sowie Arbeits- und Bewältigungsressourcen in Form von Einzelfragen und Kurzskalen berücksichtigt. Eine Übersicht über die Faktoren zeigen Tab. 5.1 und Tab. 5.2.

Für die Belastungen wurden folgende Aspekte berücksichtigt (vgl. zur Struktur Gerlmaier & Latniak, 2007):

Daneben werden ergänzende Fragen zu den individuellen und organisatorischen Rahmenbedingungen gestellt (u. a. zu Arbeitszeit und -orten, Zeitdifferenzen im Team sowie Einschätzungen zu Teamkapazität, -stabilität und -kompetenzen (Chudoba et al., 2005; Boos et al., 2017; Reif et al., 2018; Smith et al., 2011).

Tab. 5.1 Ressourcen

Ressourcen-Typ	Fragen und Kurzskalen zu	Quellen
(1) Arbeitsorganisatorische und kapazitätsbezogene Ressourcen	• Rollenklarheit • Gestaltungsspielraum • Erholungsmöglichkeiten	in Anlehnung u. a. an Gerlmaier, 2011b; Glaser et al., 2015; Nübling et al., 2005; Syrek et al., 2011
(2) Team- und soziale Ressourcen	• Unterstützung durch Führungskräfte • Unterstützung durch Kolleg*innen • Wertschätzung • Feedback	
(3) Qualifikationsressourcen	• Möglichkeiten das eigene Wissen zu erweitern	in Anlehnung an Kaluza, 2018; Reif et al., 2018; Gerlmaier, 2019a ergänzt durch eigene Items
(4) persönliche und Bewältigungsressourcen	• Berufliche Sinnerfüllung • Work-Life-Balance • individuelles (instrumentales, mentales und regeneratives) Bewältigungsverhalten, z. B.: – Nutzung von Kurzpausen – Arbeiten nach der eigenen Leistungskurve – Situation mit Humor sehen – Regeneration in der Freizeit z. B. durch Sport	

Tab. 5.2 Belastungen

Widerspruchstyp	Belastungen: Fragen und Kurzskalen	Quellen
(1) widersprüchliche Ziele in der Arbeit	• Rollenkonflikt	in Anlehnung u. a. an Gerlmaier, 2011b; Nübling et al., 2005; Bock et al., 2010; Böhm et al., 2017; ergänzt durch weitere eigene Items
(2) Aufgabe vs. Ausführungsbedingungen	• Arbeitsunterbrechungen • Zusatzaufwand • Zeitdruck • Informationsüberflutung • Kommunikationsrauschen • Virtuelle Distanz	
(3) Aneignung vs. Kapazität	• Aneignungsbehinderungen	
(4) widersprüchliche subjektive Erwartungen und Ziele	• psycho-soziale Belastungen/ Emotionsarbeit	
(5) widersprüchliche Anforderungen von Arbeits- und Privatleben	• Entgrenzung	

Ergänzt wurde dies Output-seitig durch Fragen zu arbeitsbedingter Motivierung, psychischem Erleben (Stress bzw. Burnout) und Befindensbeeinträchtigungen (u. a. Hacker & Rheinhold, 1999; Mohr et al., 2005 in der Fassung von Gerlmaier, 2011b; Maslach & Jackson, 1984 in der Fassung von Böhm et al., 2017; Fahrenberg, 2004 in der Fassung von Gerlmaier, 2011b).

5.1.3.3 Weitere Hinweise zum Vorgehen

Die durchgeführten Feedbackgespräche wurden überwiegend im direkten Kontakt im Unternehmen durchgeführt (sowie ein Video-basiertes Gespräch) und dauerten zwischen 90 und 120 min. Die Gesprächsinhalte sowie die konkreten Empfehlungen und Anregungen wurden dokumentiert, ebenso wie positive Erfahrungen der Gesprächspartner*innen. Für die Durchführung und Auswertung sicherten wir Anonymität zu; zur Dokumentation wurden keine Mitschnitte der Gespräche, sondern schriftliche Gesprächsprotokolle angefertigt. Nach jedem Gespräch erhielten die Teilnehmenden ein Kurzprotokoll mit zentralen Ergebnissen des Diagnoseinstruments, den wesentlichen Inhalten des Gesprächs und den Gestaltungsvorschlägen sowie der Anregung, diese auszuprobieren. Der Feedbackbogen diente als Erinnerungshilfe nach dem Gespräch.

Dabei ist insgesamt zu berücksichtigen, dass die Durchführung der Feedbackgespräche ausschließlich mit freiwillig Teilnehmenden erfolgte. Dies ist zum einen dadurch bedingt, dass Coaching-Gespräche auf freiwilliger Basis durchgeführt werden sollten, zum anderen birgt es das Risiko der Verzerrung der Stichprobe, bei der mglw. nur Interessierte mit verfügbarer Kapazität teilnehmen, während akut Überlastete sich dafür eher keine Zeit nehmen.

Die für die Feedbackgespräche gewählte Vorgehensweise wird soweit möglich für das Tool sowie für die Gestaltungsempfehlungen übertragen: Auf Grundlage des ausgefüllten

Diagnosebogens wurden in den Gesprächen durch Leitfragen mögliche individuelle Gestaltungskorridore ausgelotet. Grundprinzip war dabei, zunächst Belastungsschwerpunkte zu thematisieren, deren Zustandekommen von den Gesprächspartner*innen erläutert wurde. Anschließend wurden Wege zur Reduzierung gesucht. Zum anderen wurden Arbeits- und Bewältigungsressourcen ermittelt und bei schwach ausgeprägter Nutzung nach Wegen zu einer Optimierung gesucht. Das Vorgehen ist dabei insgesamt als Heuristik zu verstehen, die mit überschaubarem Aufwand möglichst schnell erste hilfreiche Ergebnisse für die Nutzenden liefern soll.

Bei den Gesprächen erfolgte zudem bei Bedarf eine kurze Information zum besseren Verständnis von Zusammenhängen und möglichen Ansatzpunkten des Ressourcenmanagements, z. B. zum Verhältnis von Verausgabung und Regeneration (mit Hinweisen u. a. zu Detachment, Abgrenzungen durch Alltags-‚Rituale', Sichern von „Me-Time" und positiven Erlebnissen sowie Regeneration durch Ausdauersport) oder zur Wirkung von Kurzpausen. Die Belastungs- und Ressourcensituation der Teilnehmenden und die im Zuge der Gespräche entwickelten Handlungs- und Gestaltungsempfehlungen werden im Folgenden beschrieben.

5.2 Ressourcenmanagement für operative Führungskräfte in virtuellen Kontexten – Optionen der Gestaltung und Regulierung

Nachdem der konzeptionelle Hintergrund für Instrument und Vorgehen erläutert wurde, werden im Folgenden die explorativen Befunde zur Ressourcen- und Belastungssituation der teilnehmenden operativen Führungskräfte (TN) der durchgeführten Feedbackgespräche beschrieben und darauf aufbauend Handlungsempfehlungen für Gestaltung und Regulierung der Arbeitssituation abgeleitet, die zu einem verbesserten Ressourcenmanagement der TN beitragen sollen. Hierzu wird zunächst kurz die Durchführung der Feedbackgespräche dargestellt und die Arbeitsituation der Befragten skizziert.

5.2.1 Durchführung der Feedbackgespräche

Im Rahmen des Projekts wurden in der zweiten Jahreshälfte 2019 insgesamt 24 Feedback-Gespräche mit freiwillig Teilnehmenden durchgeführt, 23 dieser Gespräche erfolgten face-to-face sowie eines Video-basiert; sie dauerten zwischen 90 und 120 min. Die Feedbackgespräche wurden schwerpunktmäßig mit Teilnehmenden in Unternehmen im IT-Services-Bereich durchgeführt, die Teams bzw. Projekte überwiegend mit Entwicklungs- und Serviceaufgaben leiten. Wir waren vor allem in einem IT-Service-Tochterunternehmen eines großen Konzerns aktiv, in dem wir die überwiegende Mehrzahl der Gespräche (22) geführt haben; 23 Teilnehmende waren im IT- bzw. Softwareentwicklungsbereich tätig, ein Teilnehmender arbeitete in der Forschung.

An den Gesprächen waren 17 männliche TN und sieben weibliche TN beteiligt. Alle befragten Führungskräfte befanden sich in einer festen Beziehung. Zwölf Teilnehmende hatten ein oder mehrere Kinder, die zum Gesprächszeitpunkt im Haushalt lebten. Sie verfügten überwiegend über langjährige Führungserfahrung; 18 hatten dabei zwischen 5,5 und 25 Jahren, sechs hatten deutlich weniger als 5,5 Jahre Führungserfahrung vorzuweisen. Zum Gesprächszeitpunkt waren drei Befragte zwischen 31 und 40 Jahren alt, acht waren zwischen 41 und 50, zwölf zwischen 51 und 60 Jahren alt, und eine Person war älter als 60 Jahre. 16 TN gaben an, zum Gesprächszeitpunkt disziplinarisch für ihre jeweiligen Teams verantwortlich zu sein. Die Hälfte aller TN war (z. T. zusätzlich) in einer Projektleitungsposition. Die Teams, die diese TN leiteten, waren überwiegend relativ groß; 17 TN berichteten von mehr als zehn Mitarbeitenden im wichtigsten Projekt.

Der Ablauf der Feedbackgespräche war einheitlich: Nach einer Einführung zum Kontext des vLead-Projekts und ersten Informationen zu Aufgabe und Tätigkeit der TN füllten diese das Feedback- und Reflexionstool aus. Aufbauend darauf wurden dann im gemeinsamen Gespräch die angegebenen Beanspruchungsindikatoren, Ressourcendefizite und Belastungsschwerpunkte besprochen, nach Gestaltungs- und Verbesserungsmöglichkeiten gesucht und Informationen, Empfehlungen bzw. Hinweise zu praktischen Ansatzpunkten eines verbesserten Ressourcenmanagements vermittelt. Dabei wurde jeweils auf das Zustandekommen bzw. den Hintergrund der Potenziale und Defizite eingegangen. Bei schwach ausgeprägten Arbeits- und Bewältigungsressourcen versuchten wir Wege einer Optimierung zu erarbeiten. Für die Belastungen wurden Reduzierungs- bzw. Bearbeitungsmöglichkeiten gesucht. Über die wichtigsten Befunde sowie die besprochenen und erläuterten Empfehlungen erhielten die Teilnehmenden nach wenigen Tagen ein schriftliches Feedback mit der Bitte, die angesprochenen Vorschläge zu testen und in ihren Arbeitsalltag zu integrieren.

Um die Einordnung der explorativen Befunde zu erleichtern, wird zunächst ein Überblick über die spezifische Arbeitssituation der TN gegeben, bevor die Befunde zu Ressourcen und Belastungen erläutert und die erarbeiteten Maßnahmen vorgestellt werden.

5.2.2 Skizze der Arbeitssituation

Zum Zeitpunkt der Gespräche war virtuelles Arbeiten für die TN normaler Arbeitsalltag und weitgehend routiniert. Sie arbeiteten dabei – neben weiterhin üblicher Präsenztätigkeit – weitgehend digital vermittelt über Kollaborationsplattformen, Chats, E-Mail und Video- bzw. Telefonkonferenzen. Sie nutzten dafür vor allem Laptops und Smartphones (sowie den dazugehörigen Infrastrukturen), mit denen von unterschiedlichen Arbeitsorten auf zentrale Server zugegriffen wurde, über die (neben den Festnetz- und Mobilfunknetzen) die Kommunikation mit den Kolleg*innen ablief. Die Nutzung des Home-Office durch die TN wurde durch ein Desk Sharing-Konzept nahegelegt – die Mitarbeitenden hatten dabei kein eigenes Büro oder einen festen Arbeitsplatz, sondern suchten sich jeweils ihre Arbeitsplätze aus; auch Besprechungsräume wurden bedarfsweise gebucht.

17 TN arbeiteten mindestens einmal wöchentlich selbst im Home-Office (oder an anderen ‚externen' Orten). Insofern kann man hier für die TN von alternierender Telearbeit als Regelarbeitsform sprechen.

Die TN führten dabei in der Regel international zusammengesetzte Teams, die sich durch große Zeitzonendifferenzen sowie durch kulturelle Unterschiede der Teammitglieder auszeichneten. Diese arbeiteten sowohl u. a. an unterschiedlichen Unternehmensstandorten, bei Dienstleistungsunternehmen sowie am gleichen Standort. Man kann insofern hinsichtlich der räumlichen Zuordnung von ‚hybriden'Teams sprechen, bei denen Arbeiten am Standort, im Home-Office, und (in geringerem Umfang) ‚von unterwegs' bei den Teammitgliedern und den operativen Führungskräften wechseln. 18 TN arbeiteten täglich mit Personen zusammen, die eine andere Sprache als Deutsch (ihre Muttersprache) sprechen, und 15 TN arbeiteten täglich mit Beschäftigten aus unterschiedlichen Zeitzonen zusammen. Bei elf TN betrug die maximale Zeitzonendifferenz zwischen den Teammitgliedern zwischen sechs und acht Stunden, sieben TN gaben eine Zeitzonendifferenz von zwölf Stunden an, was zu spezifischen Lösungen bei der Organisation von Teamsitzungen führte: Entweder wurden dort Gesamtteam-Meetings in der Mittagszeit durchgeführt, um die Teammitglieder in Amerika und Asien gemeinsam zu Beginn bzw. am Ende der jeweiligen Arbeitszeit zu erreichen, oder die Teilnehmenden führten zwei Teammeetings (morgens und abends) durch, um die Teammitglieder zu informieren, was zu entsprechendem Zusatzaufwand führte.

Einschätzungsunterschiede zeigten sich hinsichtlich der Qualität der digitalen Kommunikation, die über entsprechende Fragen im Tool erhoben wurde: Mit Personen aus dem deutschen Sprachraum wurde sie überwiegend als ‚gut' bis ‚sehr gut' (von 20 TN = 83 %, 5-stufige Antwortmöglichkeit) bewertet, mit Personen aus unterschiedlichen Zeitzonen ‚gut'/‚sehr gut' (14 TN, = 61 %, *N* = 23). Die Qualität der digitalen Kommunikation mit Personen mit einem anderen sprachlichen bzw. kulturellen Hintergrund fiel etwas schlechter aus (‚gut'/‚sehr gut': 13 TN = 54 %, *N* = 24). Die technische Infrastruktur lief dabei aus Sicht der Befragten weitgehend zufriedenstellend; lediglich individuelle technische Bedingungen einzelner Teammitglieder (z. B. instabile Leitungen oder mangelhaftes WLAN) führten zu Einschränkungen. Technisch verursachte Probleme traten bei der Zusammenarbeit nur fallweise auf: Während das für die Hälfte der Führungskräfte in den letzten sechs Monaten (vor der Erhebung) lediglich ‚manchmal' der Fall war, waren sechs (25 % ‚immer'/‚oft') hiervon stärker betroffen. Insgesamt war die alltägliche Funktionsfähigkeit und Verfügbarkeit der Infrastruktur aber offenbar kein zentrales Problem für die TN, gleichwohl dies im konkreten Fall häufig mit Ärger und Zusatzaufwand einherging.

Das organisatorische Arbeitsumfeld der TN war durch häufige Restrukturierungsmaßnahmen und Änderungen in der Teambesetzung gekennzeichnet: In den letzten sechs Monaten vor dem Gespräch fanden bei 21 TN Veränderungen in der Teambesetzung statt, 18 TN waren von Restrukturierungsmaßnahmen am Standort betroffen und bei elf TN gab es einen Wechsel in den Arbeitsaufgaben bzw. im Aufgabenfeld. Von häufig wechselnden Aufgabenprioritäten und Zielen bei den teilnehmenden operativen Führungskräften und in ihrem Team berichteten zwölf TN (‚immer'/‚oft').

Dabei befinden sich die Führungskonzepte in den IT-Unternehmen insgesamt im Umbruch hin zu agilen Methoden des Projektmanagements. Mit den neuen Rollen dieser Konzeption (wie z. B. Scrum Master oder Product Owner) und den veränderten Abläufen werden auch für die Teilnehmenden neue Arbeits- und Führungsanforderungen entstehen, die im Unternehmen nicht bruchlos umgesetzt werden können, wenn die ‚Restorganisation'weiter ganz oder in Teilen nach den bisher praktizierten Führungs- und Steuerungsmustern agiert. Wie dieser Übergang in virtuellen Arbeitskontexten in den Unternehmen umgesetzt werden kann und welche Arbeitsbedingungen sich daraus ergeben werden, war zum Gesprächszeitpunkt offen.

Die Befragten arbeiten damit in einem bis in ihre individuellen Aufgabenzuschnitte hinein hoch dynamischen organisatorischen Umfeld bei teilweise schwierigen Kapazitätsvoraussetzungen: Während nämlich Motivation (von 17 TN) und Kompetenz (von 16 TN) der Teammitglieder für die anstehenden Aufgaben überwiegend als ‚gut'oder ‚sehr gut' bewertet wurden, wurde die Personalkapazität für die anstehenden Aufgaben eher kritisch gesehen; hier gaben sieben Teilnehmende an, dass diese ‚schlecht'/‚sehr schlecht' sei (sowie 13 TN ‚teils/teils').

5.2.3 Explorative Befunde

Im Folgenden stellen wir explorative deskriptive Ergebnisse der Feedback-Tools dar. Dabei sind zwei Einschränkungen zu berücksichtigen: (1) Wir haben das Instrument nicht als systematisches Befragungsinstrument zum wissenschaftlichen Nachweis von Wirkungszusammenhängen ausgelegt, sondern als heuristisches Hilfsmittel für einen praktischen Einsatz (z. B. bei der Reflexion der Arbeitssituation oder beim Coaching): Es sollte ein relativ kurzer, leicht handhabbarer Fragebogen auf Screening-Niveau sein, der bei den Feedbackgesprächen zur Gesprächseröffnung und zur Fokussierung der Maßnahmenentwicklung und Reflexion der Arbeitssituation eingesetzt werden kann. Dafür wurden Kurzskalen und Einzelitems genutzt. Mit dem Einsatz im Feld sollte zunächst dessen praktische Nutzbarkeit geprüft werden. Der Anspruch an die anschließend dargestellten explorativen Ergebnisse der deskriptiven Resultate ist entsprechend begrenzt; sie geben plausible Ansatzpunkte für konkrete Schritte wieder und Hinweise für weitergehende Forschungen. Die Qualität ist deshalb einerseits begrenzt durch die kleine Stichprobe sowie andererseits durch die Datengüte des genutzten Instruments. Die zweite Einschränkung liegt darin begründet, dass bei den Gesprächen ausschließlich freiwillig Teilnehmende mitwirkten. Dies birgt das Risiko einer systematischen Verzerrung der Resultate, da möglicherweise nur Interessierte mit verfügbarer Kapazität teilnehmen, während akut Überlastete sich dafür eher keine Zeit nehmen. Unter Berücksichtigung dieser Einschränkungen halten wir es dennoch für sinnvoll, die explorativen Befunde vorzustellen. Zudem dienen sie als Basis für die Gestaltungs- und Regulierungsvorschläge im fünften Abschnitt dieses Unterkapitels.

5.2.3.1 Arbeits- und Bewältigungsressourcen

Die folgende Abbildung (Abb. 5.1) vermittelt einen ersten Überblick über die zehn von den TN am häufigsten angegebenen Arbeitsressourcen (5-stufige Antwortmöglichkeit von ‚trifft völlig zu‘ bis ‚trifft gar nicht zu‘). Insgesamt beschreiben die 24 TN eine für sie relativ günstige Ressourcensituation, bei der zunächst soziale Ressourcen sowie Rollen- und Aufgabenklarheit hervorstechen: Von den TN wurden jeweils zwei Items zur ‚Unterstützung durch Kolleg*innen‘und zur Rollenklarheit als die am häufigsten genutzten Ressourcen genannt (21 TN bzw. 19 TN).

Eine weitere wichtige Ressource ist für die TN offensichtlich die ‚berufliche Sinnerfüllung‘(drei Items, von 17-19 TN angegeben). Es folgten die ‚Unterstützung durch die Führungskraft‘(18 TN) sowie zwei Items zur Work-Life Balance (17 bzw. 18 TN).

Um mit belastenden Situationen in der Arbeit umzugehen, nutzten die TN eine ganze Reihe von Ressourcen, am häufigsten dabei das ‚Erweitern ihres Wissens‘, was von 19 TN ‚immer‘ oder ‚oft‘ genutzt wurde (5-stufige Antwortmöglichkeit von ‚immer‘ bis ‚nie‘), gefolgt von ‚besserer Planung/Organisation‘, was von 17 TN so angegeben wurde (s. Abb. 5.2). ‚Sich Distanz zur Arbeit verschaffen‘ und ‚sich mit Situationen abfinden, die nicht zu ändern sind‘ werden von jeweils 16 TN ‚immer‘/‚oft‘ angewandt. Als weitere, eher kognitive Coping-Ressourcen werden daneben von 15 TN genannt, sich den Sinn der Arbeit

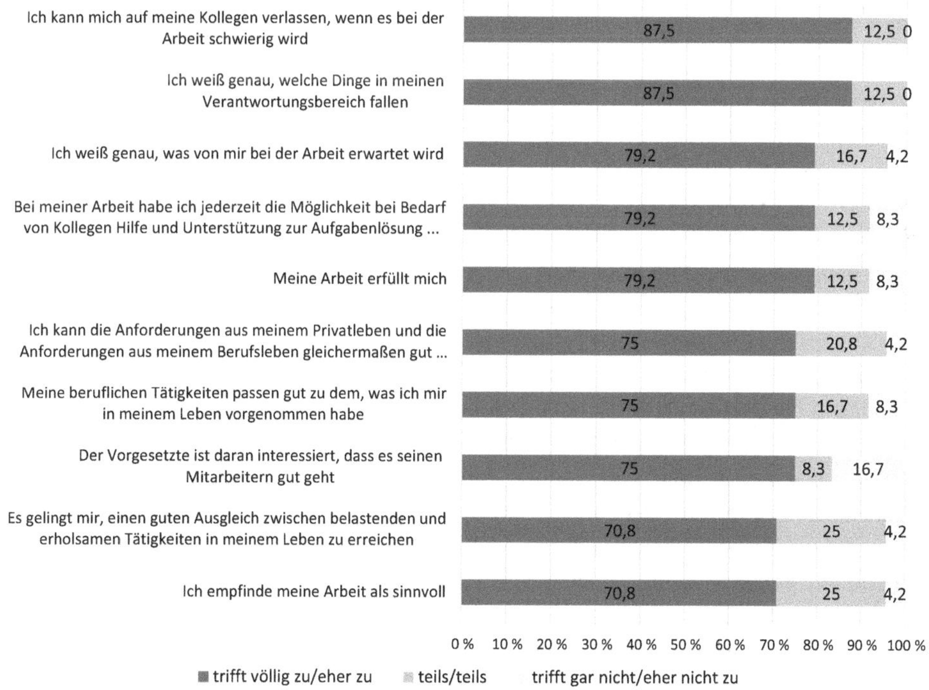

Abb. 5.1 Die am häufigsten genutzten Arbeitsressourcen in % ($N = 24$), 5-stufige Antwortmöglichkeit

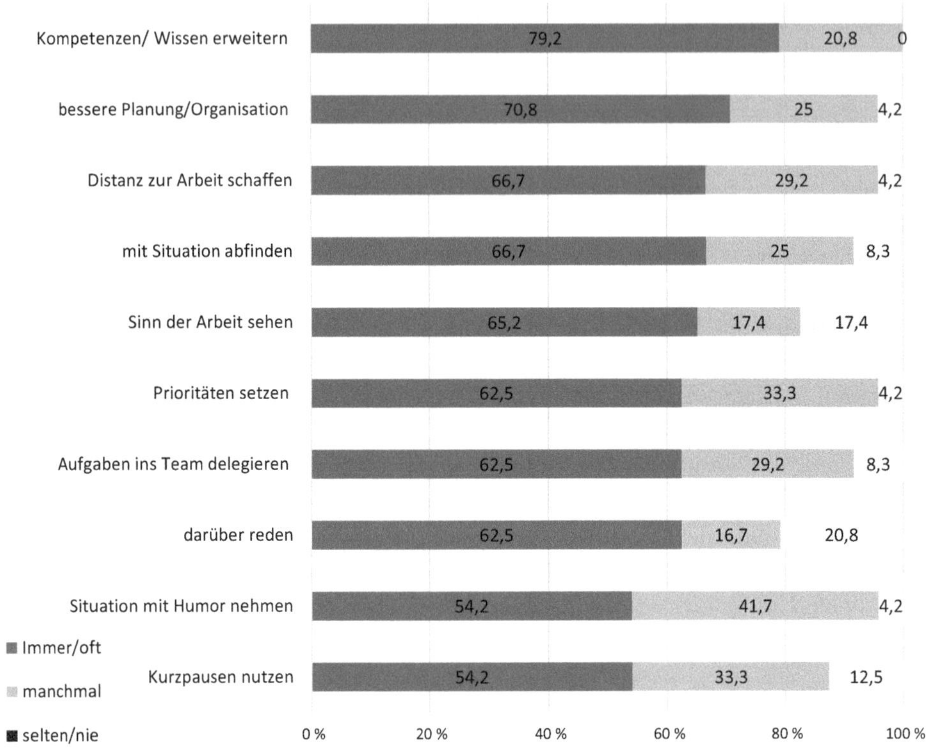

Abb. 5.2 Die am häufigsten genannten Bewältigungsressourcen, Items in % (N = 24 bzw. 23), 5-stufige Antwortmöglichkeit

vor Augen zu führen sowie ‚Situationen mit Humor zu nehmen'. Höhere Nutzungswerte erreichen zudem organisatorische Maßnahmen wie ‚das Delegieren von Aufgaben im Team' und ‚das Setzen von Prioritäten', ähnlich wie ‚das Sprechen über das, was passiert ist' – diese werden von jeweils 15 TN (‚immer'/‚oft') angewendet sowie schließlich Kurzpausen, von 13 TN (‚immer'/‚oft') eingesetzt.

Hinsichtlich der psychischen Belastungen (s. Abb. 5.3) zeigte sich, dass ‚Unterbrechungen bei der Arbeit durch andere Personen' und das ‚Erledigen beruflicher Dinge außerhalb der Arbeitszeit' von 17 TN jeweils am häufigsten (mit ‚trifft völlig zu'/‚trifft eher zu') genannt werden. Als weiterer Entgrenzungsaspekt wurde von zwölf TN angegeben, in der Freizeit für Personen erreichbar zu sein, mit denen sie beruflich zu tun haben. Häufig genannte psychische Belastungen waren darüber hinaus ‚Schwierigkeiten an beruflichen Weiterbildungsmaßnahmen teilzunehmen' (13 TN) und der Zusatzaufwand durch das Beschaffen von Informationen, die eigentlich vorliegen sollten (zwölf TN). Daneben wurde Zeitdruck (aufgrund von Terminvorgaben) genannt. Jeweils eine Frage zu Arbeitsunterbrechungen aufgrund fehlender oder fehlerhafter Zuarbeiten, zu Informationsüberflutung (‚keine effektive Info-Verarbeitung'), zu Aneignungsbehinderung (‚fehlende

Abb. 5.3 Die am häufigsten genannten Belastungen, in % ($N = 24$), 5-stufige Antwortmöglichkeit

Einarbeitungszeit') sowie zu Rollenkonflikten (,Arbeit auf andere Weise tun') wurde von je neun TN mit ,trifft völlig zu'/,trifft eher zu' angegeben.

In der Summe zeigten sich damit für die TN einerseits Belastungsschwerpunkte bei eher ,klassischen' Regulationshindernissen (wie Unterbrechungen, Informationsdefizite etc.) und Entgrenzungsaspekten sowie andererseits bei Zeitdruck, Informationsverarbeitungsproblemen und kritischen Bearbeitungsformen. Insgesamt betrachtet sind dies Indikatoren für einen hohen Workload der TN, die sich in Priorisierungsproblemen, Extensivierung der Arbeit und knapper Zeit u. a. für die individuelle Weiterentwicklung niederschlagen.

Bemerkenswert ist in diesem Zusammenhang, dass die am häufigsten genutzte Bewältigungsressource (,Wissen erweitern') in einem Spannungsverhältnis zu den Bedingungen der Nutzung zu stehen scheint, da die Teilnahme an beruflicher Weiterbildung von über der Hälfte der TN als schwierig eingeschätzt wird.

5.2.3.2 Unterschiede bei Ressourcen und Belastungen nach Beanspruchung

Um im nächsten Schritt konkretere Anhaltspunkte dafür zu gewinnen, welche Arbeits- und Bewältigungsressourcen sich auf die Beanspruchungssituation der TN auswirkten, haben wir anhand der verwendeten Beanspruchungsskalen (,Stress' und ,Burnout') mit einem

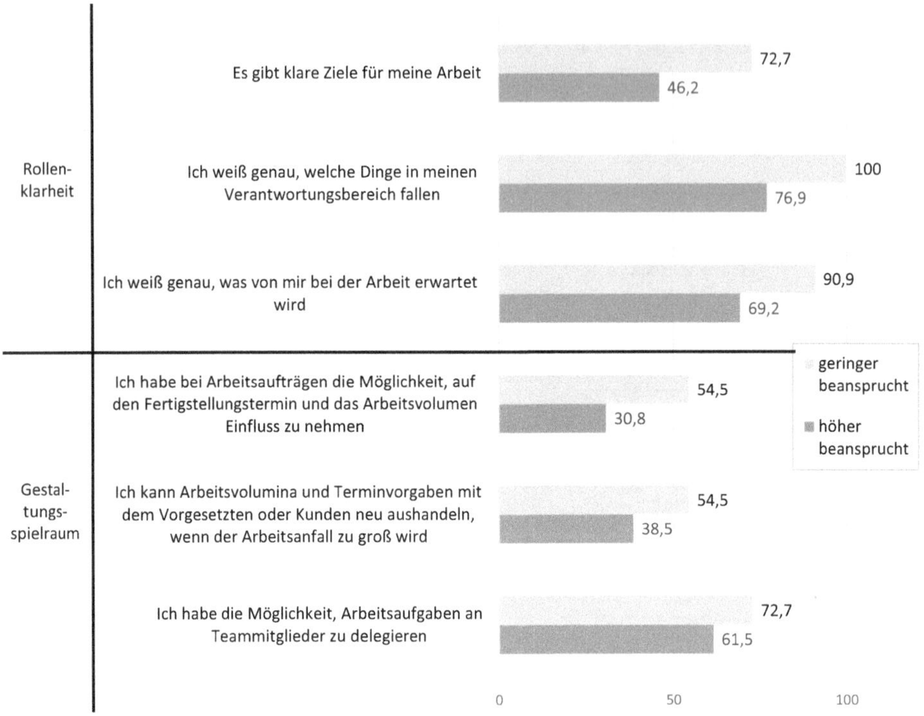

Abb. 5.4 Nutzung von arbeitsorganisatorischen und kapazitätsbezogenen Ressourcen, in % (‚trifft völlig zu'/‚trifft eher zu') im Vergleich nach Mediansplit (*N1* = 13, *N2* = 11)

Mediansplitt der Summenscore-Werte zwei Vergleichsgruppen gebildet, in denen dann 13 TN (höhere Beanspruchungswerte) bzw. elf TN (niedrigere Werte) waren. Die Übersicht folgt dabei der in Abschn. 5.1 entwickelten und vorgestellten Strukturierung der Ressourcen.

Deutlichere Unterschiede zwischen den Beanspruchungsgruppen zeigten sich bei Arbeits- und Bewältigungsressourcen zunächst für Aspekte der ‚Rollenklarheit' und für ‚Gestaltungsspielraum', wobei klarere Rollen und größerer Gestaltungsspielraum bei den geringer beanspruchten TN anzutreffen waren (s. Abb. 5.4). Zudem waren bei der Zielklarheit und bei der Aushandlungsmöglichkeit von Fertigstellungsterminen oder Arbeitsvolumen die Unterschiede im Vergleich der beiden Gruppen stärker ausgeprägt.

Auch bei den sozialen Arbeitsressourcen (s. Abb. 5.5) wie Unterstützung durch Kolleg*innen oder durch Vorgesetzte zeigten sich nennenswerte Unterschiede: Insbesondere die Unterstützung durch Kollegen und Kolleginnen sowie Rückendeckung durch die eigene Führungskraft und Interesse der eigenen Führungskraft an der Gesundheit ergaben unterschiedliche Ausprägungen im Vergleich der Gruppen.

Beim Vergleich der Antworten zur Work-Life-Balance und zur beruflichen Sinnerfüllung (s. Abb. 5.6) lässt sich feststellen, dass es den höher beanspruchten TN offenbar nicht so gut gelingt einen Ausgleich zwischen belastenden und erholsamen Tätigkeiten in

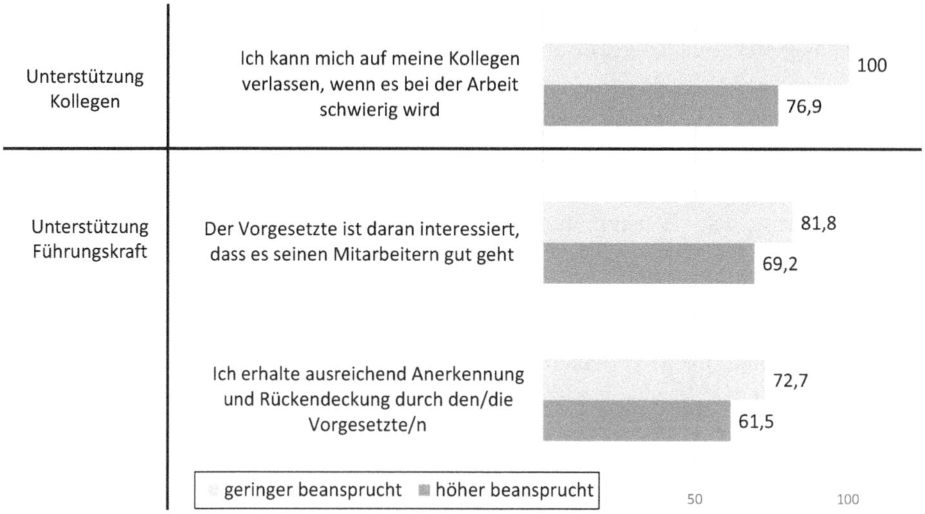

Abb. 5.5 Nutzung von Team- und sozialen Unterstützungsressourcen, in % (‚trifft völlig zu'/‚trifft eher zu) im Vergleich nach Mediansplit (*N1* = 13, *N2* = 11)

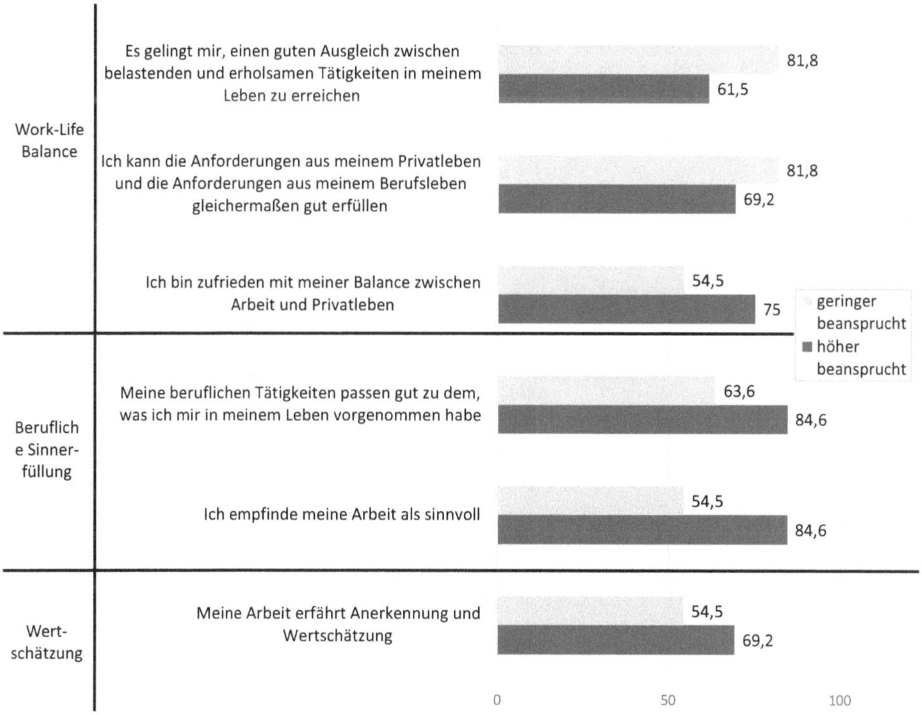

Abb. 5.6 Nutzung von persönlichen Ressourcen (Work-Life-Balance, Motivation und Wert-schät-zung), in % (trifft völlig zu/eher zu) im Vergleich nach Mediansplit (*N1* = 13, *N2* = 11)

ihrem Leben zu erreichen (61,5 % vs. 81,8 %) oder die Anforderungen des Berufs- und Privatlebens gleichermaßen gut erfüllen zu können (69,2 % vs. 81,8 %). Sie gaben allerdings häufiger an, zufrieden mit der Balance zwischen Arbeit und Privatleben zu sein (75 % vs. 54,5 %). Gleichzeitig waren die Werte für berufliche Sinnerfüllung und Wertschätzung bei den höher beanspruchten Führungskräften stärker ausgeprägt: Sie erlebten ihre Arbeit als sinnvoll (84,6 % vs. 54,5 %), gaben zudem an, dass ihre berufliche Tätigkeit gut zu dem passe, was sie sich in ihrem Leben vorgenommen haben (84,6 % vs. 63,6 %), und sie erfuhren mehr Anerkennung und Wertschätzung für ihre Arbeit (69,2 % vs. 54,5 %).

Auffällig war in den Gesprächen zu diesem Aspekt, dass viele TN von früheren Beanspruchungserfahrungen berichteten, und vor diesem Erfahrungshintergrund verschiedene Wege nutzten, um mit belastenden Situationen umzugehen. Betrachtet man deshalb als zweiten Ressourcenschwerpunkt die Verteilungen der Bewältigungsressourcen bei den verglichenen Gruppen, so zeigten sich zunächst Unterschiede hinsichtlich zweier Aspekte: Die weniger beanspruchten TN nutzten sowohl häufiger Kurzpausen (72,7 % vs. 38,5 %) als auch (bei der individuellen Arbeitsplanung) die Kenntnis ihrer persönlichen Leistungskurve (45,5 % vs. 15,4 %) (s. Abb. 5.7).

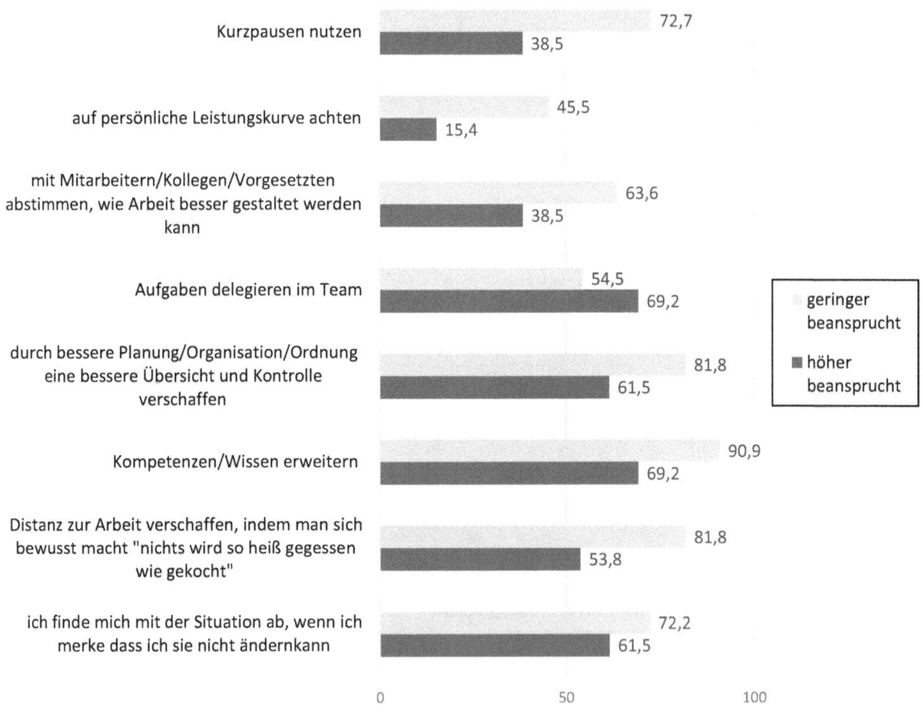

Abb. 5.7 Nutzung von Bewältigungsressourcen, in %-Angaben (‚immer/oft' bei 5-stufiger Antwortmöglichkeit) der Gruppen nach Mediansplit ($N1 = 13$, $N2 = 11$)

Geringer beanspruchte Führungskräfte nutzten darüber hinaus häufiger die Möglichkeit, sich gezielt von der Arbeit zu distanzieren (81,8 % vs. 53,8 %), und sie finden sich häufiger mit der Situation ab, wenn diese als nicht änderbar eingeschätzt wird (72,7 % vs. 61,5 %).

Die höher beanspruchten Führungskräfte gaben an, vergleichsweise seltener mit den Kolleg*innen oder Vorgesetzten eine bessere Gestaltung abzustimmen (38,5 % vs. 63,6 %), oder bessere Planung und Organisation zu nutzen (61,5 % vs. 81,8 %). Allerdings delegierten sie häufiger Arbeitsaufgaben im Team (69,2 % vs. 54,5 %). Weithin gelang es den höher Beanspruchten seltener, das eigene Wissen zu erweitern (69,2 % vs. 90,9 %).

Daneben wurde gefragt, inwieweit die TN regenerative Bewältigungsmaßnahmen nutzen und neben z. B. einer gesunden Ernährung auf ausreichend Schlaf achten sowie Entspannungsübungen und Ausdauersport in ihren Tagesablauf integrieren. Bis auf die Entspannungsübungen, die höher Beanspruchte etwas weniger ‚täglich/mehrmals die Woche' nutzen (7,7 % vs. 36,4 %) zeigten sich hier allerdings keine Unterschiede in der Ausprägung der Nutzung zwischen den beiden Gruppen.

Hinsichtlich der Belastungssituation (s. Abb. 5.8) zeigt sich beim Vergleich der beiden Beanspruchungsgruppen, dass höher beanspruchte Führungskräfte deutlich häufiger angaben, mit der Arbeit nicht fertig zu werden, wenn sie diese gründlich erledigen wollten

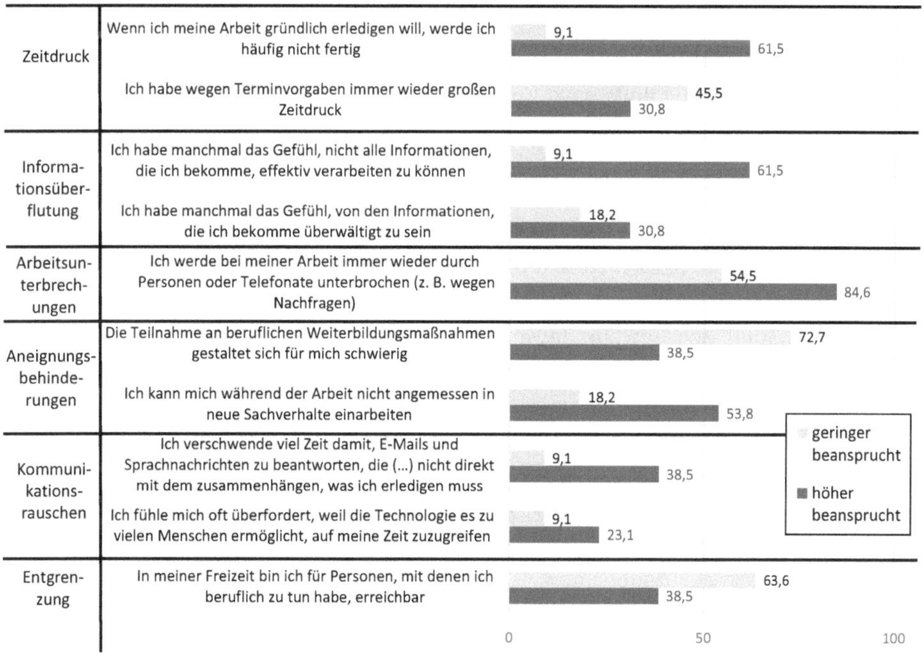

Abb. 5.8 Arbeitsbelastungen, % Angaben (‚trifft völlig zu'/‚trifft eher zu') im Vergleich nach Me-diansplit ($N1 = 13$, $N2 = 11$)

(61,5 % vs. 9,1 %). Allerdings war aus ihrer Sicht der ‚Zeitdruck aufgrund von Terminvorgaben' weniger ausgeprägt als bei den geringer beanspruchten TN (30,8 % vs. 45,5 %).

Größere Unterschiede ergaben sich daneben bei der Frage, ob sie bei ihrer Arbeit durch Personen oder Telefonate unterbrochen werden; dies trifft für 84,6 % der höher beanspruchten, aber lediglich für 54,5 % der geringer beanspruchten TN zu. Spezifisch für die hohen Kommunikationsanteile bei ihrer Arbeit, die die TN auf Nachfrage in den Gesprächen bestätigten, waren bei den höher Beanspruchten höhere Werte für die Aspekte Informationsüberflutung und Kommunikationsrauschen, so u. a. für die Frage danach, ‚nicht alle Informationen effektiv verarbeiten zu können' (61,5 % vs. 9,1 %). Diese Gruppe hatte zudem häufiger das ‚Gefühl, von den Informationen überwältigt' zu sein (30,8 % vs. 18,2 %) sowie häufiger Zeit damit zu verschwenden, E-Mails oder Sprachnachrichten zu beantworten, die nicht direkt mit ihren Aufgaben zusammenhängen (38,5 % vs. 9,1 %).

Höher beanspruchte Führungskräfte gaben häufiger an, sich nicht angemessen in neue Sachverhalte einarbeiten zu können (53,8 % vs. 18,2 %). Gleichzeitig erwies sich allerdings die Teilnahme an beruflichen Weiterbildungsmaßnahmen für sie leichter als für die geringer beanspruchten TN (Aneignungsbehinderungen: 38,5 % vs. 72,7 %).

Ein letzter Aspekt psychischer Belastung, der im Zusammenhang mit virtuellem Arbeiten diskutiert wird, ist die Entgrenzung von Arbeit und Regeneration bzw. Privatleben. Höher beanspruchte TN gaben dabei in unserer Untersuchung an, in der Freizeit weniger erreichbar zu sein für Personen, mit denen sie beruflich zu tun haben als die geringer Beanspruchten (38,5 % vs. 63,6 %).

5.2.3.3 Zwischenbilanz

Die dargestellten Befunde illustrieren insgesamt die unterschiedlichen Arbeitsbedingungen und ihre Effekte, die die TN bei hohem Anteil medial vermittelter Kommunikation zu bewältigen haben. In ihrem Alltag stehen den TN mit den günstigeren Beanspruchungswerten auf organisatorischer Ebene insbesondere konkrete Gestaltungsspielräume, Rollenklarheit sowie soziale Ressourcen (wie die Unterstützung durch das Team und den oder die Vorgesetzte*n) zur Verfügung. Daneben sind es Möglichkeiten zur Weiterbildung – bei insgesamt knappen und offenbar wenig variablen Zeitressourcen (u. a. blockiert durch Meetings).

Bei den persönlichen Bewältigungsressourcen ermittelten wir vergleichsweise höhere Werte bei Wertschätzung und beruflicher Sinnerfüllung für höher Beanspruchte, wobei das Verhältnis der Faktoren klärungsbedürftig ist (s. dazu Abb. 5.6). Hier wäre zu klären, inwieweit sich diese TN mit großem Einsatz in ihre Aufgaben einbringen und damit in die Gefahr „interessierter Selbstgefährdung" (Krause et al., 2015) kommen, bei der hohe Motivationswerte mit vergleichsweise höheren Beanspruchungswerten verbunden sind. Dies ist ein Verhalten, bei dem aus Interesse am beruflichen Erfolg durch das persönliche Arbeitshandeln bewusst die eigene Gesundheit gefährdet wird (vgl. auch Peters, 2011). Entsprechend ist es zweckmäßig, die individuelle Reflexions- und Gestaltungskompetenz der Führungskräfte zu fördern (vgl. dazu Gerlmaier & Geiger, 2019; Dettmers & Clauß, 2018; Gerlmaier & Latniak, 2016).

Beim konkreten Bewältigungshandeln fanden wir höhere Nutzungswerte für die weniger Beanspruchten bei der Kurzpausennutzung, bei der Berücksichtigung der eigenen Leistungsfähigkeit über den Tag und bei einigen instrumentellen und mentalen Bewältigungsressourcen.

Die psychischen Belastungen, die bei den TN mit den schlechteren Beanspruchungswerten vergleichsweise deutlich höher ausgeprägt waren, sind Aspekte von Zeitdruck und Informationsüberflutung, daneben Aneignungsbehinderungen, Arbeitsunterbrechungen und Kommunikationsrauschen.

Mögliche strukturelle Unterschiede, die zu diesen Befunden beigetragen haben könnten, deuten sich an bei der eher größeren Führungsspanne, d. h. mehr als zehn Mitarbeitende im wichtigsten Team (84,6 % vs. 54,5 %) bei den höher Beanspruchten, und dem etwas höheren Anteil von TN mit disziplinarischer Verantwortung in dieser Gruppe (76,9 % vs. 54,5 %). Daneben waren die höher beanspruchten Führungskräfte etwas stärker von Restukturierungsmaßnahmen (84,6 % vs. 63,6 %) und einem Wechsel der Arbeitsaufgabe (53,8 % vs. 36,4 %) betroffen. Unterschiede zwischen männlichen und weiblichen Führungskräften konnten wir nicht feststellen. Mögliche individuelle Unterschiede deuten sich an bei der insgesamt größeren Führungserfahrung der weniger Beanspruchten. Bemerkenswert ist dabei, dass sie tendenziell weniger Kinder in ihrem Haushalt haben (33,3 % vs. 69,2 % der höher Beanspruchten). Gleichzeitig bewerteten sie die Motivation ihrer Teammitglieder für die anstehenden Aufgaben besser („gut/sehr gut" 100 % vs. 46,2 % der höher Beanspruchten). Mögliche Zusammenhänge wie diese sollten in weiteren Untersuchungen mit größeren Stichproben geklärt werden.

5.2.4 Ansatzpunkte für die Gestaltung und Regulierung

Wir haben in den Feedbackgesprächen mit den TN konkrete Gestaltungs- und Regulierungsmöglichkeiten erarbeitet und individuell zusammengestellt, die zu einer Verbesserung des Ressourcenmanagements der operativen Führungskräfte beitragen sollen. Dabei sind zwei Punkte zu berücksichtigen:

Einerseits werden die Maßnahmen und Ansatzpunkte in der folgenden Darstellung zunächst einzelnen Belastungs- oder Ressourcentypen zugeordnet. Gleichwohl ist es naheliegend (Gerlmaier, 2011a), dass sich eine Maßnahme auf mehrere Faktoren auswirken kann: So kann sich z. B. eine verstärkte Nutzung von Blockzeiten auf die Unterbrechungen und die Work-Life-Balance auswirken, oder auch das Arbeiten gemäß der eigenen täglichen Leistungskurve erleichtern. Insofern sind die folgenden Zuordnungen als Ansatzpunkte mit guten Wirkungschancen zu begreifen, die eine Orientierung für konkrete Änderungen geben können. Andererseits wurden im Verlauf der durchgeführten Gespräche konkrete Hinweise zum ‚Warum?' und ‚Wie?' der vorgeschlagenen Maßnahmen gegeben mit dem Ziel, die Gestaltungskompetenz der TN an dieser Stelle aufzubauen bzw. zu verbessern (u. a. Gerlmaier & Geiger, 2019; Dettmers & Clauß, 2018). Fallweise wurden dafür weitere Informationen und Materialien für die TN verfügbar gemacht. Dies wird analog für die Handreichung übernommen.

Unser Vorgehen bei der Erarbeitung von Gestaltungsempfehlungen in den Gesprächen war dabei darauf ausgerichtet, Maßnahmen auf vier unterschiedlichen Handlungsebenen zu thematisieren: Ein erster Ansatzpunkt ist die Suche nach – mit geringem Aufwand – erzielbaren Erfolgen. Zweitens war es unser Bestreben, den individuellen Ressourcenaufbau zu fördern, was häufig mit Planung und individueller Disziplin bei der Umsetzung verbunden sein kann. Drittens ging es um die Entwicklung organisatorischer Lösungen (im Team und in der weiteren Teamumgebung), für deren Umsetzung angesichts der Ressourcen- und Rahmensituation der TN fallweise auch nach geeigneten Gelegenheiten gesucht werden musste, um eine Umsetzung zu ermöglichen. Der vierte Ansatzpunkt sind regulierende Eingriffe auf der Ebene der Organisation bzw. des Unternehmens.

Dabei ist davon auszugehen, dass diese vier Ansatzpunkte nicht als sequenziell zu bearbeitende, fortschreitende ‚Stufen' im Gestaltungsprozess zu begreifen sind. Stattdessen sind eingespielte Praktiken oder organisatorische Regulierungen (etwa zu Personalführung, Arbeitszeit und Erreichbarkeit) vorausgesetzt, um eine ‚lokale' Handlungsfähigkeit der operativen Führungskräfte zu unterstützen oder überhaupt erst zu schaffen. Denn sie sind quasi ‚Befähigende' für das konkrete Handeln. Regulierungen können eine Voraussetzung für Handlungsfähigkeit der TN sein, denn als Rahmenbedingungen wirken sie quasi wie Haltegriffe in einer Straßenbahn: Man muss sie nicht ständig nutzen, aber man ergreift sie individuell bei Bedarf, um Schlimmeres zu verhindern und sicher ans Ziel zu kommen (Lehndorff, 2006). Solche Regelungen bieten eine Grundlage für individuelles Handeln, wenn z. B. für die Bearbeitung von E-Mails im Streitfall auf festgelegte Regelungen verwiesen werden kann, und damit der/m Betroffenen die Abgrenzung von Arbeitszeit und Regeneration erleichtert wird. Dies gilt es für alle Gestaltungsansätze zu berücksichtigen. Wegen des Fokus auf individuelle Bedingungen wurden regulierende Aspekte auf organisationaler Ebene allerdings nur sehr eingeschränkt zum Thema in den Gesprächen.

Generell gilt für die im Folgenden aufgeführten Ansatzpunkte, dass all diese Maßnahmen für die initiierenden TN mit einem gewissen Zusatzaufwand verbunden sind: Zumindest für einen begrenzten Zeitraum ist ein Mehr an Energie und Arbeit zu investieren, um zu einer Verbesserung der Situation zu kommen. Dies ist für die Initiierung von Maßnahmen zu berücksichtigen, gerade wenn die Betroffenen bereits unter relativ hoher Arbeitsbelastung arbeiten. Aber nur durch diesen Aufwand und die aktive Rolle der Betroffenen entsteht überhaupt erst die Möglichkeit erfolgreicher Verbesserung der Arbeitssituation. Dies ist immer im Wechselspiel von Organisation und Beschäftigten zu sehen. Denn die Voraussetzungen für eine erfolgreiche Initiierung von Veränderungen variieren zwischen Organisationen (und Organisationsbereichen) durchaus erheblich.

Im individuellen Umfeld und im Team sind solche Verbesserungen vergleichsweise schnell und mit überschaubarem Aufwand möglich. Je weiter der Kreis der Beteiligten ist, umso eher ist mit administrativen Beschränkungen zu rechnen. Diese zu bearbeiten erfordert mehr Aufwand, längeres Durchhaltevermögen und Unterstützung von Seiten der eigenen Vorgesetzten bzw. der Organisation.

Es folgen eine Übersicht über Gestaltungs- und Regulierungsmaßnahmen, gegliedert nach den in Abschn. 5.1 vorgestellten Ressourcen- und Belastungstypen (s. Tab. 5.3 und 5.4). Die dargestellten Handlungsmöglichkeiten werden in den Handreichungen auf der Webseite des vLead-Projekts beschrieben (www.vlead.de).

Tab. 5.3 Ressourcen – Gestaltung und Regulierung

Ressourcentyp	Ressource	Gestaltungsansatz auf individueller Ebene	Regulierungsmöglichkeit auf Team- und Organisationsebene
(1) Arbeitsorganisatorische und kapazitätsbezogene Ressourcen (insb. bei orts- und zeitflexibler virtueller Tätigkeit)	Rollenklarheit, Gestaltungsspielraum in der Arbeit, Erholungsmöglichkeiten in der Arbeit (s. auch Bewältigungsressourcen)	• Rollenklarheit sichern und herstellen über Bewusstmachen oder Explizieren der Rollenanforderungen und deren Erfüllbarkeit, ggf. im Rahmen von Coaching oder im Gespräch mit Vorgesetzten oder Auftraggebenden • Redundanzen schaffen bei der Kapazitätsplanung für digitale Führung: ‚shadowing' bzw. ‚Führungstandems' für die Teams nutzen (sichert Vertretungsregelungen und Besprechungsmöglichkeiten) • Gestaltungsspielraum sichern durch Setzen von ‚Filtern' z. B. in Form von Blockzeiten, um konzentrationsintensive Aufgaben ungestört von Arbeitsunterbrechungen bearbeiten zu können • Arbeitszeiten einhalten – vertragliche Zeit als Standard mit dem Ziel, Regeneration ausreichend zu ermöglichen *(s. u. unter individuelles Bewältigungsverhalten)*	• Erreichbarkeitsregelungen (für Home-Office) auf Organisationsebene einführen, die Funktionszeiten von Regenerationszeiten trennen (Abend- und Wochenendregelungen) • Orientierende Regeln in der Organisation einführen, um die wechselseitigen Erwartungen an Erreichbarkeit und Reaktion auf Nachrichten/E-Mails zu klären • Vereinbaren bzw. explizit informieren, was seitens der Vorgesetzten an Verfügbarkeit erwartet wird • Respektieren von bereits bestehenden Terminen bei der alltäglichen Planung • bei Schulungen zu gesundheitsgerechter Führung: diese Aspekte gezielt berücksichtigen • Unternehmensweite Mindeststandards bei der Durchführung von virtuellen Meetings einführen (z. B. Pausen schon bei der Planung von langen Meetings gewährleisten, Wegezeiten berücksichtigen) • Anzahl der (virtuellen) Meetings reduzieren oder begrenzen • Planung der Kapazität bei digitaler Führung ist ohne Klarheit über Kapazitätsbedarfe nicht möglich; agile Methoden bieten durch eine andere Planungslogik Ansatzpunkte (Termine und Kapazität sind fix, der Umfang der Leistung ist zu vereinbaren)

(Fortsetzung)

Tab. 5.3 (Fortsetzung)

Ressourcentyp	Ressource	Gestaltungsansatz auf individueller Ebene	Regulierungsmöglichkeit auf Team- und Organisationsebene
(2) Qualifikationsressourcen	arbeits- und aufgabenbezogenes Wissen u. a. über unterschiedliche Medien und Methoden	• Kompetenzaufbau ermöglichen durch Sichern von Einarbeitungszeiten • Selbstmanagement (in Kursen fördern/aufbauen oder durch Coaching unterstützen) • bewusst Zeit für Lern- und Reflexionsphasen einplanen und blocken, für Reflexion das Feedback durch Peers/Vorgesetzte (Personalgespräch) nutzen • Zeiten für systematische fachliche Weiterbildung (Kurse) frühzeitig einplanen und Kapazität dafür freistellen	• Einrichten von Kostenstellen zur Verbuchung von Einarbeitungszeiten; dadurch: systematisch Lernzeiten ermöglichen/gewähren • Regelungen zu Personalgesprächen/-feedbacks (mit Trainings der Führungskräfte) organisationsweit einführen; Gespräche regelmäßig führen

Ressourcentyp	Ressource	Gestaltungsansatz auf individueller Ebene	Regulierungsmöglichkeit auf Team- und Organisationsebene
(3) Team- und soziale Ressourcen	Unterstützung durch Führungskräfte, Unterstützung durch Kolleg*innen, Wertschätzung, Feedback	• regelmäßiges Feedback durch Führungskräfte und Peers (‚Netzwerk') einholen • Sozialklima im Team durch individuelle Telefonate mit ‚remoten' Teammitgliedern aufbauen, ggf. außerbetriebliche Aktivitäten anstoßen • effektive virtuelle Kommunikation im und mit dem Team unterstützen durch Checklisten/Templates für die Vorbereitung und Durchführung von Sitzungen etc., dazu Standards im Team vereinbaren • Reflexion der Arbeits- und Belastungssituation im Team fördern (z. B. durch die Einführung von „Bauchschmerzrunden" oder Scrum-Meetings, bei denen Befinden thematisiert wird)	• Erfahrungsaustausch/‚Netzwerk' zwischen den operativen Führungskräften aufbauen (z. B. über face-to-face Treffen oder regelmäßige Videokonferenz-Meetings mit informellen Anteilen) • Erfahrungsaustausch zur Durchführung virtueller Sitzungen organisationsweit anbieten, d. h. regelmäßige Reflexion der Nutzung technischer und organisatorischer Mittel, um ggf. Änderungsbedarfe zu klären • Im Scrum-Kontext: Retrospektiven bieten sich an, um die Zusammenarbeit im Team zu reflektieren und anzupassen, Daily Standup und Reviews schaffen Transparenz über aktuelle Arbeitsbedingungen. • wertschätzendes Feedback in Trainings für Führungskräfte schulen (als Bestandteil der Führungskräfteentwicklung)
	Verbesserung der Motivation im Team (Ressourcenaufbau)	• Transparente Aushandlung fairer Aufgabenzuteilung im Team (möglichst nach Fähigkeiten und Interessen der Mitarbeitenden) • Definition von erreichbaren und messbaren Zielen • regelmäßiges Feedback zu individuellen und Team-Ergebnissen • Als Führungskraft Präsenz bei Problemen zeigen (individuelle Ansprache der Mitarbeitenden)	• Ausbau einer aufgabenangemessenen technischen Infrastruktur nach Bedarfen der Ausführenden • Mindeststandards für virtuelle Kommunikation schaffen (z. B. zu Pausen, Lastgrenzen, keine Regelkommunikation außerhalb der Kernarbeitszeit) • Lern- und Entwicklungsmöglichkeiten systematisch anbieten (u. a. ggf. über Motivationsanreize) • Geteilte Führung in der Organisation ermöglichen: Führungsaufgaben teilen (z. B. Tandems, ‚verteilte Führung')
	Aufbau und Förderung von Vertrauen im Team	• Beziehungen und ein Netzwerk zwischen den Teammitgliedern aufbauen z. B. über face-to-face Treffen oder regelmäßige Videokonferenz-Meetings mit informellen Anteilen	-

(Fortsetzung)

Tab. 5.3 (Fortsetzung)

Ressourcentyp	Ressource	Gestaltungsansatz auf individueller Ebene	Regulierungsmöglichkeit auf Team- und Organisationsebene
(4) persönliche und Bewältigungsressourcen	Berufliche Sinnerfüllung	• eigene Motive, Ziele, Stärken und Identität bewusst machen und versuchen im Arbeitskontext zu nutzen • Reflexion eigener Ansprüche an die Arbeit als Ansatz, um ‚interessierte Selbstgefährdung' zu vermeiden	• Coaching/Supervision und Reflexion im Unternehmen als Bestandteil professioneller Führungsarbeit systematisch anbieten und ermöglichen • Aushandeln von als fair wahrgenommenen Arbeitsbedingungen für digitale Führung (Gehalt, verfügbare Kapazitäten etc.) • Trainings- und Entwicklungsmöglichkeiten anbieten • Transformationales, ethisches und ‚empowerndes' Führungsverhalten im Unternehmen einführen/trainieren
	Work-Life-Balance	• Klarere Abgrenzungen zwischen Arbeits- und Privatleben/Regeneration (nach individuellen Bedarfen) schaffen: Hinweise zum Detachment (hilfreich z. B. ein festes Ritual) • Sicherung regelmäßiger qualitativ hochwertiger „Me-Time"-Zeiten gerade bei jüngeren operativen Führungskräften mit Familie • Anregen und Bestärken/Beibehalten körperlichen Ausgleichs nach individuellen Bedarfen und Möglichkeiten	• Arbeitszeitregelungen als Rahmen • Regeneration während Lastphasen ermöglichen und sichern
	individuelles (instrumentales, mentales und regeneratives) Bewältigungsverhalten	• verstärkt Kurzpausen nutzen – regelmäßiger Wechsel von Verausgabung und Entspannung über den Tag, aktive Pausengestaltung, die einseitige Belastungen kompensiert • Planung verbessern: Arbeiten nach der eigenen Leistungskurve anregen • Klare Trennung von konzentrationsintensiven und kommunikationsintensiven Tätigkeiten in der Planung, ggf. Blockzeiten nutzen oder Kommunikation zeitweise einschränken (und dies vorher ankündigen) • Wechsel von konzentrationsintensiven Aufgaben mit Aufgaben, die weniger konzentrationsintensiv sind, um Verschleiß zu mindern • Regeneration in der Freizeit z. B. durch Sport nutzen	• Einführung eines Kurzpausensystems im Unternehmen, begleitet mit Training und Erfahrungsaustausch • Schulungen zu Achtsamkeit/Resilienz, Entspannungsmöglichkeiten, Stressprävention und Detachment anbieten

Tab. 5.4 Belastungen – Gestaltung und Regulierung

Belastungstyp	psych. Belastung	Gestaltungsansatz auf individueller Ebene	Regelungsansatz auf Team- und Organisations-ebene
(1) widersprüchliche Ziele in der Arbeit	Rollenkonflikt	• Eskalieren/Rückmelden auftretender Rollenprobleme, um Handlungsoptionen zu klären bzw. zu erschließen (‚Aushandeln‘) • Reflexionsangebote (Coaching, Supervision) nutzen, um die eigene Rolle zu klären	• Regelungen und Trainings zur Führung von Personalgesprächen organisationsweit einführen bzw. anbieten (z. B. Schaffung von transparenten Arbeitsbedingungen in Bezug auf Zuständigkeiten und Verantwortlichkeiten) • Angebot von Supervision und Coaching für Führungskräfte organisationsweit anbieten
(2) Aneignung vs. Kapazität	Aneignungsbehinderung	• Abbau der Behinderungen (*vgl. Qualifikationsressourcen* Tab. 5.3)	• Kostenstellen einführen (*vgl. Lernförderung* Tab. 5.3)
(3) widersprüchliche subjektive Erwartungen und Ziele	psycho-soziale Belastungen/ Emotions-arbeit	• Spannungen im Team ggf. mit externer Supervision/ Coaching bearbeiten, u. U. geeignete Personalmaßnahmen anstoßen (Trainings, ggf. Umbesetzungen) • Konflikttraining besuchen	• Angebote zur Unterstützung einer Lösung dieser Konflikte auf organisatorischer Ebene bereitstellen (z. B. Team-Coaching/Förderung von Bedingungen zur Unterstützung der Motivation der Mitarbeitenden)
(4) widersprüchliche Anforderungen von Arbeits- und Privatleben	Entgrenzungsrisiko	• Abgrenzung von der Arbeit durch wiederkehrende Rituale sichern (z. B. die ‚Feierabendtasse Tee‘, Lesen auf dem Pendelweg nach Hause im ÖPNV oder ein Spaziergang nach der Arbeit) • Berufliche E-Mails und Anrufe nach Beendigung der Arbeit nicht mehr beantworten • *vgl. dazu zu auch zu „Me-Time“* Tab. 5.3	• *vgl. dazu auch bei Ressourcen/ Erreichbarkeitsregelungen* Tab. 5.3

(Fortsetzung)

Tab. 5.4 (Fortsetzung)

Belastungstyp	psych. Belastung	Gestaltungsansatz auf individueller Ebene	Regelungsansatz auf Team- und Organisationsebene
(5) Aufgabe vs. Ausfürungsbedingungen	Arbeitsunterbrechungen	Blockzeiten sichern, um konzentrationsintensive Aufgaben erledigen zu können (z. B. im Home-Office oder in Chats/in der virtuellen Kommunikation/Video-Software seinen Status auf „nicht erreichbar" setzen)	Blockzeiten auf Teamebene vereinbaren und wechselseitig respektieren
	Zusatzaufwand, Zeitdruck	Eskalieren/Rückmelden auftretender Kapazitäts- und Aufwandprobleme an Vorgesetzte, um systematische Lösungen zu suchen oder zusätzliche bzw. kompensatorische Ressourcen/Entscheidungen zu erschließen, Prinzip: organisationsbedingte Probleme müssen zurück in die Organisation und können nicht dauerhaft individuell kompensiert werden!	Grundproblem sind die Kapazitäts- und Aufwandschätzungen; dies ist konzeptionell bisher nur teilweise gelöst. Diese Schätzungen sollten in der Organisation möglichst standardisiert und transparent gemacht werden.
	Informationsüberflutung, Kommunikationsrauschen	Strukturieren und Filtern: • Effektivierung der virtuellen Kommunikation durch Trainings/Tools und Checklisten, dabei: Pausen insbesondere bei langen Calls einplanen und nutzen • Verbesserung der individuellen Arbeitsorganisation: Kommunikation bündeln, effektiver arbeiten z. B. durch die Nutzung von unterschiedlich farblichen Markern im Kalender • Nutzen von Mail-Filtern wie z. B. ‚Action'/‚Information'/‚Decision' (A/I/D-)-Kennzeichnung oder Agenda/Tagesordnungspunkte vor der Sitzung senden zur besseren Vorbereitung	• Trainings und Erfahrungsrunden über die virtuelle Kommunikation auf Organisationsebene anbieten *(s. o.)* • Festlegung, ggf. Reduktion der internen Kommunikationskanäle für spezifische Themen (Ziel: Es ist klar und bekannt, wo welche Informationen zu finden sind) • Standards für gute Durchführung virtueller Kommunikation in der Organisation entwickeln und kommunizieren, z. B. Headsets mit Nutzungsanzeige für Mehrpersonenbüros (als Signal für ‚Bitte nicht ansprechen')
	Virtuelle Distanz	• virtuelle Distanz durch ergänzende Kommunikation (direkte 1:1-Calls) abbauen, hilfreich dabei auch: Kickoff-Präsenzmeetings, die Nutzung ‚reichhaltiger Medien' (z. B. Videokonferenzen), Nutzung von Online-Chats • Einrichtung von festgelegten Besprechungszeiten für Mitarbeitende zur Strukturierung und Verbesserung der Interaktionsqualität • Effektivierung von Meetings durch das Festlegen einer Agenda, Zeitpuffer, Ausschalten von Störquellen, Festhalten von Entscheidungen/Abstimmungen, • telefonische Abstimmungen/E-Mails für einfache Absprachen verstärkt nutzen	-

5.3 Erfahrungen beim Ressourcenmanagement für operative Führungskräfte in virtuellen Kontexten – Feedbackgespräche in der Einschätzung der Teilnehmenden

Um den Nutzen der eingesetzten Hilfsmittel sowie die möglichen Wirkungen der Empfehlungen aus den Feedback-Gesprächen (siehe Abschn. 5.2) abzuschätzen, wurde im Rahmen des vLead-Teilprojekts „Ressourcenstärkende Führung - operative Führungskräfte in virtuellen Kontexten stärken und gesund erhalten" eine Nachbefragung der teilnehmenden operativen Führungskräfte (TN) durchgeführt, deren Befunde im Folgenden präsentiert werden. Die Feedback-Gespräche mit Empfehlungen an die TN sind im Zeitraum von Juni bis Dezember 2019 geführt worden.

5.3.1 Zielsetzung

In der Nachbefragung zwischen Mai und Juli 2020 sollte ermittelt werden, inwieweit die Empfehlungen umgesetzt wurden und ggf. wirkten. Konkretes Ziel war es, Einschätzungen zu erhalten,

- ob es aus Sicht der TN gelang, durch Einsatz des Diagnosebogens und Gesprächsführung zentrale Ressourcen und Belastungsaspekte zu thematisieren und die TN für deren Entwicklung zu sensibilisieren,
- inwieweit Impulse für konkrete Veränderungen vermittelt, und
- die in den Gesprächen gegebenen Hinweise und Maßnahmen im praktischen Alltag genutzt bzw. umgesetzt werden konnten.

Daneben wurden in der Nachbefragung Basisinformationen zu Veränderungen im organisationalen und persönlichen Umfeld der TN erfragt, um die variierenden Umsetzungsbedingungen sowie die Veränderung ihres Befindens (hinsichtlich Motivation und Beanspruchung) zumindest im Ansatz erfassen zu können.

Dabei sind für die Bewertung der im Folgenden dargestellten Befunde zwei Besonderheiten zu berücksichtigen: Zum einen wurde zu Jahresbeginn eine neue Führungsstruktur in dem Unternehmen eingeführt, in welchem die meisten Gespräche geführt wurden. Dies führte teilweise zu einer neuen Strukturierung der Aufgaben der TN und zu personellen Änderungen der Teams, wie z. B. der Zuordnung zu neuen Vorgesetzten und damit zu grundlegenden Veränderungen der Anforderungs- und Unterstützungssituation der TN.

Zum anderen kam ab März 2020 hinzu, dass im Zusammenhang mit der Corona-Pandemie und dem sog. 'Lockdown' eine fundamentale Veränderung der Lebens- und Arbeitsbedingungen stattfand, die auch die TN in vielerlei Hinsicht traf. Die TN, die vorher überwiegend alternierende Telearbeit geleistet hatten, waren nun für einen vergleichsweise langen Zeitraum ausschließlich im Home-Office tätig, was sich in einem wesentlich höheren Anteil digitaler Führungstätigkeit und veränderten Arbeitsbedingungen zuhause

(z. B. zusätzlicher Kinderbetreuung) niederschlug. Ein Vorher-Nachher-Vergleich des Befindens im Zusammenhang mit den genutzten Maßnahmen wäre angesichts dieser weitreichenden Organisationsänderungen letztlich nicht aussagefähig. Insofern sind auch die folgenden Befunde und Erfahrungen als explorativ zu begreifen und sollen so weitergehende Untersuchungen der angesprochenen Zusammenhänge anregen.

Nach einer kurzen Darstellung unseres Vorgehens bei der Nachbefragung werden zunächst die von den TN genannten organisationalen Veränderungen dargestellt, bevor ihre Einschätzungen zur Intervention durch die Feedbackgespräche (Methode und Vorgehen) sowie die individuellen Veränderungen bei Motivation und Beanspruchung dargestellt werden. Dabei ließen sich hinsichtlich der Vorgehensweise und des Instrument-Einsatzes Einschätzungen festhalten, die den Nutzen aus Sicht der TN widerspiegeln und illustrieren.

5.3.2 Vorgehen bei der Nachbefragung

Von den insgesamt 24 TN der Feedbackgespräche nahmen 18 an der telefonischen Nachbefragung teil, die zwischen 30 und (bei vier TN) bis zu ca. 60 min dauerte. Die Gespräche wurden anhand eines ‚Follow-up'-Fragebogens vorstrukturiert, den die TN vor dem Gespräch ausfüllten. Aus Datenschutzgründen wurde auf eine Aufzeichnung der Gespräche, in denen u. a. auch persönliche Lebensumstände thematisiert wurden, verzichtet. Die Gesprächsinhalte wurden protokolliert und hinsichtlich der o. g. Leitfragen qualitativ inhaltsanalytisch ausgewertet.

Der Follow-up Fragebogen erfasste zunächst die retrospektiven Einschätzungen der TN zu den Feedback-Gesprächen und dem dabei eingesetzten Screening-Tool. Es wurde nach Praktikabilität und Zielgerichtetheit des Screening-Tools und der Gespräche sowie nach konkreten Auswirkungen (u. a. Sensibilisierung für besprochene Themen, gewünschte Unterstützung durch weitere Handreichungen) gefragt. Zudem wurden die TN befragt, ob bzw. inwieweit sie in den Gesprächen empfohlene Maßnahmen individuell oder in ihrem Team genutzt bzw. umgesetzt hatten. Ein weiterer Fragenblock richtete sich auf akute Veränderungen im jeweiligen Arbeitsumfeld (wie individuelle Position, Wechsel von Teamzusammensetzung, individuellen und Team-Aufgaben sowie der eigenen Führungskraft) oder im persönlichen Umfeld. Abschließend wurde erneut das individuelle psychische Erleben (mit den Fragen des Screening-Tools) erfragt. Insgesamt sendeten 17 TN die ‚Follow-up'-Fragebögen ausgefüllt zurück, die für die Auswertung verwendet werden konnten.

5.3.3 Veränderte Arbeitsbedingungen in der Corona-Pandemie

Einen ersten Überblick über die Veränderungen von Arbeitssituation, Position und beruflichen sowie privaten Aufgaben der befragten TN seit den Feedback-Gesprächen zeigt die folgende Abb. 5.9.

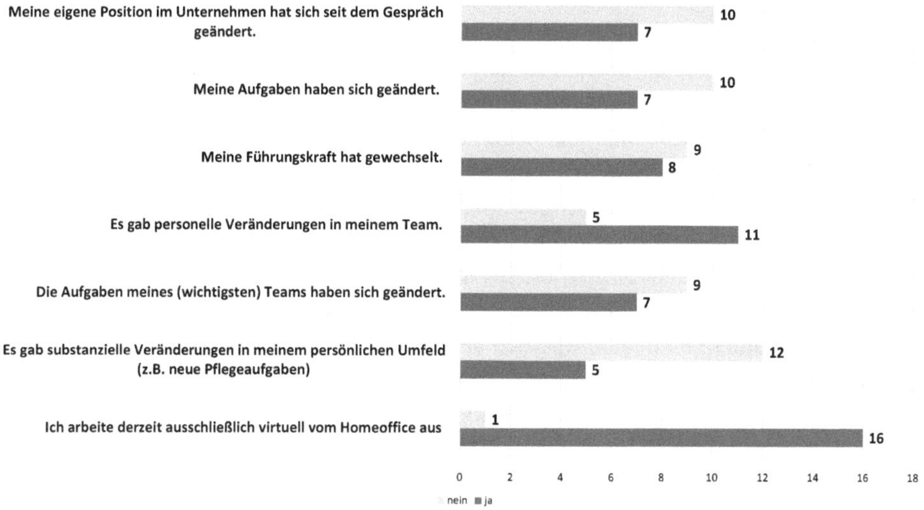

Abb. 5.9 Veränderungen von Arbeits- und Privatsituation der TN ($N = 17/16$)

Dabei ist neben dem fast vollständigen Wechsel der TN ins Home-Office zunächst bemerkenswert, dass bei elf TN personelle Wechsel in der Teambesetzung in der Zeit zwischen Feedback-Gesprächen und Nachbefragung stattfanden. Neben dem Wechsel der eigenen Führungskraft bei acht TN sind für jeweils sieben TN Änderungen der Position, der Team-Aufgaben oder der individuellen Aufgabenzuschnitte eingetreten. Hinzu kamen für fünf TN noch substanzielle Veränderungen im persönlichen Umfeld.

Die TN äußerten sich differenziert über die organisationalen und arbeitsbezogenen Veränderungen, die u. a. im Zusammenhang mit der Corona-Pandemie das digitale Führen und Arbeiten veränderten. Insgesamt wurde dabei häufiger festgestellt, dass das virtuelle Arbeiten im Home-Office aktuell gut funktioniere (in sieben Gesprächen; die einzelnen Gespräche werden im Folgenden mittels Initialen unterschieden), wobei dafür auf die Vorerfahrungen mit dieser – vorher weniger ausgiebig genutzten – Arbeitsform zurückgegriffen werden konnte (in drei Gesprächen).

> „Ich war vorher etwas skeptisch, was das virtuelle Arbeiten angeht, wahrscheinlich wegen meinem Alter, aber wir haben es durch den Zwang durch Corona schneller adaptiert“ (T).

So werde die Arbeit im Home-Office hinsichtlich Leistung und Effektivität als gleichwertig zur Arbeit im Büro am Unternehmensstandort wahrgenommen (O, E) und die eigenen Aufgaben können unter den gegebenen Bedingungen gut erledigt werden (S, A). Auch seitens des Managements gab es dazu offenbar positives Feedback (O):

> „Ursprünglich dachten nämlich Einige, dass man nichts schafft, wenn man zuhause arbeitet und jetzt hat man gemerkt, dass man doch was schafft“.

Einige TN erwarten deshalb, dass virtuelles Arbeiten zukünftig verstärkt genutzt werde (u. a. T, O).

Sechs Gesprächspartner*innen äußerten sich explizit positiv zu entfallenen Pendelzeiten und Reiseaufwänden, was neue Zeitspielräume eröffnete. Dadurch ließen sich die eigenen Aufgaben konsequenter und besser abarbeiten (J, A). Das ermögliche eine flexiblere Gestaltung des Arbeitstages (T, H) sowie einen engeren Kontakt zur Familie (K), wodurch auch private Aufgaben besser bewältigt werden können (H).

Positiv wurde wahrgenommen, dass die Arbeit im Home-Office weniger häufig unterbrochen werde und so ein konzentrierteres und fokussiertes Arbeiten ermögliche (in vier Gesprächen). Home-Office-Tätigkeit sei zwar auch mit Informationsverlusten mangels face-to-face-Kontakt verbunden, was sich aber (bis zum Gesprächszeitpunkt) noch nicht nennenswert niedergeschlagen habe (A). Im Gegenteil: Es wurde positiv angemerkt, dass die jetzt für alle im Team gleichen Arbeitsbedingungen (d. h. virtuell vom Home-Office aus) sich positiv auf die Kommunikation in den Meetings auswirkte, was sich an *„ausbalancierten"* Diskussionen zeige (G). Die Kommunikation wird dabei als effizienter wahrgenommen, weil bei Bedarf schnell etwas über ein Chat-Tool geklärt werden könne (J). Gleichzeitig wären der Ablauf der Meetings sowie die Kommunikation insgesamt disziplinierter, weil z. B. kein störendes Gespräch nebenbei mehr stattfinde (in fünf Gesprächen genannt). In diesem Zusammenhang wurden auch Lerneffekte hervorgehoben, denn man habe gelernt, in solchen Meetings besser aufeinander zu achten (J). So sei es in hybrid durchgeführten Meetings (d. h. mit einer Mischung aus digital via Bildschirm vermittelten und physisch in einem Raum Anwesenden) vor der Corona-Pandemie so gewesen, dass diejenigen, die nicht vor Ort waren, oft weniger oder gar nicht zu Wort kamen; das habe sich deutlich verbessert (in drei Gesprächen genannt). Diese Entwicklung führe u. a. dazu, dass den Mitarbeitenden in global verteilten Teams, die schon länger ausschließlich digital vermittelt arbeiteten, jetzt mehr Wertschätzung entgegengebracht werde, weil von den Teammitgliedern besser verstanden wird, welche Herausforderungen mit einer rein virtuellen Teamarbeit verbunden sind (H).

Problematisch wird die veränderte Arbeitssituation seitens der TN dann gesehen, wenn z. B. bei anstehenden Aufgaben eine intensivere Interaktion mit Anderen notwendig ist, wie beim sog. ‚Onboarding' neuer Kolleg*innen (T, K) oder wenn kurzfristige Hilfe benötigt wird (C, W, H). Als schwieriger und aufwändiger zu bearbeiten werden auch Gesprächssituationen wahrgenommen, bei denen Themen anstehen, die „nicht ganz so positiv" seien, wie z. B. Budgetdiskussionen, schwierige Personalgespräche oder Themen, bei denen eine gewisse Empathie eine Rolle spiele (Q).

Verschärft wurde durch die ausschließlich virtuelle Kommunikationssituation offenbar das Problem, nicht sicher einschätzen zu können, ob die Teilnehmenden in einem Meeting tatsächlich zuhören (K), oder der Eindruck, die Kolleg*innen seien weniger erreichbar (E): TN berichteten von Schwierigkeiten, Kontakt zu anderen Mitarbeitenden oder Kunden und Kundinnen herzustellen (C, O), um Informationen zu bekommen. Dies müsse dann über zusätzliche Meetings oder Telefonate geleistet werden (O, W). Auch wäre es für die Teamleitung ‚virtuell' schwieriger zu bemerken, wenn sich ein Konflikt im Team anbahne (H, A). Einige Gesprächspartner*innen berichteten schließlich von insgesamt höherem Aufwand, den das kontinuierliche digital vermittelte Arbeiten mit sich bringe (H, K), es wird z. T. als „mühseliger" wahrgenommen (C).

Als Mangel virtueller Tätigkeit wurde in sieben Gesprächen genannt, dass die informellen sozialen Kontakte, die Interaktion und der Smalltalk in der Kaffeeküche fehlen bzw. es nicht möglich sei, Dinge ‚nebenbei' zu besprechen. Hier wird im Vergleich zur Arbeit ‚vor Ort' ein Informationsdefizit gesehen (T, U). So berichtet auch ein TN, dass sie kürzlich im Büro andere Teammitglieder getroffen habe und dabei auffiel, dass es nach längerer Home-Office-Phase schwieriger war, informelle Themen und die gewohnte soziale Interaktion wiederzufinden; die Gespräche seien „hölzern" gewesen, weil man zwar berufliche Themen hätte, aber persönlich keinen guten Zugang mehr zueinander habe:

> „Sie waren es nicht mehr gewohnt Kaffee-Gespräche zu führen" (A).

Offenbar grundlegendere Veränderungen gab es auch bei der notwendigen Planung von Kommunikationsgelegenheiten in den Teams: So berichteten TN, dass die Zahl der Meetings insgesamt zugenommen hätte (in fünf Gesprächen genannt), u. a. weil es ad hoc-Anrufe oder den sog. ‚Flurfunk' nicht mehr wie in den Zeiten vor Corona gebe (S, C):

> „Wenn ich im Meeting bin, dann gehe ich nicht ans Telefon. Und dann stellt halt jeder ein Meeting ein" (S).

Da die beruflichen Termine aller Beteiligten über serverbasierte Kalender-Tools koordiniert werden, müssen diese zunehmend gezielt vereinbart werden (in drei Gesprächen genannt) – man sei quasi ständig in Terminen (Q) bzw. Meetings erfolgten schnell hintereinander. Das führe dazu, dass man im nächsten Meeting immer ein paar Minuten im Verzug sei, was am Ende in Zeitdruck resultiere (J).

Drei TN berichteten, dass sie jetzt mehr und länger arbeiten (W, S, U). Zudem bestehe der Eindruck, dass das auch bei anderen Kolleg*innen so sei (Q). Die Gründe hierfür sehen die TN zum einen in der globalen Verteilung der Arbeit, weswegen der Arbeitstag schon früh morgens um 7:00 Uhr beginne, um bestimmte, weit entfernte Partner*innen noch während deren Arbeitszeit zu erreichen, und dann folge eine Videokonferenz nach der anderen (U). Zudem fehle häufig das im Büro sonst vorhandene ‚Feierabendziel'

> („Ich muss jetzt die Bahn bekommen!") (S).

Gleichzeitig habe man es mit motivierten Leuten zu tun, die gerne arbeiteten (Q, C) – sei es aus individuellem Ehrgeiz (Q) oder weil eine Verpflichtung wahrgenommen werde, mehr als das Nötige zu tun (W). Druck komme dabei nicht vom Vorgesetzten, sondern entstehe aus Eigenantrieb; Spaß an der Arbeit und Wertschätzung der Teamleistung waren hier zentrale Stichworte:

> „Wenn man das wegnimmt, dann ist das noch schlimmer!“ (W).

Als Zwischenfazit der Home-Office-Erfahrungen der TN unter Corona-Bedingungen lassen sich damit zunächst folgende Punkte festhalten:

- Die mit der stark erweiterten Home-Office-Nutzung verbundene Ausdehnung der virtuellen Kooperation unter Corona-Bedingungen hat zunächst größere Zeitspielräume zur individuellen Planung durch den Wegfall der Pendel- und Reisezeiten erschlossen.
- Das überwiegende Arbeiten im Home-Office wurde von mehreren TN als funktional und positiv beschrieben. So förderte die extensive Nutzung der virtuellen Kommunikation nicht nur das Verständnis für die Herausforderungen, denen remote Teamarbeitende unterliegen, sondern trug offenbar auch zur Disziplinierung während der videobasierten Sitzungen und zur Effektivierung bei.
- Die Grenzen dieser Form der Kooperation werden durch die vermehrte Nutzung allerdings verstärkt sichtbar: Sie wurden u. a. in der Einarbeitung von Mitarbeitenden, dem Kontaktaufbau und -erhalt zu Kund*innen und Mitarbeitenden, in Eskalationssituationen und wenn Bedarf nach schneller Hilfe und Vertretung besteht deutlich sowie bei (tendenziell spannungsreichen) Diskussionspunkten zu Budgets und Themen, bei denen eine gewisse Empathie seitens der befragten operativen Führungskräfte notwendig wäre.
- Die in vielen Unternehmen lebendige informelle Kommunikation in den hybriden Teams fiel dagegen als Informationsquelle für die TN während der Corona-bedingten Home-Office-Zeiten weitgehend aus, und musste – zumindest aufgabenbezogen – durch explizite Verabredungen ersetzt werden. In der Summe führte das tendenziell zu volleren Terminkalendern bei den TN und engte die eben erst erschlossenen Planungsspielräume wieder ein.
- Äußerungen zu Mehrarbeit und längeren Arbeitszeiten legen die Vermutung nahe, dass Abgrenzungsprobleme zwischen Arbeits- und Privatleben bei ausschließlicher Home-Office-Nutzung stärker in den Vordergrund traten.

Da einige der genannten Herausforderungen mit Gestaltungsmaßnahmen bearbeitet werden können, die z. T. als Vorschläge in die Feedbackgespräche eingingen, wird im folgenden Abschnitt dargestellt, was von den TN aus den Feedback-Gesprächen aufgenommen und umgesetzt werden konnte.

5.3.4 Befunde zu den Feedbackgesprächen und zur Maßnahmenumsetzung

Nach ihrer Einschätzung gefragt (s. Abb. 5.10), bewerten die TN die Feedbackgespräche insgesamt positiv: 16 von 17 TN gaben an, durch das Gespräch Anregungen erhalten zu haben, was sie in ihrer Arbeit bzw. ihrem Arbeitsbereich zur Verbesserung ihrer Ressourcen- und Belastungssituation ändern können. Zwölf von 16 TN haben seit dem Gespräch verstärkt auf die besprochenen Aspekte (wie Erholung und spezifische Belastungen) geachtet. Immerhin acht von 17 TN haben sich über die angesprochenen Themen auch weitergehend mit Kolleg*innen ausgetauscht. Eine weitere eigenständige Information der TN über die angesprochenen Themen fand lediglich in geringerem Umfang statt; lediglich vier von 16 TN gaben dies an.

In der Nachbefragung wurde dazu erläutert, dass das aktuelle virtuelle Arbeiten im Home-Office und die Tatsache, dass die Inhalte der Gespräche auch andere Kolleg*innen betreffen, den Austausch angeregt habe: Kolleg*innen im Home-Office würden teilweise bis in den Abend arbeiten; zudem könne man im Home-Office häufig „die Mittagspause vergessen" (K).

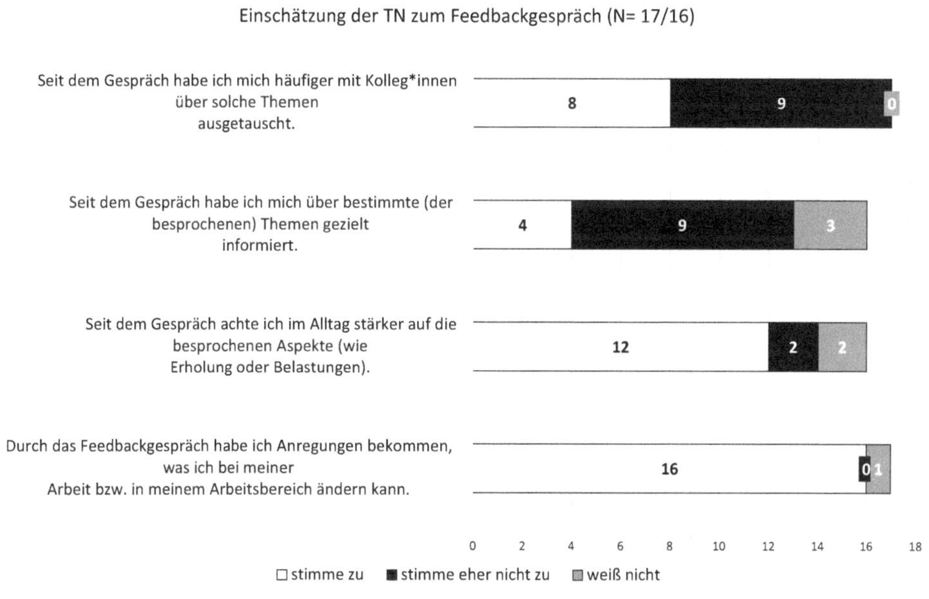

Abb. 5.10 Einschätzungen zu den Feedbackgesprächen ($N = 17/16$)

Das mache einen bewussteren Umgang und eine Thematisierung von arbeitsgestalterischen Aspekten notwendig; das „darüber Reden“ mit Kolleg*innen helfe, die eigene Arbeitssituation zu reflektieren (drei Gespräche) und bewusst zu gestalten (Q, W).

15 der 17 TN finden es sinnvoll (s. Abb. 5.11) solche Gespräche über die eigene Arbeitssituation regelmäßig (z. B. im Rahmen eines Coachings oder der Führungskräfteentwicklung) zu führen. Dies könne durchaus auch online erfolgen. Zwölf von 17 TN gaben an, solche Feedback-/Reflexionsgespräche häufiger nutzen zu wollen. Nach sinnvollen Zeitintervallen gefragt, reichten die Einschätzungen von ein Mal im Quartal bzw. zwei Mal im Jahr bis zu einer zwei- bis dreijährlichen Durchführung. Insbesondere für junge Führungskräfte, die digital führen und sich neuen Aufgaben gegenübersehen, seien solche Gespräche relevant, weswegen sie von Unternehmensseite im Rahmen von Coaching-Angeboten für Führungskräfte bereitgestellt werden sollten (D). Darüber hinaus gaben alle Führungskräfte an (s. Abb. 5.11), dass ihnen der Fragebogen als Anregung bei der Suche nach Verbesserungsmöglichkeiten geholfen hat.

Das Diagnose-Tool, das in den Feedbackgesprächen eingesetzt wurde, wird als hilfreich dafür erachtet (s. Abb. 5.12): 14 bzw. 15 TN bejahten, dass er wichtige Punkte zur Gestaltung der eigenen Arbeit bzw. des eigenen Arbeitsverhaltens (wieder) bewusst gemacht und Handlungsmöglichkeiten zur Verbesserung des eigenen Befindens thematisiert hat. Gleichzeitig wurden so die Gespräche gut vorbereitet (Zustimmung 100 %). Trotz eines Umfangs von sechs DIN A4-Seiten wurde er nicht als zu umfangreich oder zu wenig zielgerichtet bewertet (abgelehnt von 14 von 16/17 TN). Gewünscht wurde von den TN mehrheitlich ein Fragebogen z. B. in Form eines Analyse-Tools, um Ressourcen und Belastungen zu identifizieren, und Hinweise zur Arbeitsgestaltung (‚Handreichung‘).

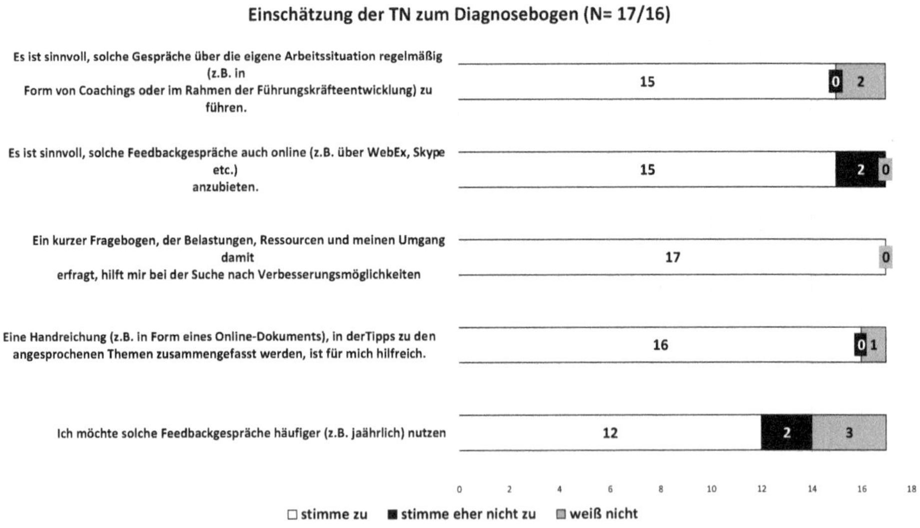

Abb. 5.11 Einschätzungen zum Vorgehen (N = 17)

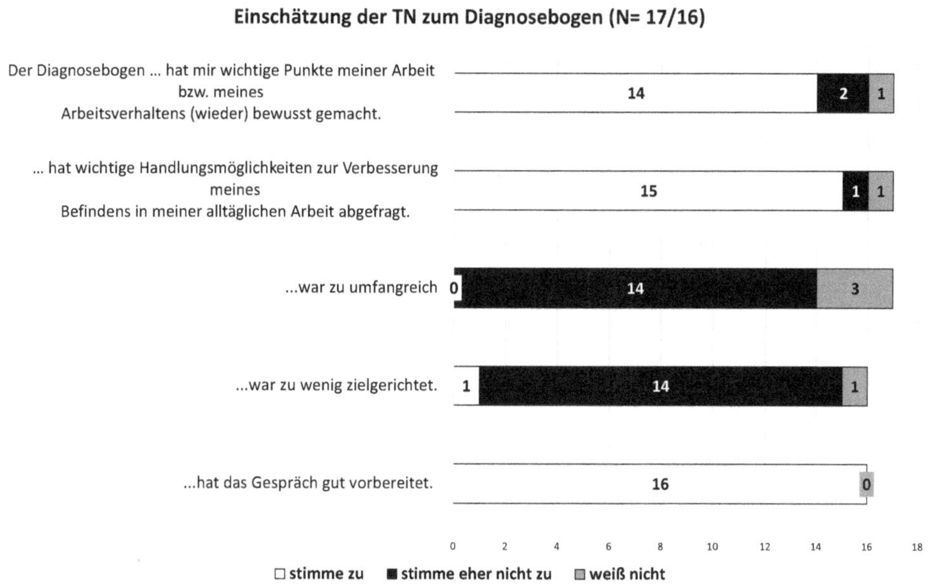

Abb. 5.12 Einschätzungen der TN zum Diagnosebogen ($N = 17/16$)

5.3.4.1 Maßnahmen – Veränderungen des individuellen Bewältigungsverhaltens

In den 24 geführten Feedback-Gesprächen wurde bei den Handlungsempfehlungen, soweit möglich, auf erprobte Maßnahmen und wissenschaftlich weitgehend gesicherte Erfahrungen zurückgegriffen (u. a. Gerlmaier & Latniak, 2019) sowie bei Bedarf deren Wirkungsweise erläutert. Die Schwerpunkte der Empfehlungen lagen auf individuell arbeitsgestaltenden Maßnahmen wie der Nutzung von ‚Blockzeiten', d. h. bewusst blockierte und im Team kommunizierte Zeiten für bestimmte (z. B. konzentrationsintensive) Aufgaben (10× empfohlen), von Kurzpausen über den Tag (8×), von gezieltem Wechsel zwischen anspruchsvollen und weniger konzentrationsintensiven Aufgaben (7×) und auf der gezielten Nutzung von Home-Office-Zeiten (7×). Diese richteten sich in erster Linie auf Belastungsreduzierung und Ressourcenaufbau durch verbesserte Zeitstrukturierung und bessere Regeneration bzw. Wiederherstellung der kognitiven Leistungsfähigkeit während der Arbeit.

Einen zweiten Schwerpunkt bildeten Maßnahmen zur Effektivierung der digitalen Kommunikation und Zusammenarbeit, z. B. für virtuelle Meetings, und die Nutzung von Kommunikationsregeln sowie Ordnungshilfen bei Sitzungen bzw. für E-Mail-Verkehr (15×), die u. a. Zusatzaufwand vermeiden helfen und die Kommunikation vereinfachen sollen. Weitere Maßnahmen betrafen die Abgrenzung von Arbeit und Nicht-Arbeit (11×) und Aktivitäten außerhalb der Arbeitszeit zur Regeneration (10×). Auch teamorientierte Maßnahmen (u. a. zur Kapazitätserweiterung, Tandem-Arbeit oder Mitarbeitermotivation, insgesamt 5×) spielten eine Rolle.

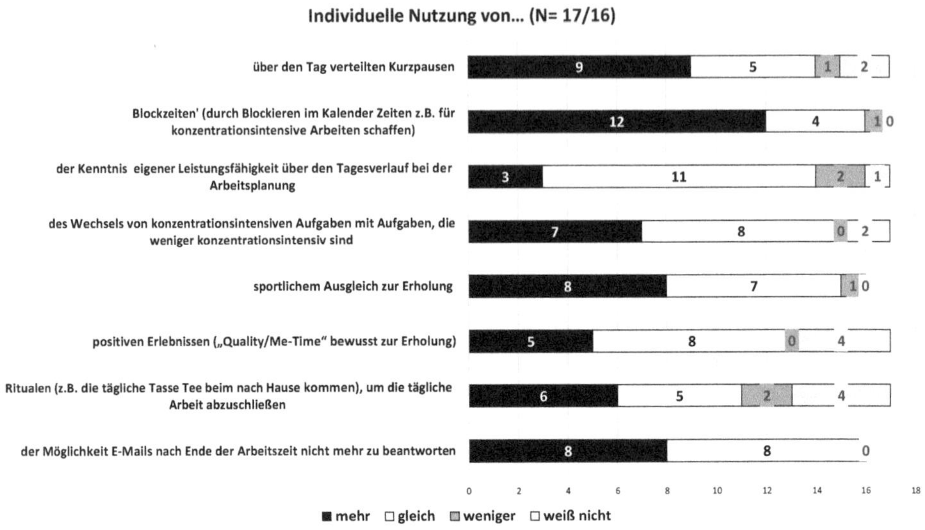

Abb. 5.13 Nutzung individueller Gestaltungsmaßnahmen durch die TN ($N = 17/16$)

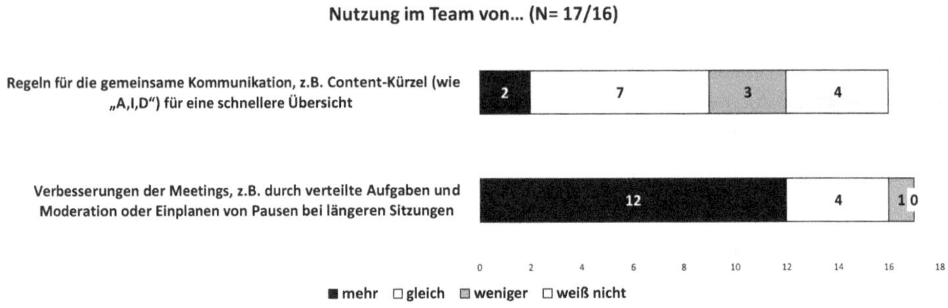

Abb. 5.14 Maßnahmen im Team

Die Auswertung der Follow-up Bögen (s. Abb. 5.13) zeigt, dass zwölf von siebzehn TN ‚Blockzeiten' und neun TN Kurzpausen mehr als vor den Feedback-Gesprächen nutzen. Auch die Möglichkeit, E-Mails nach Ende der Arbeitszeit nicht mehr zu beantworten, wird von acht der sechzehn TN stärker in Anspruch genommen, genauso wie mehr sportlicher Ausgleich zur Erholung. Auf die eigene Leistungskurve bei der Arbeitsplanung achteten hingegen nur drei von siebzehn TN mehr als vorher. Neben den o. g. individuellen Maßnahmen wird auf Teamebene jetzt stärker darauf geachtet (s. Abb. 5.14), die Qualität der Meetings zu verbessern (zwölf von 17 TN).

In den Nachbefragungen wurden ebenfalls die Gründe für diese Veränderungen bzw. deren Nichtnutzung thematisiert: Auf die Frage, warum die einzelnen Maßnahmen jetzt mehr genutzt würden, gab u. a. ein TN an, dass die angesprochenen Gestaltungsthemen ihm zwar grundsätzlich bekannt waren, das Gespräch habe aber bewusst gemacht, dass auch er von Beanspruchungsfolgen betroffen sein könne (C) – der Handlungsbedarf wurde so verdeutlicht. Insgesamt äußerten die TN die Einschätzung, dass die thematisierten Maßnahmen im Home-Office gut oder besser als im Büro umzusetzen seien (explizit in drei Gesprächen): Das Home-Office erlaube mehr Möglichkeiten, um z. B. joggen zu gehen oder Kurzpausen zu machen, gleichzeitig würde dieser Spielraum aber über die vielen angesetzten Meetings wieder eingeschränkt (U).

Blockzeiten wurden von den TN als hilfreich angesehen (in fünf Gesprächen), um z. B. den Wechsel zwischen Arbeit und privaten Angelegenheiten (*„beim Homeshiften"*) besser zu bewältigen (E), oder um zu verhindern, dass Termine im Kalender von anderen Personen direkt hintereinander gelegt werden, was bei (Q) zu Beginn der Home-Office-Phase zuerst zutraf: Blockzeiten für die eigene Arbeit, aber auch für Teamkontakte – z. B. als eine Art ‚Sprechstunde' – festzulegen, habe hier für klare Strukturen gesorgt und gut funktioniert (Q). Auch andere TN hatten Schwierigkeiten damit, dass durch Terminsetzung im digitalen Kalender zunehmend von außen auf die eigene Zeit und die Arbeitsgestaltung zugegriffen wurde, was sie aber mit einer kombinierten Nutzung von Blockzeiten und Kurzpausen bearbeiteten: Bei (K) war es so, dass er quasi acht Stunden ‚durchgetaktet' wurde. Er habe sich dann konsequent 15–30 min *‚Blocker'* gesetzt, um Pausen zu ermöglichen und kombinierte dies mit körperlicher Bewegung als Ausgleich:

> „Das waren zwei interessante Tipps, die einfach umzusetzen sind, aber das muss man eben machen und teilweise sind die einfachen Tipps die, die gerade so schwer umzusetzen sind."

(H) beschrieb als Effekt der bewussteren Kurzpausennutzung, dass sie am Abend nicht mehr so müde sei. Beeindruckend fand schließlich (E), dass erstmals auch in Online-Meetings auf Pausen geachtet werde; so wurden bei einem auf vier Stunden geplanten Meeting nach 50–55 min Arbeitszeit 5–10 min Pause gemacht und die Pausenregel auch eingehalten, wenn das Meeting verlängert wurde.

Grenzen hätte die Umsetzung der Maßnahmen durch die zunehmende Außensteuerung: Eine enge Termintaktung (U) und der Anspruch anderer, Termine zum vorgegebenen Zeitpunkt wahrzunehmen (B), seien hier ursächlich:

> „Man muss so flexibel und variabel sein. Agil heißt das…" (U).

Einige TN kommen hier offenbar an ihre Grenzen: (R) z. B. berichtete, keinen Freiraum mehr zu haben oder Zeit für Kurzpausen zu finden. Sie habe neun bis zehn Meetings pro Tag von 9–19 Uhr, E-Mails seien zu beantworten und es gäbe keine Lücken zwischen den einzelnen Meetings, in denen man sich vorbereiten oder etwas abarbeiten könne. Damit steige der *„Stresspegel"*. So werde der Berg an Arbeit, die zu erledigen ist, immer höher, was mit der zunehmenden Unsicherheit einhergehe, dass das, was gefordert werde, nicht *„abgeliefert"* werden kann. Auch (J) berichtete, dass er sich häufiger vornehme, fünf Minuten Pause zu machen, das aber nicht immer zu schaffen sei, weil er dies aktiv einplanen müsse: Das Kalendersystem gebe 30 min-Blöcke für die Meeting-Planungen vor, obwohl es aus Sicht des TN besser wäre, diese Blöcke automatisch auf 25 min anzusetzen, um Pausen nach Ende des Meetings zu ermöglichen.

Generell äußerten sich vier TN dahingehend, dass das Abschalten von der Arbeit im Home-Office als schwieriger wahrgenommen wird. Die TN geben z. T. an, dass es dort schwerer sei, Abschlussrituale zu nutzen, den Rechner gezielt herunterzufahren und nicht mehr an die Arbeit zu denken (F), weil man, wenn man am Büroarbeitszimmer vorbeigeht, doch versucht sei, die E-Mails ‚mal eben' zu lesen (Q).

5.3.4.2 Anhaltspunkte für Veränderungen bei der Beanspruchung der Teilnehmenden

In den Follow-up Fragebögen wurde schließlich erfragt, ob bzw. wie sich die Werte des individuellen Erlebens der TN hinsichtlich arbeitsbedingter Motivation und Beanspruchung zwischen beiden Gesprächszeitpunkten verändert haben. Wegen der geringen Fallzahlen wurden zur Auswertung (siehe Abschn. 5.2) die Summenscores und Mittelwerte der eingesetzten Skalen individuell im Zeitverlauf verglichen, um Anhaltspunkte zu finden, die in weiteren Untersuchungen systematischer überprüft werden sollten.

Für die Veränderungen der Burnout-, Stress- und der Motivations-Werte zwischen den beiden Zeitpunkten (Feedback-Gespräch vs. Nachbefragung) ergab sich ein gemischter Befund: Für die verwendeten Burnout-Fragen (s. dazu Abschn. 5.1) hatten sieben TN verbesserte, drei identische und sieben schlechtere Werte als zum Zeitpunkt der Feedback-Gespräche. Im Mittelwert stieg der Burnout-Wert bei den TN der Nachbefragung insgesamt von 2,29 auf 2,49 (jeweils bei Antwortmöglichkeiten von 1-5 und $N = 17$). Für ‚Stress' ergaben sich bei sieben TN bessere, bei fünf identische und bei fünf TN schlechtere Ausprägungen (Mittelwert minimal verbessert von 2,49 auf 2,39). Für Motivation gaben sechs TN verbesserte, zwei TN identische und neun TN verschlechterte Werte an; im Mittelwert sanken die Motivationswerte der TN von 4,15 auf 3,85.

Geht man genauer auf die individuellen Wertveränderungen der TN zwischen Feedbackgespräch und Nachbefragung ein, so zeigt sich zunächst, dass bei fünf der sieben TN *mit verbesserten Burnout-Werten* eine relative Stabilität der Rahmenbedingungen für die Arbeit (jenseits der bei fast allen veränderten Home-Office-Nutzung) gegeben war, d. h. die eigene Position, die eigenen Aufgaben, die eigene Führungskraft, Teambedingungen und Teamaufgaben als auch das persönliche Umfeld blieben weitgehend gleich: Lediglich bei einem dieser TN änderte sich die Position im Unternehmen und bei zwei TN die Teamzusammensetzung, während die weiteren erfragten Faktoren unverändert blieben. Bei zwei dieser sieben TN fanden dagegen grundlegende Veränderungen in allen erfragten Kategorien statt: Hier war lediglich eine Stabilität im privaten Bereich vorhanden.

Untersucht man die Nutzung der empfohlenen Maßnahmen, so zeigt sich, dass die TN mit eher stabilen Bedingungen *mehr* Blockzeiten (5×), Kurzpausen (5×) und eine Verbesserung der Meetings (4×) wahrnehmen sowie weniger E-Mails nach Beendigung des Arbeitstages beantworten und Rituale zur Beendigung des Arbeitstages nutzen (3×).

Betrachtet man die TN *mit verschlechterten Burnout-Werten* so zeigt sich, dass sich für diese TN die erfragten, beruflichen wie privaten Rahmenbedingungen zwischen den Gesprächen weitreichend geändert hatten: Dies waren – neben der jetzt dominierenden Home-Office-Arbeit – Positionswechsel, Aufgabenänderungen, Wechsel der Führungskraft, Veränderungen der Aufgaben des Teams (bei vier TN), Veränderungen im Team (bei fünf TN) sowie Veränderungen im persönlichen Umfeld (bei insgesamt sechs TN). Ein TN (der sonst keine gravierenden Veränderungen im Fragebogen für das private Umfeld angab) sah die Kinderbetreuungssituation und die fehlende Freizeit unter Corona-Bedingungen als Problem an: Er sagte, dass die veränderten Beanspruchungswerte durch eine Kombination aus verstärktem Arbeiten im Home-Office, Kinderbetreuung und veränderter Freizeitgestaltung bedingt seien und zu einer schlechteren Work-Life Balance beitragen.

Alles in allem sind damit für sechs der sieben TN mit solchen negativen Burnout-Wertentwicklungen arbeitsstrukturelle bzw. private Veränderungen deutlich geworden.

In den Follow up-Gesprächen mit diesen Personen wurde häufig die hohe Gesamtauslastung und die Reduzierung der Teamkapazität thematisiert (in fünf Gesprächen): So arbeiten diese TN laut eigenen Aussagen mehr und länger, weitere Aufgaben seien individuell zu bearbeiten, weil Kolleg*innen ersetzt oder externe Unterstützung verringert wurde. Teilweise sei die Führungsspanne größer geworden. Drei TN bemängelten die Arbeitsabläufe und die Dynamik der eigenen Arbeitssituation, was auf die Notwendigkeit von Prozessverbesserungen verweist.

Auch die TN mit verschlechterten Werten nutzten mehr Maßnahmen zur Verbesserung der Meetings (5×) sowie Blockzeiten (4×), mehr Ausgleichssport (4×) und Aufgabenwechsel (4×). Drei der sieben TN gaben einen reduzierten Einsatz bestimmter (z. T. empfohlener) Maßnahmen an, d. h., dass auch vorher genutzte Maßnahmen in der Zwischenzeit seltener angewendet wurden, und vier TN konstatierten, dass es unter den aktuellen Bedingungen schwieriger geworden sei, Maßnahmen umzusetzen.

Hinsichtlich der Gründe war bei den Follow-up-Gesprächen mit diesen TN erhellend, dass die Arbeit im Home-Office auch von dieser Personengruppe grundsätzlich geschätzt wurde (sechs Gespräche), sie jedoch in der Tendenz mehr von den negativen Konsequenzen dieser Arbeitsform berichtete (so z. B. über Entgrenzungsaspekte (3×), Schwierigkeiten beim Kontakt zu den Mitarbeitenden (3×) oder dem kommunikativen Aufwand zur Informationsbeschaffung (4×)).

Diese Muster legen die Annahme nahe, dass es den TN eher unter stabilen Rahmenbedingungen der Arbeit gelang, ihre Ressourcen- und Belastungssituation mit den entwickelten bzw. vorgeschlagenen Maßnahmen positiv zu beeinflussen; bei arbeitsstrukturellen Änderungen und insbesondere dann, wenn im privaten Umfeld zusätzlich gravierende Veränderungen eintraten – etwa durch zusätzliche Anforderungen oder wegfallende Unterstützung –, scheint die Maßnahmennutzung nicht zu erkennbaren Effekten beigetragen zu haben. Dieser Zusammenhang und die möglichen Wirkungsketten bleiben in weiteren Untersuchungen auf einer breiteren Datenbasis zu prüfen.

5.3.5 Zusammenfassung und Einschätzungen

Seit Beginn der Corona-Pandemie war es für die TN und deren Mitarbeitende unumgänglich geworden, nahezu ausschließlich von zuhause aus zu arbeiten. So veränderte sich die Führungssituation von einer hybriden Form alternierender Telearbeit zu einer vollständig virtuellen, digital vermittelten Arbeitssituation. Gleichzeitig änderte sich auch die Führungsstruktur bei der Mehrheit der TN, was für die Ressourcensituation Veränderungen mit sich brachte. Vor diesem Hintergrund war ein Wirkungsnachweis für die eingesetzten Instrumente und für die Wirksamkeit der individuell genutzten Maßnahmen in diesem Rahmen nicht zu leisten.

Aus den dargestellten Ergebnissen ziehen wir zunächst zwei Konsequenzen. Einerseits sind die dargestellten Befunde als Hinweis dafür zu werten, dass es mit dem gewählten Vorgehen gelang, einen Beitrag zur Sensibilisierung und zur Reflexion des Arbeitsverhaltens sowie zur Stabilisierung bzw. Verbesserung der Ressourcen- und Belastungssituation der TN zu leisten. Offensichtlich war in der Einschätzung der TN die Reflexion in den Feedbackgesprächen, die systematische Vorbereitung durch den Screening-Bogen und die Erarbeitung bzw. Vermittlung konkreter, auf die jeweils individuelle Tätigkeit bezogener Vorschläge zum Aufbau von Ressourcen und zur Reduzierung von Belastungen für sie überwiegend hilfreich und sinnvoll. Insofern erweist sich der Ansatzpunkt, die individuelle Gestaltungskompetenz der virtuell arbeitenden operativen Führungskräfte zu stärken, als tragfähig. Aufbauend auf diesen Erfahrungen werden deshalb praktische Hilfen (Diagnose-Tool und Handouts) nach Projektende auf der Webseite des vLead-Projekts zur Verfügung gestellt, die die individuelle Reflexion unterstützen, aber auch in Dialog- oder Coaching-Situationen als Heuristik eingesetzt werden können.

Andererseits zeigte sich anhand der eher uneinheitlichen Beanspruchungsentwicklung der TN, dass es für systematische Verbesserungen im praktischen Anwendungskontext nicht ausreicht, lediglich bei den Kompetenzen und Handlungsmöglichkeiten der einzelnen Führungskräfte anzusetzen: So wurde der in diesem Projekt gewählte Ansatz zur Förderung der individuellen Gestaltungskompetenz von den Führungskräften zwar als positiv und sinnvoll bewertet. Insgesamt verdichtete sich dabei aber der Eindruck, dass es nicht unbedingt die Digitalisierung oder der Umgang mit der Technik für die virtuelle Kommunikation sind, die auf die Gesundheit und Leistungsfähigkeit der Teilnehmenden wirken, sondern strukturelle Arbeitsbedingungen, die sich der Digitalisierung (quasi als ‚Enabler') bedienen. Hierfür ergeben sich zwar jeweils individuelle Gestaltungsmöglichkeiten (Mache & Harth, 2020; Schulz-Dadaczynski et al., 2019). Die Umsetzung der empfohlenen Maßnahmen kommt aber dann an ihre Grenzen, wenn Sie mit den strukturellen Bedingungen der Organisation (Stichworte: Auslastung, Prozesse) kollidiert. Anders ausgedrückt: Eine dauernde individuelle Optimierung des Arbeits- und Regenerationshandelns der operativen Führungskräfte kann arbeitsstrukturelle Probleme nicht dauerhaft kompensieren oder gar lösen (Gerlmaier & Latniak, 2011). Diese Prozesse und Strukturen, die die Arbeit aufwändiger bzw. herausfordernder machen, sind deshalb auch auf Team- bzw. Projekt- oder auf Unternehmensebene zu regulieren.

Auch hierfür werden im angesprochenen Tool Anregungen gegeben, die korrespondierend zu den individuellen Ansätzen Beiträge zur Schaffung einer potenziell nachhaltigen Gestaltung der Arbeit in den Unternehmen liefern sollen. Ohne eine entsprechende Koppelung verbleibt ein individueller Gestaltungsansatz – auch bei reflektierten, motivierten und gut ausgebildeten operativen Führungskräften, wie wir sie im Rahmen dieser Untersuchung kennengelernt haben – zwar für sich genommen sinnvoll und hilfreich, aber er ist nicht ausreichend, um dauerhaft zur Leistungsfähigkeit und Gesundheit der Zielgruppe beizutragen.

Literatur

Akin, N., & Rumpf, J. (2013). Führung virtueller Teams. *Gruppendynamik und Organisationsberatung, 44*(4), 373–387. https://doi.org/10.1007/s11612-013-0228-9

Bakker, A. B., & Demerouti, E. (2007). The job demands-resources model: State of the art. *Journal of Managerial Psychology, 22*(3), 309–328. https://doi.org/10.1108/02683940710733115

Bock, G.-W., Mahmood, M., Sharma, S., & Kang, Y. J. (2010). The impact of information overload and contribution overload on continued usage of electronic knowledge repositories. *Journal of Organizational Computing and Electronic Commerce, 20*(3), 257–278. https://doi.org/10.1080/10919392.2010.494530

Böhm, S. A., Baumgärtner, M. K., Breier, C., Brzykcy, A. Z., Kaufmann, F., Kreiner, P., Kreissner, L. M., & Besar, L. (2017) Lebensqualität und Lebenszufriedenheit von Berufstätigen in der Bundesrepublik Deutschland. *Ergebnisse einer repräsentativen Studie der Universität St. Gallen.* Universität St. Gallen.

Boes, A., & Kämpf, T. (2019). Wie nachhaltig sind agile Arbeitsformen? In B. Badura, A. Ducki, & H. Schröder (Hrsg.), *Fehlzeiten-Report 2019* (S. 193–204). Springer. https://www.springer.com/de/book/9783662590430

Boos, M., Hardwig, T., & Riethmüller, M. (2017). *Führung und Zusammenarbeit in verteilten Teams*. Hogrefe.

Breuer, C., Hüffmeier, J., & Hertel, G. (2017). Vertrauen per Mausklick: Wie Vertrauen in virtuellen Teams entstehen kann. *PERSONAL quarterly, 69*, 10–16.

Buchtal, J. (2014). Belastungen von Führungskräften. In S. Hahnzog (Hrsg.), *Betriebliche Gesundheitsförderung* (S. 123–133). Springer Fachmedien. https://link.springer.com/chapter/10.1007/978-3-658-02962-3_11

Busch, C., & Steinmetz, B. (2002). Stressmanagement und Führungskräfte. Gruppe. Interaktion. Organisation. *Zeitschrift für Angewandte Organisationspsychologie (GIO), 33*(4), 385–401. https://doi.org/10.1007/s11612-002-0034-2

Chudoba, K. M., Wynn, E., Lu, M., & Watson-Manheim, M. B. (2005). How virtual are we? Measuring virtuality and understanding its impact in a global organization. *Information Systems Journal, 15*(4), 279–306. https://doi.org/10.1111/j.1365-2575.2005.00200.x

Dettmers, J., & Clauß, E. (2018). Arbeitsgestaltungskompetenz für flexible und selbstgestaltete Arbeitsbedingungen. In M. Janneck & A. Hoppe (Hrsg.), *Gestaltungskompetenzen für gesundes Arbeiten; Arbeitsgestaltung im Zeitalter der Digitalisierung* (S. 14–25). Springer.

Fahrenberg, J. (2004). Die Freiburger Beschwerdenliste (FBL). *Form FBL-G und revidierte Form FBL-R.* Handanweisung. Hogrefe.

Gerlmaier, A. (2019a). Neue Gestaltungsoptionen oder Null-Puffer? Arbeitsgestaltungspotenziale bei Anlerntätigkeiten, qualifizierter Facharbeit und produktionsnaher Wissensarbeit aus Sicht von betrieblichen Gestaltern und Beschäftigten. In A. Gerlmaier & E. Latniak (Hrsg.), *Handbuch psycho-soziale Gestaltung digitaler Produktionsarbeit. Gesundheitsressourcen stärken durch organisationale Gestaltungskompetenz* (S. 93–124). Springer Gabler.

Gerlmaier, A. (2019b). Neue Gestaltungsoptionen oder Null-Puffer? In A. Gerlmaier & E. Latniak (Hrsg.), *Handbuch psycho-soziale Gestaltung digitaler Produktionsarbeit: Gesundheitsressourcen stärken durch organisationale Gestaltungskompetenz* (S. 93–124). Springer Fachmedien Wiesbaden. https://doi.org/10.1007/978-3-658-26154-2_6

Gerlmaier, A. (2011a). Psychische Erschöpfung in der IT-Arbeit – Welche Rolle spielt die individuelle Arbeits- und Lebensphase? In A. Gerlmaier & E. Latniak (Hrsg.), *Burnout in der IT-Branche: Ursachen und betriebliche Prävention* (S. 153–181). Asanger.

Gerlmaier, A. (2011b). Stress und Burnout bei IT-Fachleuten – auf der Suche nach Ursachen. In A. Gerlmaier & E. Latniak (Hrsg.), *Burnout in der IT-Branche: Ursachen und betriebliche Prävention* (S. 53–90). Asanger.

Gerlmaier, A., & Geiger, L. (2019). Arbeitsgestaltungskompetenz in der betrieblichen Praxis: Über welches Gefahren- und Gestaltungswissen verfügen Arbeitsschutz-Akteure, Führungskräfte und Beschäftigte? In A. Gerlmaier & E. Latniak (Hrsg.), *Handbuch psycho-soziale Gestaltung digitaler Produktionsarbeit. Gesundheitsressourcen stärken durch organisationale Gestaltungskompetenz* (S. 79–91). Springer Gabler.

Gerlmaier, A., & Latniak, E. (2019). *Handbuch psycho-soziale Gestaltung digitaler Produktionsarbeit. Gesundheitsressourcen stärken durch organisationale Gestaltungskompetenz.* Springer Gabler.

Gerlmaier, A., & Latniak, E. (2016). *Mehr Autonomie, mehr Resilienz oder mehr Gestaltungskompetenz? Neue Wege psycho-sozialer Arbeitsgestaltung im Industrie 4.0-Zeitalter. Shortpaper bei der 14. Jahrestagung des Arbeitskreises Empirische Personal- und Organisationsforschung,* 24./25. November 2016, Heinrich-Heine-Universität, Düsseldorf.

Gerlmaier, A., & Latniak, E. (2011). Gesund arbeiten in jeder Lebensphase – Ansatzpunkte eines integrativen, alternsgerechten Präventionsmanagements. In A. Gerlmaier & E. Latniak (Hrsg.), *Burnout in der IT-Branche: Ursachen und betriebliche Prävention* (S. 183–224). Asanger.

Gerlmaier, A., & Latniak, E. (2007). Zwischen Innovation und alltäglichem Kleinkrieg: Arbeits- und Lernbedingungen bei Projektarbeit im IT-Bereich. In M. Moldaschl (Hrsg.), *Verwertung immaterieller Ressourcen: Nachhaltigkeit von Unternehmensführung und Arbeit III* (S. 131–170). Hampp.

Gilson, L. L., Maynard, M. T., Jones Young, N. C., Vartiainen, M., & Hakonen, M. (2015). Virtual teams research: 10 years, 10 themes, and 10 opportunities. *Journal of Management, 41*(5), 1313–1337. https://doi.org/10.1177/0149206314559946

Glaser, J., Seubert, C., Hornung, S., & Herbig, B. (2015). The impact of learning demands, work-related resources, and job stressors on creative performance and health. *Journal of Personnel Psychology, 14*(1), 37–48. https://doi.org/10.1027/1866-5888/a000127

Gregersen, S., Kuhnert, S., Zimber, A., & Nienhaus, A. (2011). Führungsverhalten und Gesundheit – Zum Stand der Forschung. *Das Gesundheitswesen, 73*(01), 3–12. https://doi.org/10.1055/s-0029-1246180

Greif, S. (2011). Gesundheits- und Stressmanagementcoaching. In E. Bamberg, A. Ducki, & A. M. Metz (Hrsg.), *Gesundheitsförderung und Gesundheitsmanagement in der Arbeitswelt. Ein Handbuch* (S. 341–369). Hogrefe.

Greif, S., & Bertino, M. (2018). Burnout: Merkmale und Prävention im Coaching. In S. Greif, H. Möller, & W. Scholl (Hrsg.), *Handbuch Schlüsselkonzepte im Coaching* (S. 53–62). Springer.

Hacker, W., & Reinhold, S. (1999). *Beanspruchungsscreening bei Humandienstleistungen (BHD-System).* Swets Test Services.

Hauztinger, M. (2018). Verhaltensmodifikation und ihre Bedeutung im Coaching. In S. Greif, H. Möller, & W. Scholl (Hrsg.), *Handbuch Schlüsselkonzepte im Coaching* (S. 621–630). Springer.

Hoch, J. E., & Kozlowski, S. W. J. (2014). Leading virtual teams: Hierarchical leadership, structural supports, and shared team leadership. *Journal of Applied Psychology, 99*(3), 390–403. https://doi.org/10.1037/a0030264

Kaluza, G. (2018). *Stressbewältigung. Trainingsmanual zur psychologischen Gesundheitsförderung* (4. korrigierte Aufl.). Springer.

Kordsmeyer, A. C., Mette, J., Harth, V., & Mache, S. (2019). Arbeitsbezogene Belastungsfaktoren und Ressourcen in der virtuellen Teamarbeit. *Zentralblatt für Arbeitsmedizin, Arbeitsschutz und Ergonomie, 48*(4), 239–244. https://doi.org/10.1007/s40664-018-0317-2

Korunka, C., & Hoonakker, P. (2014). The future of ICT and Quality of Working Life: Challenges, Benefits, and Risks. In C. Korunka & P. Hoonakker (Hrsg.), *The impact of ICT on quality of working life* (S. 205–220). Springer. https://doi.org/10.1007/978-94-017-8854-0_13

Krause, A., Baeriswyl, S., & Berset, M. (2015). Selbstgefährdung als Indikator für Mängel bei der Gestaltung mobil-flexibler Arbeit. *Wirtschaftspsychologie, 17*, 49–59.

Latniak, E. (2017). Ressourcenstärkende Führung – operative Führungskräfte in virtuellen Kontexten. Gruppe. *Interaktion. Organisation. Zeitschrift für Angewandte Organisationspsychologie (GIO), 48*(4), 263–271. https://doi.org/10.1007/s11612-017-0389-z

Lehndorff, S. (2006). Sicherheit anbieten, Vielfalt ermöglichen: über Krise und Reformen der Arbeitszeitregulierung. In S. Lehndorff (Hrsg.), *Das Politische in der Arbeitspolitik: Ansatzpunkte für eine nachhaltige Arbeits- und Arbeitszeitgestaltung* (S. 157–194). edition sigma.

Mache, S., & Harth, V. (2020). Digitale Transformation in der Arbeitswelt und psychische Gesundheit. *Zentralblatt für Arbeitsmedizin, Arbeitsschutz und Ergonomie, 70*, 180–184. https://doi.org/10.1007/s40664-019-00369-3

Maslach, C., & Jackson, S. E. (1984). Burnout in organizational settings. In S. Oskamp (Hrsg.), *Applied Social Psychology Annual: Applications in Organizational Settings* (S. 133–153). Sage.

Mohr, G., Rigotti, T., & Müller, A. (2005). Irritation – ein Instrument zur Erfassung psychischer Befindensbeeinträchtigungen im Arbeitskontext. Skalen- und Itemparameter aus 15 Studien. *Zeitschrift für Arbeits- und Organisationspsychologie, 49*(1), 44–48. https://doi.org/10.1026/0932-4089.49.1.44

Moldaschl, M. (2005). Ressourcenorientierte Analyse von Belastung und Bewältigung. In M. Moldaschl (Hrsg.), *Immaterielle Ressourcen: Nachhaltigkeit von Unternehmensführung und Arbeit* (S. 243–280). Hampp.

Müller, S. (2018). *Virtuelle Führung. Erfolgreiche Strategien und Tools für Teams in der digitalen Arbeitswelt.* Springer Gabler. https://doi.org/10.1007/978-3-658-19913-5

Nübling, M., Stößel, U., Hasselhorn, H. M., Michaelis, M., & Hofmann, F. (2005). *Methoden zur Erfassung psychischer Belastungen: Erprobung eines Messinstrumentes (COPSOQ).* Wirtschaftsverlag NW.

Pangert, B., & Schüpbach, H. (2011). Arbeitsbedingungen und Gesundheit von Führungskräften auf mittlerer und unterer Hierarchieebene. In B. Badura, A. Ducki, & K. M. Schröder (Hrsg.), *Fehlzeiten-Report 2011. Führung und Gesundheit* (S. 71–79). Springer.

Peters, K. (2011). Indirekte Steuerung und interessierte Selbstgefährdung. Eine 180-Grad-Wende bei der betrieblichen Gesundheitsförderung. In N. Kratzer, W. Dunkel, K. Becker, & S. Hinrichs (Hrsg.), *Arbeit und Gesundheit im Konflikt* (S. 105–122). edition sigma.

Pinto, J. K., Patanakul, P., & Pinto, M. B. (2016). Project personnel, job demands, and workplace burnout. The differential effects of job title and project type. *IEEE Tranactions on Engineering Management, 63*(1), 91–100. https://doi.org/10.1109/TEM.2015.2509163

Rauen, C. (2014). *Coaching* (3. Aufl.). Hogrefe.

Reif, J. A. M., Spieß, E., & Stadler, P. (2018). Stress bewältigen. In J. A. M. Reif, E. Spieß, & P. Stadler (Hrsg.), *Effektiver Umgang mit Stress. Gesundheitsmanagement im Beruf* (S. 101–130). Springer.

Richmond, A., & Skitmore, M. (2006). Stress and coping: A study of project managers in a large ICT organisation. *Project Management Journal, 37*(5), 5–16. https://doi.org/10.1177/875697280603700502

Roth, I. (2015). Die Arbeitsbedingungen der Führungskräfte im Dienstleistungssektor. Ein Bericht auf Basis des DGB-Index. Gute Arbeit 2013/14. Hrsg. v. Ver.Di Vereinigte Dienstleistungsgewerkschaft. Berlin

Roth, I., & Müller, N. (2017). Digitalisierung und Arbeitsqualität. Eine Sonderauswertung auf Basis des DGB-Index Gute Arbeit 2016 für den Dienstleistungssektor. Hrsg. v. Ver.Di Vereinigte Dienstleistungsgewerkschaft. Oktoberdruck AG, Berlin.

Schulz-Dadaczynski, A., Junghanns, G., & Lohmann-Haislah, A. (2019). Extensives und intensives Arbeiten in der digitalisierten Arbeitswelt – Verbreitung, gesundheitliche Risiken und mögliche Gegenstrategien. In B. Badura, A. Ducki, & H. Schröder (Hrsg.), *Fehlzeiten-Report 2019* (S. 267–283). Springer.

Seidler, A., Steputat, A., & Drössler, S. (2018). Determinanten und Auswirkungen von Informationsüberflutung am Arbeitsplatz. Ein systematischer Review. *Zentralblatt für Arbeitsmedizin, Arbeitsschutz und Ergonomie, 68*, 12–26. https://doi.org/10.1007/s40664-017-0252-7

Sheninger, E. (2014). *Digital leadership: Changing paradigms for changing times*. Sage Publications.

Smith, D. C., Bruyns, M., & Evans, S. (2011). A project manager's optimism and stress management and IT project success. *International Journal of Management Projects in Business, 4*(1), 10–27. https://doi.org/10.1108/17538371111096863

Staar, H., Gurt, J., & Janneck, M. (2019). Gesunde Führung in vernetzter (Zusammen-) Arbeit – Herausforderungen und Chancen. In B. Badura, A. Ducki, & H. Schröder (Hrsg.), *Fehlzeiten-Report 2019* (S. 217–336). Springer.

Syrek, C., Apostel, E., & Antoni, C. H. (2013). Stress in highly demanding IT jobs. Transformational leadership moderates the impact of time pressure on exhaustion and work-life balance. *Jounal of Occupational. Health Psychology, 18*(3), 252–261. https://doi.org/10.1037/a0033085

Syrek, C., Bauer-Emmel, C., Antoni, C. H., & Klusemann, J. (2011). Entwicklung und Validierung der Trierer Kurzskala zur Messung von Work-Life Balance (TKS-WLB). *Diagnostica, 57*(3), 134–145. https://doi.org/10.1026/0012-1924/a000044

Verburg, R. M., Bosch-Sijtsema, P., & Vartiainen, M. (2013). Getting it done: Critical success factors for project managers in virtual work settings. *International Journal of Project Management, 31*(1), 68–79. https://doi.org/10.1016/j.ijproman.2012.04.005

von Rosenstiel, L., & Wegge, J. (2004). Führung. In H. Schuler (Hrsg.), *Organisationspsychologie 2 – Gruppe und Organisation. Enzyklopädie der Psychologie, Bd. D/III/4* (S. 493–558). Hogrefe.

Wald, P. M. (2014). Virtuelle Führung. In R. Lang & I. Rybnikova (Hrsg.), *Aktuelle Führungstheorien und -konzepte* (S. 356–386). Springer Fachmedien.

Zimber, A., Hentrich, S., Bockhoff, K., Wissing, C., & Petermann, F. (2015). Wie stark sind Führungskräfte psychisch gefährdet? *Zeitschift für Gesundheitspsychologie, 23*(3), 123–140. https://doi.org/10.1026/0943-8149/a000143

Zimber, A., Hentrich, S., & Meyer-Lindenberg, A. (2018). „Dass ich das ändern muss, damit ich nicht irgendwann kollabiere …". Eine qualitative Studie zur Entstehung psychischer Beeinträchtigungen bei Führungskräften und Implikationen für die Stressprävention. *Psychiatrische Praxis, 45*(1), 30–37. https://doi.org/10.1055/s-0042-122163

Kompass – Zeit & Vertrauen

6

Ulrike Hellert, Rebekka Mander, Gaby Hampel und Lisa Krüger

Der *Kompass – Zeit & Vertrauen* ist ein Handbuch zur Gestaltung virtueller Teamarbeit. Der Begriff Kompass steht für Orientierung und Kontrolle und leitet durch die verschiedenen Anwendungsinstrumente. Das Handbuch ist sowohl als ausfüllbares PDF-Formular als auch in einer Printversion verwendbar. Teams können anhand der verschiedenen Handreichungen, Checklisten und Empfehlungen ihre Teamarbeit weiterentwickeln. Die Anwendung sollte partizipativ, d. h. unter Einbeziehung aller beteiligten Personen geschehen. Führungskräfte, Teams und auch die Mitglieder agiler Teams sollten die Instrumente gemeinsam nutzen. Der *Kompass – Zeit & Vertrauen* besteht aus insgesamt elf Instrumenten, davon sind drei Instrumente als Impulse zu verstehen. Jedes Instrument hat einen Schwerpunkt, wie z. B. das „Dashboard“: Hier geht es um Aufgabenverwaltung, die mit einem passenden System möglichst übersichtlich und barrierefrei gestaltet wird. Die Instrumente sind flexibel einsetzbar und beinhalten nicht „die eine Musterlösung“, sondern zeigen vielmehr Möglichkeiten auf und sollen anhand verschiedener Vorschläge inspirieren. So bieten die Instrumente Ansatzpunkte für die Entwicklung von Zeitkompetenz und Vertrauen im Kontext virtueller Zusammenarbeit. Der *Kompass – Zeit & Vertrauen* kann sowohl eine Führungskraft als auch ein Teammitglied einsetzen.

In Abschn. 6.1 werden zunächst wichtige theoretische Grundlagen zur Zeitkompetenz sowie zum Vertrauen vorgestellt. Insbesondere werden aktuelle Herausforderungen wie Zeitdruck, hohe Flexibilität und Informationsflut thematisiert und unter dem Aspekt des

U. Hellert (✉) · R. Mander
FOM Hochschule für Oekonomie und Management, Institut für Arbeit und Personal (iap), Nürnberg, Deutschland
E-Mail: ulrike.hellert@fom.de

G. Hampel · L. Krüger
Perbit Software GmbH, Altenberge, Deutschland
E-Mail: ghampel@perbit.de; lkrueger@perbit.de

C. H. Antoni et al. (Hrsg.), *Digitale Führung und Zusammenarbeit*,
https://doi.org/10.1007/978-3-662-63764-7_6

Vertrauens in die virtuelle Arbeitswelt eingeordnet. Anschließend werden im Abschn. 6.1.1 relevante Instrumente erläutert, die je nach Bedürfnislage und Intention verschiedene Perspektiven und Anknüpfungspunkte aufzeigen. Hierfür wurde der „KompassGuide“ entwickelt, der eine ideale Orientierung ermöglicht und mit seinen einzelnen Bausteinen hier vorgestellt wird. In Abschn. 6.1.2 werden die qualitativen und quantitativen Forschungsansätze mit der jeweiligen Methodik und den Forschungsergebnissen dargestellt. In Abschn. 6.2 reflektiert das Unternehmen perbit Software GmbH seine Ansätze zur virtuellen Arbeitsgestaltung und beschreibt Instrumente, die für die erfolgreiche Zusammenarbeit der Teams wichtig sind. Schließlich wird in Abschn. 6.3 die schrittweise formative Evaluation sowie die summative Evaluation im Rahmen des Teilprojektes erörtert.

6.1 Theoretische Herleitung: Relevanz von Zeitkompetenz und Vertrauen

Rebekka Mander und Ulrike Hellert

Die moderne Arbeitswelt ist von verschiedenen Herausforderungen geprägt (Welpe et al., 2018). Viele Arbeitnehmerinnen und Arbeitnehmer sind in ihrer Arbeit überfordert und ihre Gesundheit ist dadurch gefährdet (Schaufeli et al., 2009). Stress als Folge eines Ungleichgewichtes zwischen Ressourcen und Anforderungen kann schwerwiegende Konsequenzen haben (Olpe & Seifritz, 2014; Schulz-Dadaczynski et al., 2019). Daher ist es sinnvoll, sich mit verschiedenen Ansätzen zu beschäftigen, um Herausforderungen wie etwa die steigende Komplexität zu bewältigen. Zwei Ansatzpunkte liegen dabei in Zeitkompetenz und Vertrauen.

Zu den Herausforderungen virtueller Teamarbeit zählt *Flexibilität.* Sie bringt verschiedene Vorteile mit sich, erfordert jedoch Abstimmung zwischen den Teammitgliedern (Mander et al., 2018). Beispielsweise sollten Zeitfenster der Erreichbar- bzw. Nichterreichbarkeit im Team für eine optimale Kommunikation vereinbart werden.

Eine weitere Herausforderung virtueller Teamarbeit liegt in der *Abgrenzung*. Abgrenzung ist sowohl bei einer Vermischung von Arbeit und Privatleben notwendig (Bulger et al., 2007) als auch innerhalb des Lebensbereichs Arbeit. Es gibt verschiedene Quellen von Ablenkung, die eine Abgrenzung notwendig machen. Sie reichen vom Gebrauch sozialer Medien (z. B. Smartphone) über externe Arbeitsunterbrechungen bis hin zu Ablenkungen durch Teammitglieder (Jett & George, 2003). Soziale Konflikte können entstehen, da Mitarbeitende individuell unterschiedliche Techniken verwenden, um Arbeitsziele zu erreichen und um sich abzugrenzen (Fonner & Stache, 2012; Mander et al., 2019). Beispielsweise kann es helfen, in einem bestimmten Zeitfenster das Telefon auszuschalten, wenn Konzentration notwendig ist.

Eine große Menge an zu verarbeitenden Informationen stellt eine weitere Herausforderung für Mitarbeitende in modernen Arbeitsstrukturen dar. So kann eine *Informationsflut* in Form von vielen E-Mails gleichzeitig die Beschäftigten überfordern (Moser et al., 2002). Zur Bewältigung kann dabei eine strukturierte Arbeitsweise beitragen (Mander et al., 2019).

Zeitkompetenz ist notwendig, um mit den oben genannten Herausforderungen umzugehen. Sie beschreibt die Handlungsfähigkeit einer Person, selbstorganisiert Zeit zu verwenden, um kreativ gesteckte Ziele zu erreichen. Dazu zählt ebenso die Fähigkeit, mit den individuellen Zeitbedürfnissen anderer umzugehen. Themen wie Erreichbarkeit, Handlungsspielraum, Zeitdruck und Empathie können beispielsweise durch aktive Rückmeldung vom Team und von Führungskräften bedarfsorientiert und persönlich gestaltet werden (Hellert, 2018).

Damit die eigenen Strategien im Umgang mit Zeit funktionieren, müssen sie kompatibel mit dem Arbeitsstil der Teammitglieder und mit Vorgaben der Organisation sein. Deswegen ist Abstimmung in Form von Kommunikation und Prozessfeedback von großer Bedeutung. In virtuellen Teams ist es somit besonders wichtig, sich regelmäßig auszutauschen und Wert auf ein positives Miteinander zu legen. Der persönliche Kontakt durch ein Telefongespräch wirkt sich so auch positiv auf die Vertrauensbildung aus.

Bei virtueller Teamarbeit ist oftmals von einer höheren Eigenverantwortlichkeit und einem höheren Handlungsspielraum auszugehen als in Präsenzteams. Da die Abstimmung und Fokussierung auf gemeinsame Ziele zu großen Teilen virtuell stattfinden, ist die Umsetzung schwieriger. Für eine gute Zusammenarbeit ist es daher wichtig, den Teamentwicklungsprozess zu berücksichtigen und zu fördern (Tuckman & Jensen, 1977). Je weiter Teams in diesem Prozess fortgeschritten sind und ein Wir-Gefühl entwickelt haben, desto eher ist davon auszugehen, dass ihre Zusammenarbeit erfolgreich und reibungslos abläuft. Wenn Teams eine gemeinsame Zielvorstellung bzw. ein gemeinsames Verständnis über die Art und Weise ihrer Zusammenarbeit haben, können Prozessverluste minimiert werden. Vertrauen spielt dabei eine wesentliche Rolle.

Vertrauen ist gemäß Luhmann (2014) das Maß, in welchem Personen bereit sind, sich auf Aussagen und Zusagen anderer zu verlassen. Es wird in Teams über die Zeit hinweg aufgebaut, indem Mitarbeitende anhand von gemeinsamen Erfahrungen einschätzen können, ob die Aussagen und Zusagen der jeweils anderen Teammitglieder verlässlich sind.

Als Alternative für den zeitaufwendigen Ansatz der Teamentwicklung gibt es eine Möglichkeit, die eine andere Art von Vertrauen voraussetzt. „Swift trust" bzw. ein Vertrauensvorschuss kann ohne gemeinsame Erfahrungen im Team erteilt werden (Germain & McGuire, 2014). Das bedeutet zwar eine höhere Unsicherheit, ermöglicht den Teams jedoch, sofort Leistung zu erbringen. Diese Variante eignet sich, wenn wenig Zeit für Teambuilding zur Verfügung steht, setzt jedoch ein offenes und unvoreingenommenes Mindset (Einstellung) voraus. Teammitglieder können einen Vertrauensvorschuss geben, indem sie ehrlich sind und Informationen (auch über relevante persönliche Aspekte) transparent machen (Hellert, 2019). Diese gedankliche Einstellung ist herausfordernd, verspricht jedoch ein hohes Potenzial für eine gute Zusammenarbeit.

Das beschriebene Mindset ist auch für die Verwendung des Tools *Kompass – Zeit & Vertrauen* wichtig. Da einige Ansätze enthalten sind, die ein Mindestmaß an „ausprobieren" und „sich einlassen" erfordern, sollte im Team zunächst Akzeptanz geschaffen werden, damit die Instrumente erfolgreich angewendet werden können. Ist diese gegeben, dann liefert das Tool einen strukturierten und erprobten Ansatz zur Förderung von Zeitkompetenz und Vertrauen in virtuell arbeitenden Teams.

6.1.1 Instrumente im Kompass – Zeit & Vertrauen

In diesem Kapitel werden die verschiedenen Instrumente hinsichtlich ihrer Einordnung, Ziele und des jeweiligen Inhalts beschrieben. Da sowohl die Förderung von Zeitkompetenz als auch die Entwicklung von Vertrauen bei einigen Instrumenten gleichzeitig im Fokus ist, erfolgt die Unterscheidung nach untergeordneten Aspekten.

Die Gliederung kann auf verschiedenen Ebenen (Akteur*in, Bedürfnis, Gestaltung, Outcome) vorgenommen werden. Je nach der gewählten Perspektive, sind daher für unterschiedliche Situationen unterschiedliche Instrumente hilfreich. Um das „Baukastensystem" zu ermöglichen, wurde die Software „KompassGuide" entwickelt, die bei der Orientierung im Tool unterstützt. Es basiert auf dem vLead-Wheel (s. Abb. 6.1), das die Ergebnisse der unten dargestellten qualitativen Studie schematisch darstellt. Der *KompassGuide* (s. Abb. 6.2) empfiehlt, welches Instrument zunächst für die jeweilige Situation und die betroffenen Personen individuell passend ist. Außerdem kann das System als Orientierung bei der Beschreibung der eigenen Situation unterstützen. Beispielsweise können Personalgespräche mithilfe des *KompassGuide* strukturiert werden.

Die Instrumente lassen sich grundsätzlich in die drei Kategorien „Überblick", „Impulse" und „Zentrale Elemente" einordnen. Im folgenden Abschnitt werden die Instrumente kurz vorgestellt, wobei der Fokus auf die Impulse und die zentralen Elemente gelegt wird.

Abb. 6.1 vLead-Wheel, Prototyp

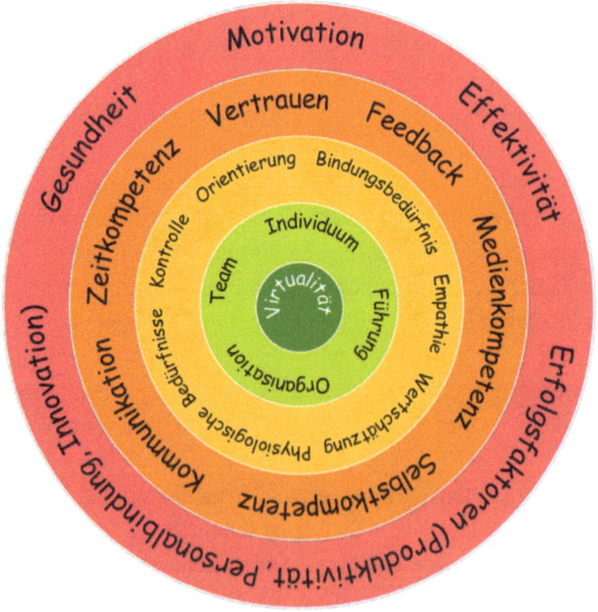

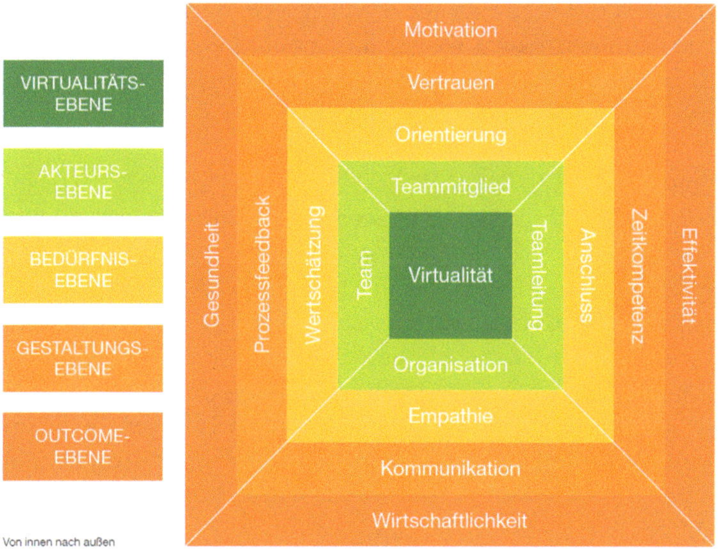

Abb. 6.2 Ebenenmodell virtueller Teamarbeit, Schaltfläche aus dem KompassGuide. (Mander et al., 2020, S. 13)

6.1.1.1 Überblick

Die Überblicksinstrumente sollen einen schnellen Einstieg in die Thematik ermöglichen und dienen dazu, sich einen Überblick zu verschaffen. In den *Handlungsempfehlungen auf einen Blick,* dem ersten Instrument in der Kategorie Überblick, ist eine Übersicht über grundlegende Maßnahmen und Verhaltensweisen aus unterschiedlichen Blickwinkeln dargestellt. Beispielsweise wird auf Teamebene empfohlen, dass Teams ihre Erreichbarkeit transparent machen. In den Best Practices stellt die perbit Software GmbH ihre Unternehmenskultur vor und gibt Einblicke in das Gesundheitsmanagement. Die D.O.M. Datenverarbeitung GmbH zeigt, wie Instrumente aus dem *Kompass Zeit & Vertrauen* erfolgreich umgesetzt werden können. Die *Checkliste* dient schließlich Unternehmen, die überprüfen wollen, ob sie die Grundvoraussetzungen für virtuelle Teamarbeit erfüllen. Dabei werden einige technische und organisatorische Aspekte strukturiert abgefragt und können in einem Ampelsystem evaluiert werden.

6.1.1.1.1 Impulse

Die Impulse stellen einzelne Maßnahmen dar, die direkt im Team umgesetzt werden können. Sie sind als Hilfestellung bei der Gestaltung virtueller Teamarbeit zu verstehen und können die Herausforderungen virtueller Kommunikation teilweise auffangen. Der Impuls *Ready to fly* besteht aus einer Checkliste für die Startphase von virtuellen Meetings (Telefonkonferenzen oder Videokonferenzen bzw. Webkonferenzen). Der *E-Coffee* ist ein Ansatz, bei dem sich Mitarbeitende verschiedener Standorte vernetzen. Dabei wird das Ziel verfolgt, sich über die Distanz auch persönlich kennenzulernen und auszutauschen. Das *E-Daily* ist aus dem agilen Projektmanagement entlehnt. Dabei werden Teams dazu aufgerufen, sich in regelmäßigen Abständen bei einer Telefonkonferenz über aktuelle Aufgaben auszutauschen.

6.1.1.1.2 Impuls: Ready to fly

Virtuelle Meetings ermöglichen den Austausch über Distanz und sparen dadurch lange Fahrtwege. Mit der vermeintlichen Effizienzsteigerung geht jedoch eine Beschleunigung einher, da Reflexionsphasen oft wegfallen. Auch informeller Austausch, wie etwa Smalltalk in der Kaffeeküche, kommt virtuell kaum zustande. So können leicht Nuancen in der Kommunikation übersehen werden und zu Missverständnissen führen. Eine Abstimmung vor Videokonferenzen entfällt im Gegensatz zu Präsenzmeetings, bei denen ungezwungene Gespräche quasi automatisch entstehen. Der Impuls zielt darauf ab, diese Lücke zu schließen.

Beim *Ready to fly* steht der Aspekt „Videokonferenzen" im Vordergrund. Ziel ist es, die Kommunikation und den Ablauf zu verbessern und nebenbei zu überprüfen, ob alle Teilnehmenden für den Start bereit sind. Damit wird sichergestellt, dass sich die Teilnehmenden auf den Inhalt konzentrieren können. Die Checkliste enthält Tipps für die Vorbereitung und Moderation virtueller Meetings. Beispielsweise gehört zu den Voraussetzungen eine moderne IT-Infrastruktur mit entsprechender Ausstattung an Hardware wie Telefon, Headset und Software. Das Instrument kann ohne viel Aufwand in eine Routine überführt werden. Sobald alle Teilnehmenden „ready to fly" gesagt haben, startet das Meeting.

6.1.1.1.3 Impuls: E-Coffee

Ein Arbeitsplatz im eigenen Büro oder in einem Großraumbüro ist der Standard der vergangenen Jahrzehnte. Hierbei zählten persönlicher Kontakt und sozialer Austausch zum Alltag. Der Übergang zum virtuellen Zeitalter erfordert ein Umdenken: neben kommunikativen Aspekten und der Umgestaltung von Arbeitszeitregimes wird auch die Raumkonzeption bzw. -nutzung Schnittstelle zwischen der realen und der virtuellen Arbeitswelt.

Der E-Coffee ist ein Konzept, bei dem Mitarbeitende unterschiedlicher Standorte sich per Videoübertragung persönlich austauschen können. Der E-Coffee umfasst die Organisation und Durchführung solcher Treffen, die einer Begegnung in der Kaffeeküche – virtuell übertragen – ähneln.

Der E-Coffee ist geeignet, um das Bedürfnis nach Anschluss zu erfüllen. Gerade bei Personen, die in ihrem Büro oder im Home-Office wenig Kontakt zu Teammitgliedern haben, kann dies sehr wertvoll sein, um einer Isolation entgegenzuwirken. Zudem kann das Vertrauen durch einen persönlichen Austausch gestärkt werden.

6.1.1.1.4 Impuls: E-Daily

Bei standortübergreifender Teamarbeit finden weniger Begegnungen statt als in Präsenz. Präsenztreffen haben den positiven Nebeneffekt, dass Informationen oft beiläufig weitergegeben werden. Im Gegensatz dazu findet im virtuellen Umfeld Kommunikation meist nur dann statt, wenn es einen konkreten Anlass gibt.

Wie beim E-Coffee und beim Ready to fly soll mit dem E-Daily eine Lücke geschlossen werden, die aus virtueller Kommunikation resultiert. Da offene Gespräche seltener zustande kommen, gehen Informationen nicht nur auf persönlicher Ebene unter, sondern auch aufgabenbezogene Informationen werden weniger ausgetauscht. Gespräche finden bei dieser Form der Zusammenarbeit in der Regel aufgrund bestimmter Anlässe statt und sind in einen zeitlich begrenzten Rahmen einzupassen. So kann es leichter passieren, dass bestimmte Informationen verloren gehen oder Unklarheit bei der Bearbeitung von Aufgaben entsteht.

Dieser Impuls, sich regelmäßig, z. B. täglich für 15 min zum Austausch über Telefon zu verabreden, soll Teams zum kontinuierlichen arbeitsbezogenen Austausch anregen und ist unter dem Aspekt „Prozessfeedback“ einzuordnen. Dazu können sich die Teammitglieder an einem Fragenkatalog orientieren. Fragen für das E-Daily lauten beispielsweise „Gibt es Störfaktoren, die verhindern, dass ich meine Arbeit schaffe?“ oder auch „Wo brauche ich Unterstützung/Rat?“

Ein regelmäßiges, auf Fortschritt gerichtetes Feedback zwischen Teammitgliedern hat den Zweck, Klarheit und Orientierung über Aufgaben herbeizuführen. Anhand eines regelmäßigen Austauschs wird sichergestellt, dass alle relevanten Informationen weitergegeben werden.

6.1.1.2 Zentrale Elemente

Die zentralen Elemente umfassen fünf Schwerpunktthemen: im Instrument *E-Talk – Unsere Sprache* finden Teams Anregungen für eine Diskussion über die Kommunikationsstrukturen im Team. Das Tool *E-Leadership-Kompetenz* richtet sich an Personen, die eine leitende oder koordinierende Funktion in Teams übernehmen: Führungskräfte, Teamleitungen und Personen, die in Teilen Führungsaufgaben innehaben. Das *Dashboard* liefert Informationen zur Aufgabenverwaltung auf Team-Ebene sowie im Umgang mit Zeit auf individueller Ebene. Mit der *Vereinbarung – Zeit & Vertrauen* können Teams die teaminternen Kommunikationsrichtlinien, die sie sich im *E-Talk* überlegt haben, verbindlich festhalten. Mit der Vereinbarung entsteht ein Rahmengerüst für den Umgang und die Kommunikation im Team als Orientierungshilfe. Das Instrument *Overload – Wahrnehmung und Bewältigung von Überlast* beschäftigt sich mit hoher Arbeitsbelastung. Hier finden Betroffene sowie deren Kolleginnen und Kollegen Informationen. Außerdem sind Hilfestellungen bei der Einordnung sowie Empfehlungen für den Umgang mit der jeweiligen Situation enthalten.

6.1.1.2.1 E-Talk – Unsere Sprache

In einer durch Digitalisierung, Globalisierung und demografischen Wandel geprägten Arbeitswelt ändert sich auch die Zusammenarbeit der Mitarbeitenden. Es bestehen vielerorts Möglichkeiten im Rahmen der Selbstbestimmung. Auch die kulturellen Routinen sind von diesem allumfassenden, umformenden Prozess betroffen und machen eine neue Kommunikationsstruktur im Unternehmen notwendig. Somit sind entsprechende Vereinbarungen für die Kommunikation wichtig, damit der virtuelle Austausch funktioniert.

Der E-Talk ist geeignet, um Kommunikation und dadurch Vertrauen in Teams zu gestalten. Auf mehreren Seiten sind verschiedene ineinandergreifende Hilfestellungen enthalten: Leitfragen für eine Diskussion über die Kommunikation, um eine Reflexion anzuregen, zentrale Leitsätze virtueller Kommunikation und Checklisten für virtuelle Meetings. Ein Beispiel für eine Leitfrage lautet „In welchem Zeitraum werden Anfragen beantwortet?" (Mander et al., 2020, S. 40). Das Ziel liegt darin, aufgrund der verschiedenen Impulse ein teaminternes Kommunikationsleitbild zu entwickeln.

6.1.1.2.2 E-Leadership-Kompetenz

Virtuelle Teams erfolgreich anzuleiten ist eine neuartige Herausforderung. Da Führungskräfte ihre Teammitglieder seltener persönlich treffen, müssen sie mehr Zeit für gute Führung investieren. Führung heißt dabei Orientierung geben, aber auch auf zwischenmenschliche Aspekte eingehen. Der Teamleitung virtueller Teams kommt ganz besonders die Verantwortung zu, die Motivation ihrer Mitarbeitenden zu wahren und zu fördern und sie in ihrer persönlichen Entwicklung zu begleiten. Dabei sollten sie authentisch und vertrauensvoll sein.

Als Einstieg können Teamleitungen den *Selbstcheck E-Leadership-Kompetenz* nutzen, um ihre aktuell vorhandenen Stärken und Entwicklungsfelder zu identifizieren. Ein Entwicklungsfeld kann z. B. „Kontrolle & Autonomie" sein, da die beiden Aspekte in einem Spannungsverhältnis stehen und daher für viele Führungskräfte eine Herausforderung darstellen. Um die Selbstwahrnehmung zu stärken, wird empfohlen, eine weitere Einschätzung durch ein Teammitglied einzuholen. Dabei gilt es zu berücksichtigen, dass es sich nicht um eine Bewertung oder einen Vergleich handelt, sondern, dass die persönliche Weiterentwicklung im Fokus steht. Anhand der einzelnen Indikatoren und Beispiele in Kombination mit einem Ampelsystem lässt sich eine Einordnung in eines von vier Handlungsfeldern (Beziehung zu Mitarbeitenden, Kontrolle & Autonomie, Koordination & Orientierung und Individuelle Entwicklung der Mitarbeitenden) vornehmen.

Im Anschluss finden die Anwender im Bereich *Gestaltung E-Leadership-Kompetenz* Empfehlungen in ihrem primären Gestaltungsfeld. Führungskompetenz erscheint gerade in virtuellen Teams besonders wichtig, da es leichter zu Unklarheiten oder Fehlkommunikation kommt. Führungskräfte haben dabei sowohl eine anleitende als auch eine koordinierende Funktion. Die Teammitglieder *persönlich einzubinden* ist gerade dann wichtig, wenn persönliche Begegnungen seltener vorkommen. Das soziale Umfeld in der Arbeit gibt ein Gefühl von Anschluss und Zugehörigkeit. Die Beschäftigten brauchen jedoch auch *Orientierung* und aufgabenbezogene Rückmeldung. Eines der Spannungsfelder liegt für Führungskräfte in der Frage, wie viel *Spielraum* sie den Beschäftigten zugestehen und inwieweit sie darauf vertrauen, dass die Arbeitsweise zielorientiert ist. Da Führungskräfte bzw. Teamleiter*innen oft die Ansprechperson für die *persönliche Entwicklung* in der Organisation sind, liegt auch darin eine Führungsaufgabe, die berücksichtigt werden sollte. Werden alle Aspekte individuell auf die Beschäftigten abgestimmt, so stärkt dies die Mitarbeitenden in einer motivierten und zielorientierten Arbeitsweise.

Ziel ist die Weiterentwicklung der Führungskompetenz. Der Ansatz folgt der Annahme, dass grundsätzlich immer Weiterentwicklungspotenzial vorhanden ist. Demnach gilt es, das identifizierte Handlungsfeld mit dem größten Potenzial in den Fokus zu nehmen. Anwender finden in jedem der Handlungsfelder sechs bis sieben konkrete Führungsinstrumente mit einer Erläuterung und einem Beispiel. Zudem finden sich in der Beschreibung Empfehlungen zur Umsetzung.

6.1.1.2.3 Dashboard

Jede Person hat eine eigene Vorstellung und Herangehensweise, um ihre Arbeit zu bewältigen. Bei Team- oder Projektarbeit treffen diese aufeinander und können so zu Konflikten oder Unsicherheiten führen. Für eine gute Zusammenarbeit sind Zuständigkeit, Art der Informationsweitergabe und Transparenz wichtige Themen. Sich im Team präventiv damit zu befassen, beugt Missverständnissen vor.

Dieses Instrument ist als Hilfestellung bei der Organisation von Aufgaben im Team zu verstehen. Zu diesem Zweck wird empfohlen, sich im Team auf eine zentrale Lösung zu einigen, auf die alle Teammitglieder online zugreifen können. Ähnlich wie ein Cockpit wird hier im Optimalfall eine Übersicht über den Status aller Aufgaben dargestellt. Die Informationen im Instrument helfen bei der Auswahl und Gestaltung eines solchen „Dashboards". Zudem finden Teammitglieder Empfehlungen für die Bewältigung der vielen Aufgaben auf individueller Ebene.

Um Orientierung zu schaffen, ist z. B. bei plötzlich eintretenden Krankheitsfällen klar, wer für was zuständig ist. Das Ziel ist, dass Teams anhand der Beschreibung ein System entwickeln bzw. umsetzen, mit dem übersichtlich und klar nachvollziehbar ist, wer für welche Aufgaben zuständig und wie der jeweilige Status ist. Anhand einer Zusammenfassung der möglichen Kollaborationstechniken und der verschiedenen Kriterien können Teams eine Lösung auswählen. Am Beispiel eines virtuellen Kanban-Boards kann das Prinzip nachvollzogen werden. Da Aufgabenverwaltung nicht nur auf der Team-Ebene erfolgt, sondern sich auch jedes einzelne Teammitglied individuell mit der Organisation von Aufgaben auseinandersetzt, ist weiterhin ein Überblick über zentrale Zeitplanungstechniken enthalten.

6.1.1.2.4 Vereinbarung – Zeit & Vertrauen

Unterschiedliche Werte und Normen stellen Teams immer wieder vor große Herausforderungen. Sogar bei der Einhaltung von Terminabsprachen oder bei „Offline-Zeiten" zur Mittagszeit kann es unterschiedliche Meinungen geben. Während es für manche vollkommen in Ordnung ist, vormittags mehrfach angerufen zu werden, wünschen sich andere gerade in dieser Zeit etwas Ruhe, um wichtige Anfragen zügig abzuarbeiten. Die Feststellung, dass ein klärendes Gespräch vorab einiges an Mühe gespart hätte, erfolgt oft erst nachträglich.

Um diesen Stolpersteinen virtueller Teamarbeit vorzubeugen, können Teams die *Vereinbarung – Zeit & Vertrauen* nutzen. Bei jeder Aussage kann das Team einzeln entscheiden, ob der jeweilige Grundsatz im Team Geltung finden soll. So lässt sich eine maßgeschneiderte Vereinbarung generieren, die durch eigene Elemente ergänzt werden kann. Mit einer Unterschrift am Ende der Vereinbarung sichern die Teammitglieder Verbindlichkeit zu, sodass sich alle auf das Vereinbarte verlassen können. Die Vereinbarungen sind in vier Themenkomplexe unterteilt: Vertrauen, Zeitkompetenz, Kommunikation und Prozessfeedback.

Die *Vereinbarung – Zeit & Vertrauen* setzt bei der Gestaltung von Kommunikation und Prozessfeedback an. Anhand der Checklisten können Teams sich gemeinsam zur Umsetzung von festgelegten Handlungsweisen bekennen. So werden feste Strukturen geschaffen, die den einzelnen Teammitgliedern Sicherheit geben.

6.1.1.2.5 Overload – Wahrnehmung und Bewältigung von Überlast

Derzeit sind häufig mehr unterschiedliche Aufgaben pro Arbeitstag zu erledigen als noch vor 20 Jahren. Dieser Trend führt bei vielen Unternehmen dazu, dass sich eine neue Struktur, wie etwa eine erhöhte Arbeitsdichte, etabliert und die Beanspruchung der Mitarbeitenden insgesamt steigt. Um diese Entwicklung aufzufangen, bedarf es einer anpassbaren Herangehensweise bei der Gestaltung von Arbeitszeit. Fehlen die notwendigen Ressourcen und Freiräume, so können die Belastungen Überhand nehmen und schließlich die Gesundheit beeinträchtigen.

Das Instrument Overload eignet sich besonders, um rechtzeitig ein mögliches Ungleichgewicht zwischen Arbeitsaufgabe und individuellen Ressourcen zu erkennen, Empfehlungen für den Umgang mit Überlast und die Prävention von Burnout ergänzen die Einschätzung.

Das Instrument ist mit dem Fokus auf Gesundheit einzusetzen. Ziel ist die Prävention und Früherkennung von Überlast und das Erlernen von Strategien, um Stress zu bewältigen bzw. zu reduzieren. Zu diesem Zweck enthält das Instrument zunächst eine Übersicht mit Informationen über die Entstehung von Stress und Burnout. Die Informationen werden durch eine Übersicht möglicher Maßnahmen aus organisatorischer sowie aus individueller Sicht ergänzt. Betroffene haben meist „wenig Zeit“, um sich Informationsmaterial durchzulesen. Daher ist das Tool modular aufgebaut, sodass in kurzer Zeit wichtige Impulse vermittelt werden können. Eine nachhaltige Verbesserung ist jedoch erst dann zu erwarten, wenn mehr Zeit in die Lösung des Problems investiert wird. Dafür finden Anwender Handreichungen, um sich dem Thema strukturiert zu nähern. Da häufig ein starkes Leistungsmotiv verbunden mit einer subjektiven Wahrnehmung hinter der Entstehung von Burnout steckt, soll mit dem objektiven Ansatz eine neue Perspektive eröffnet werden.

Zusammenfassend lässt sich sagen, dass die Instrumente im *Kompass – Zeit & Vertrauen* an verschiedenen Punkten ansetzen und variabel einsetzbar sind. Die Zusammenstellung repräsentiert dabei die Realität der im Projekt untersuchten Unternehmen sowie der Erkenntnisse darüber, welche Ansätze hilfreich sind, bzw. an welchen Stellen Handlungsbedarf gesehen wurde.

6.1.2 Forschungstransfer Toolentwicklung

Der Toolentwicklung liegt eine wissenschaftliche Analyse zugrunde. Um konkrete Bedarfe in deutschen mittelständischen Unternehmen zu erfassen, wurde zunächst eine Bestandaufnahme durchgeführt. Dieser qualitative Ansatz bestand aus einer Kombination von Interviews, Gruppendiskussionen und der Beobachtung eines virtuellen Führungskräftemeetings. Durch das Vorgehen konnten zentrale Handlungsfelder und Gestaltungsansätze in Bezug auf Zeitkompetenz und Vertrauen festgestellt werden.

Während der Schwerpunkt des qualitativen Vorgehens auf dem Erkenntnisgewinn lag, wurden die Ergebnisse anschließend mithilfe eines quantitativen Online-Fragebogens überprüft. Dabei war das Ziel zu erfahren, welche Einflussfaktoren zur Förderung von Zeitkompetenz und Vertrauen sowie schließlich der Zusammenarbeit im Team am wichtigsten sind. Zudem wurde die Auswirkung von Zeitkompetenz und Vertrauen auf eine erfolgreiche Zusammenarbeit untersucht.

6.1.2.1 Vorgehen qualitative Studie: Interviews, Gruppendiskussionen und Beobachtung

Die Interviews wurden mit zwölf Experten und Expertinnen aus zwei mittelständischen IT-Unternehmen durchgeführt. Expertinnen und Experten waren dabei als Personen definiert, die selbst von der Situation virtueller Teamarbeit betroffen waren und somit aus dem Arbeitsalltag erzählen konnten. Auf operativer Ebene wurden primär Führungskräfte befragt. Um möglichst viele unterschiedliche Perspektiven abzudecken, wurden Personen mit Geschäfts- oder Personalverantwortung als Fachleute einbezogen. Die teilstrukturierten Interviews wurden mithilfe eines Interviewleitfadens geführt. Der Leitfaden war so konzipiert, dass vorgegebene Themenschwerpunkte abgedeckt wurden, jedoch zusätzliche Rückfragen möglich waren und sich ein „natürliches Gespräch" entwickeln konnte. In einem Pilotinterview wurde der Leitfaden getestet. Eine Tonbandaufnahme ermöglichte eine wortgenaue Erfassung der Aussagen. Die Interviews dauerten zwischen 45 und 90 min.

In beiden Unternehmen wurde jeweils eine moderierte Gruppendiskussion durchgeführt. Der Inhalt war analog zu den Interviews, jedoch wurde hier mehr Raum für eine freie Gesprächsentfaltung eingeräumt. So standen jene Themen stärker im Fokus, die für die Betroffenen einen zentralen Stellenwert einnahmen.

Ergänzend wurde eine Beobachtung durchgeführt, bei der drei Standorte eines Unternehmens per Videokonferenzsystem miteinander kommunizierten. Die Forscherin war an einem der Standorte anwesend, um die Interaktion, die Durchführung des Meetings sowie dessen Organisation zu beobachten. Es handelte sich um eine nicht teilnehmende, offene und direkte Beobachtung. Die Beobachtung erfolgte teilstrukturiert anhand einer selbst entworfenen Kategorisierung, in welche Beobachtungen notiert wurden. Begleitend diente eine Checkliste als Hilfsmittel, um in möglichst kurzer Zeit die interessierenden Inhalte zu überprüfen. Das Ziel der Beobachtung war es, einen möglichst unverfälschten Eindruck des virtuellen Zusammenarbeitens zu gewinnen und sich mit den Gegebenheiten in den Unternehmen vertraut zu machen. Die Videokonferenz wurde auf die gleiche Art und Weise wie sonst durchgeführt. Im Anschluss wurde berichtet, dass die Aktivität der Teilnehmenden etwas zurückhaltender war als sonst. Im Gegensatz zu den Interviews und Gruppendiskussionen erfolgte bei der Beobachtung aus Datenschutzgründen keine Tonbandaufnahme. Die Dokumentation erfolgte vor Ort schriftlich.

Die Aufnahmen aus den Interviews und Gruppendiskussionen wurden im Anschluss anonymisiert und in Transkripten verschriftlicht. Die Auswertung der Transkripte erfolgte anhand der qualitativen Inhaltsanalyse nach Mayring. Dazu wurden Textsegmente kodiert, damit diese im Anschluss inhaltlich strukturiert und zusammengefasst werden konnten. Die Hauptkategorien „Zeitkompetenz" und „Vertrauen" standen im Fokus der Analyse und wurden über einen mehrstufigen Prozess auf wenige Unterkategorien reduziert. Die Ergebnisse der qualitativen Studie (Interviews, Gruppendiskussionen und Beobachtung) wurden in Workshops mit den Unternehmenspartnern diskutiert und systematisiert. Sie dienten als maßgebliche Grundlage für die Toolentwicklung.

6.1.2.1.1 Ergebnisse der qualitativen Studie

Hier folgt eine Zusammenfassung der zentralen Erkenntnisse strukturiert nach Inhalten.

6.1.2.1.2 Zeitkompetenz

Zur Abgrenzung von Arbeit und Privatleben wird in einem Interview eine persönliche Strategie beschrieben: „... das ist bei den Anderen auch Usus, sich einfach auch im Outlook dann die Zeit geblockt einzutragen, um eben auch nicht dann gebucht zu werden ..." (Interview 7, 80). Der kompetente Umgang mit der Frage, wie viel Zeit dabei wofür verwendet wird, ist ein essenzieller Bestandteil von Zeitkompetenz. Dies kommt insbesondere dann zum Tragen, wenn die Arbeit von einer hohen Flexibilität und einer hohen Eigenverantwortlichkeit geprägt ist. Dieser individuell unterschiedliche Umgang mit Arbeitszeitspielraum wird an folgender Aussage deutlich: „... die Freiheiten sind da, man kann sich über den Tag das selbst organisieren. Aber wenn es irgendwo brennt, muss man einschreiten, das geht nicht anders." (Interview 2, 156). Zudem wurde in den Interviews deutlich formuliert, dass die Arbeitslast (der „Workload") auch Grenzen haben muss, da auch die Arbeitszeit begrenzt ist. Ein „Workload", der so bemessen ist, dass er in der Arbeitszeit ohne gesundheitliche Beeinträchtigungen bewältigt werden kann, resultiert in einer angemessenen Arbeitsdichte. Diese Arbeitsdichte ist bei Teamarbeit oft nicht optimal auf alle Teammitglieder verteilt, was nicht nur zu Konfliktpotenzial, sondern auch zu Gesundheitsrisiken führen kann. So lassen sich einige Interviewaussagen zusammenfassen.

6.1.2.1.3 Vertrauen

Gemeinsame Erfahrungen tragen zum Aufbau von Vertrauen bei. In einem Interview wurde das an folgender Aussage deutlich: „... ich denke schon, dass das [Vertrauen] schon auch da ist, aber nichtsdestotrotz wird es erst wachsen, wenn man länger miteinander arbeitet und sich näher kennenlernt." (Interview 2, 253). Die initiale Begegnung im Team nimmt dabei einen zentralen Stellenwert ein: „... als wir uns dann das erste Mal persönlich kennengelernt haben, ... das war danach auch schon anders, also wenn man sich einmal persönlich gesehen hat, das ist total wichtig, auch im Team." (Gruppendiskussion 2, 33). Speziell die persönliche Begegnung am selben Ort erleichtert dabei den Vertrauensaufbau. Falls dies jedoch nicht möglich ist, kann über die Zeit hinweg auch virtuell ein hohes Vertrauensniveau erreicht werden.

Es gibt verschiedene Verhaltensweisen, die konkret zum Vertrauensaufbau im Team beitragen. Neben regelmäßiger Kommunikation spielt auch die Art der Kommunikation eine wichtige Rolle. Offene Kommunikation ist wichtig für funktionierende Teamarbeit.

Durch Transparenz und klare Aussagen kann so auch Vertrauen gefördert werden. In einem Interview wurde dies wie folgt beschrieben: „Und ich habe mich dann aber wirklich durchgesetzt, habe gesagt, nein, ich bin da auf Sie angewiesen und ich brauche Sie da und wir kriegen das gemeinsam hin und so und dann hat mir die eine von den beiden am nächsten Tag eine Mail geschrieben, dass sie es richtig gut findet, dass ich nicht eingeknickt bin.“ (Interview 12, 293).

Wertschätzung wurde auf Basis mehrerer Interviewaussagen als wesentlich für den Vertrauensaufbau identifiziert. Sie kann auf verschiedene Arten ausgedrückt werden. Dabei geht es nicht nur darum, höflich und respektvoll miteinander zu sprechen. Auch Entscheidungen und Einstellungen sind Indikatoren für Wertschätzung. Beispielsweise wurde in einem Interview berichtet, dass es von Vertrauen zeugt, wenn Führungskräfte den Beschäftigten einen Entscheidungsspielraum einräumen: „…das verstehen viele eben als mangelndes Vertrauen, dass man mir als dem Spezialisten für Thema XY eben nicht das Vertrauen schenkt, das auch so zu entscheiden, dass das Hand und Fuß hat.“ (Interview 1, 500). Durch dieses geschenkte Vertrauen kann auch die Bereitschaft, das Vertrauen zu erwidern, erhöht werden.

6.1.2.1.4 Prozessfeedback

Ohne klare Vorgaben und Informationen können Aufgaben nur schwer bearbeitet werden. Die folgende Aussage verdeutlicht dies: „… manchmal soll es … wirklich die fertige Präsentation sein und dann, wenn uns dann noch Input fehlt, was die konkrete Anforderung ist und wir schicken das als ersten Entwurf, da kommt dann meistens auch so ganz schwammig irgendwas rüber.“ (Interview 9, 512). Solche fehlenden Informationen sind oft Folge von Überlast auf Seiten der Auftraggeber oder werden bereits in vorhergehenden Prozessphasen weitergegeben. Zur Vermeidung sind klare und regelmäßige Absprachen sowie ein transparenter Prozess zu empfehlen. Zu Beginn etwas mehr Zeit in Absprachen zu investieren, kann sich später in mehrfacher Hinsicht auszahlen. So formuliert ein Interviewpartner den Wunsch: „Dass man wirklich mal offenlegt, was gibt es jetzt für Aufgaben und wer übernimmt welche Aufgaben. Ich denke, das ist schon mal so ein wichtiger Punkt …“ (Interview 12, 220). Regelmäßige, auf den Fortschritt gerichtete Absprachen, in denen Verantwortlichkeiten und Aufgaben klar geregelt werden, sind also Bestandteile von Prozessfeedback und tragen aufgrund der Regelmäßigkeit zu einer besseren Zusammenarbeit bei.

Darüber hinaus kann das Teilen von Informationen über das eigene Aufgabengebiet hinaus die Arbeit sehr bereichern. So berichtet eine Interviewpartnerin davon, wie sie Prozessfeedback erlebt und wie hilfreich der Austausch im Team und in der Abteilung sein kann: „Und da gibt es immer einen Part, dass die Leute sich mal gegenseitig erzählen, woran sie gerade arbeiten und wo sie einen Rat brauchen von jemand anderem, weil sie vielleicht in einer Sackgasse sind. Das ist so der große Part für die gemeinsamen Dinge. Das haben wir einmal im Monat als *Webko* und einmal im Quartal mit Präsenz.“ (Interview 10, 70). Prozessfeedback zeichnet sich im Wesentlichen durch eine angemessene Frequenz (z. B. wöchentlich) und eine förderliche Feedbackkultur aus. Diese sollte beinhalten, dass sich Teammitglieder beteiligen, passende Rahmenbedingungen geschaffen werden und Informationen für alle Beteiligten abrufbar sind.

6.1.2.2 Vorgehen quantitative Studie: Online-Fragebogen

Auf den Ergebnissen der qualitativen Analyse basierend wurde ein Fragebogen entwickelt. Ziel der quantitativen Analyse war es, die Ergebnisse aus der qualitativen Analyse zu überprüfen und eine Gewichtung der Einflussfaktoren zu erhalten. Der Fragebogen wurde online über die Ansprechpartner der kooperierenden Unternehmen an deren Mitarbeitende verteilt. Die Stichprobe wurde zudem ergänzt durch berufsbegleitend Studierende der FOM Hochschule, die virtuell und in kleinen oder mittelständischen Unternehmen arbeiteten.

Von den $n = 156$ Teilnehmenden waren 39 % weiblich, 55 % männlich und sechs Prozent haben keine Angabe gemacht. Das durchschnittliche Alter betrug 34 Jahre, wobei die jüngste Person 19 Jahre und die älteste Person 64 Jahre alt war. Die Unternehmen stammen ähnlich wie bei der qualitativen Studie mehrheitlich aus der IT-Branche.

Das Ziel der quantitativen Studie war die Überprüfung der Frage: „Wie können Zeitkompetenz und Vertrauen in virtuellen Strukturen zur Zusammenarbeit von Führungskräften und Teams beitragen?" Es wurde untersucht, welchen Einfluss Zeitkompetenz und Vertrauen auf die Teamarbeit haben und welche beeinflussbaren Faktoren außerdem dazu beitragen. Alle Variablen wurden anhand 5- bzw. 7-stufiger Likert-Skalen („stimme gar nicht zu" bis „stimme völlig zu") abgefragt. Im folgenden Absatz erfolgt eine kurze Erläuterung der einzelnen Konstrukte.

Als Maß für die Zusammenarbeit von Teams wurde das Konstrukt *Teamwirksamkeit* im Rahmen der Studie entwickelt. Dieses misst analog zur Selbstwirksamkeit aber in Bezug auf Teams statt auf das Selbst, wie sehr sich Teams selbst zutrauen, erfolgreich zusammenzuarbeiten. Teamwirksamkeit wurde anhand mehrerer Fragen erhoben, so wurde beispielsweise gefragt, wie hoch die Zustimmung zu folgender Aussage ist: „Mein Team traut sich zu, seine Arbeit mit einer herausragenden Qualität zu erledigen."

Die *Individuelle Zeitkompetenz* umfasste in der Abfrage die Facetten „Anpassungsfähiges Zeitmanagement", „Klare Kommunikation", „Fokussierte Teamarbeit" und „Einhalten von Absprachen". Ein beispielhaftes Item lautete „Im Rahmen meiner Arbeitszeit arbeite ich die anstehenden Aufgaben flexibel ab."

Vertrauen wurde in Bezug auf das Team, die Führungskraft sowie das Unternehmen (Systemvertrauen) abgefragt. Außerdem wurde „Absicherndes Verhalten" abgefragt, welches dadurch geprägt ist, dass Mitarbeitende vermeiden, Verantwortung zu übernehmen und sich durch E-Mails absichern. Wenn diese Facette hoch ausgeprägt ist, spricht dies für ein geringes Vertrauen. Ein Item war z. B. „Ich kann mit allen Mitgliedern meines Teams frei über Probleme, die ich bei der Arbeit habe, sprechen und weiß, dass sie zuhören."

Wertschätzung wurde als single-item abgefragt: „Im Team herrscht ein wertschätzender Umgang."

Prozessfeedback wurde nach den folgenden Kriterien abgefragt: „Nachvollziehbarkeit", „Strukturiertheit", „Bezug zu konkreter Situation", „Anerkennung für herausragende Leistungen", „hilfreich" und „in regelmäßigen Abständen". Ein Item für Prozessfeedback war „Feedback im Team ist so aufgebaut, dass es mir wirklich hilft.".

6.1.2.3 Ergebnisse der quantitativen Studie

Als zentrales Ergebnis lässt sich festhalten, dass Teamwirksamkeit mit den abgefragten Konstrukten signifikant positiv zusammenhängt.

Abb. 6.3 Effekte der erklärenden Variablen auf Teamwirksamkeit, N = 156

Abb. 6.3 verdeutlicht die Stärke der Zusammenhänge. So zeigte sich in einer multiplen linearen Regression, dass 58 % der Varianz von Teamwirksamkeit durch Wertschätzung (β = 0,36***), Prozessfeedback (β = 0,25***), Vertrauen (β = 0,22**) und individuelle Zeitkompetenz (β = 0,12**) erklärt werden können. Dies spricht für einen hohen Erklärungsgehalt; aber auch dafür, dass es weitere wichtige Faktoren gibt, die nicht berücksichtigt wurden.

6.1.2.4 Transfer der Forschung in die Toolentwicklung anhand von Workshops

Die dargestellten Ergebnisse sowie tiefer gehende Analysen wurden in Unternehmensworkshops in zwei Umsetzungspartner-Unternehmen präsentiert. So konnte unternehmensindividuell herausgearbeitet werden, an welchen Stellen angesetzt werden sollte, um Zeitkompetenz und Vertrauen und damit auch die Teamarbeit zu verbessern. In den Workshops wurde in moderierten Kleingruppen anhand einer Soll-Ist-Analyse herausgearbeitet, welche Veränderungen angestrebt werden. Die Erkenntnisse wurden in Handlungsfelder und Toolbedarf bzw. -ideen gruppiert. Im Anschluss an die Workshops wurden die Ideen und Handlungsfelder weiter zusammengefasst und strukturiert. Im Prozess hat sich herausgestellt, dass eine Untergliederung der Instrumente in Zeitkompetenz und Vertrauen nicht zielführend ist, da beide Themen oft miteinander einhergehen. So ergab sich schließlich die Struktur für den *Kompass – Zeit & Vertrauen* mit den oben beschriebenen Instrumenten, die in enger Zusammenarbeit mit den kooperierenden Unternehmen entstanden sind.

6.2 vLead – virtuelle Zusammenarbeit bei perbit

Gaby Hampel und Lisa Krüger

Im Folgenden wird beschrieben welche Ziele die perbit Software GmbH im Rahmen der Digitalisierungsstrategie des Unternehmens mit dem Projekt vLead verfolgt hat und welche Instrumente zur Unterstützung virtueller Teamarbeit entwickelt und umgesetzt wurden.

6.2.1 Das Unternehmen

Die perbit Software GmbH ist seit ihrer Gründung 1983 ein digitales Unternehmen. „Think digital" wurde seit jeher großgeschrieben, sowohl bei der Entwicklung der HR-Software als auch in der perbit Arbeitsorganisation. Denn seit Anfang an arbeiteten die Mitarbeitenden an zwei Standorten in Deutschland – in Trossingen im Schwarzwald-Baar-Kreis und in Altenberge im Münsterland. Heute ist perbit an drei Standorten vertreten: Trossingen, Altenberge und Münster. 95 Mitarbeitende sind für das Unternehmen, entweder vor Ort an den drei Standorten oder im Home-Office tätig.

Auch das Home-Office ist bei perbit von Anfang an ein Thema, nicht erst seit der Corona-Pandemie. Flexible Arbeitsorte und Arbeitszeiten ermöglichen den Mitarbeitenden schon immer die Vereinbarkeit von Familie und Beruf. Dazu trägt auch eine gute IT-Infrastruktur bei, die eine wichtige Grundlage von virtueller Zusammenarbeit darstellt.

Eine weitere maßgebende Voraussetzung für virtuelle Zusammenarbeit ist die Unternehmenskultur: Ohne den entsprechenden Spirit der Mitarbeitenden, ohne agile Strukturen und eine aktivierende Führung wird diese nicht funktionieren. Change, Teamarbeit und Kundenorientierung sind seit jeher Erfolgsfaktoren bei perbit. Seit seiner Gründung hat das Unternehmen vier Software-Generationen sowie eine Cloud-Lösung auf den Markt gebracht.

Auch heute stellen der permanente Wandel und die Digitalisierung von Arbeitsabläufen eine wichtige Komponente im Unternehmen dar. „Digitalisierung ist ein strategisches Ziel unseres Unternehmens, dem wir aktuell mit einem Digitalisierungsprojekt zusätzliche Impulse verleihen." sagt Geschäftsführer Jörg Klausch. „Hierfür haben wir einen internen Digitalisierungsbotschafter ernannt, der die Mitarbeitenden bei New Work und beim Einsatz von Digitalisierungstools unterstützt."

6.2.2 Die Ausgangssituation

Im Unternehmen gibt es eine Vielzahl an etablierten Maßnahmen, die den Mitarbeitenden flexible Arbeitszeiten und -orte sowie ein förderliches Arbeitsumfeld ermöglichen. Im Folgenden werden einige der Maßnahmen kurz vorgestellt:

- **Gesundheitsmanagement.** Um die Mitarbeitergesundheit zu unterstützen und Prävention am Arbeitsplatz zu ermöglichen, bietet perbit ein Maßnahmenpaket an, das von der Beratung für eine ergonomische Ausrichtung des Arbeitsplatzes bis hin zur Anschaffung ergonomischer Büromöbel und -ausstattung und der Kostenübernahme von Computerbrillen reicht. Auch täglich frisches Obst, Gemüse und Mineralwasser für die Beschäftigten, wöchentliche Massagen und ein durch die Mitarbeitenden initiiertes Sportprogramm gehören dazu. Darüber hinaus organisiert das Unternehmen regelmäßig Fahrtrainings für Außendienstmitarbeitende.

- **„Open Door"-Kultur.** Bei perbit herrscht eine Kultur der offenen Türen. Sowohl Kollegen, direkte Vorgesetzte, Personalabteilung als auch die Geschäftsführung zeigen damit, dass sie jederzeit ansprechbar sind. Das führt zu kurzen Wegen bei Absprachen und Problemlösungen. Der kollegiale Umgang und die Vertrauenskultur fördern informelle Gespräche auf den Fluren, in den Cafeterien und am Arbeitsplatz. Auch in virtueller Zusammenarbeit wird der „Open-Door"-Ansatz weiterverfolgt, indem die offenen Türen durch eine Software im Telefon-Client symbolisiert wird.
- **Flexible Arbeitszeit.** Zu den Maßnahmen zur Gestaltung flexibler Arbeitszeit gehören flexible lebensphasenorientierte Arbeitszeitmodelle, Teilzeitmodelle auch für Führungskräfte und die Reduzierung von Reisezeiten durch einen verstärkten Einsatz von Online-Dienstleistungen. Die Einführung eines Elternzeit-Gesprächs – auf Wunsch für beide Elternteile, unterstützt die Mitarbeitenden in der Familienphase. Elternzeit wird gerne auch von Führungskräften in Anspruch genommen.
- **Flexibler Arbeitsort.** perbit-Mitarbeitende haben die Möglichkeit, im Home-Office zu arbeiten. Das galt schon vor der Corona-Pandemie. Um erfolgreiches Arbeiten im Home-Office zu unterstützen, stellt das Unternehmen Tipps zur Arbeitsorganisation im Home-Office zur Verfügung sowie eine moderne Kommunikationsinfrastruktur. Selbstverständlich wird dabei auch auf die Einhaltung gesetzlicher Vorgaben für die Arbeit im Home-Office geachtet. Zusätzlich setzt perbit neben einem professionellen Videokonferenzsystem weitere Kollaborationstools ein, um Reisen zwischen den Standorten zu reduzieren.
- **Life-Domain-Balance.** Das Maßnahmenpaket für Vereinbarkeit und Stressprävention enthält unter anderem Kinderbetreuungszuschüsse, eine Notfallbetreuung von Kindern im Betrieb sowie unterstützende Maßnahmen für die Pflege von Angehörigen. Die Mitarbeitenden haben zudem die Möglichkeit, an Resilienz-Seminaren teilzunehmen, um Krisen – auch im privaten Bereich – besser meistern zu können. Darüber hinaus gibt es ein Kontakthalteprogramm, um Mitarbeitende in Urlaub oder in Elternzeit weiter an das Unternehmen zu binden.
- **Vertrauensarbeitszeit.** Bei perbit wird eine variable Vertrauensarbeitszeit praktiziert. Im Mittelpunkt stehen die Begriffe Vertrauen, Eigenverantwortung, Flexibilität und Ergebnisorientierung. Die Mitarbeitenden und die Führungskräfte sind gemeinsam verantwortlich dafür, dass kein Missverhältnis zwischen vertraglicher Arbeitszeit, Funktion und Aufgabenumfang entsteht und dass die Bestimmungen des Arbeitszeitgesetzes eingehalten werden.
- **Potenzialanalyse.** Mit der Potenzialanalyse der DNLA GmbH hat perbit ein Instrument eingeführt, das die Führungskräfte dabei unterstützt, ihre Mitarbeitenden bedarfsgerecht zu fördern. Diese nehmen regelmäßig an einer Befragung und einem Feedbackgespräch teil und erhalten anschließend einen aktuellen Handlungsplan für ihre individuelle Weiterentwicklung.

6.2.3 Das Digitalisierungsprojekt vLead

„Ziel des Digitalisierungsprojekts bei perbit war es, die agile Unternehmenskultur insbesondere im Rahmen der virtuellen Zusammenarbeit weiterzuentwickeln und im Unternehmen zu etablieren. Beim Thema New Work möchten wir up to date sein und die neuesten Entwicklungen ins Unternehmen tragen.“, so Geschäftsführer Hendrik Kellermeyer.

Hierzu hat perbit im vLead-Projekt verschiedene Instrumente entwickelt, die die einzelnen Teams direkt umsetzen können. Sie sind als Hilfestellung bei der Gestaltung virtueller Teamarbeit zu verstehen und können die Nachteile virtueller Kommunikation teilweise auffangen. Dazu gehören eine Checkliste und Kommunikationsleitlinien für virtuelle Meetings. Zusätzlich zu den im Projekt entwickelten Instrumenten gibt es weitere Angebote zur Unterstützung virtueller Teamarbeit, vor allem: Co-Working via MS Planner und OneDrive sowie Skype als Kommunikationskanal.

Im Folgenden werden drei der Instrumente näher vorgestellt, mit denen wir bei perbit besonders gute Erfahrung gemacht haben:

1. *Impuls: Ready to Fly*
   In Videokonferenzen und virtuellen Meetings steht bei perbit die effiziente und zielführende Durchführung im Vordergrund, wobei das harmonische Miteinander nicht verloren gehen darf. Daher sind Nachfragen während des Videocalls besonders wichtig, um alle Teilnehmenden auf einen gemeinsamen Informationsstand zu bringen, Anliegen zu klären und Vorbereitungsmaßnahmen abzuschließen. Eine regelmäßige Möglichkeit zu Nachfragen in virtuellen Meetings hilft den Teams dabei zu überprüfen, ob alle Teammitglieder bereit zum „Abflug“ sind. Beim Ready to Fly ist uns besonders wichtig, dass auf die Kommunikationsregeln, die wir in unserer Kommunikationsleitlinie festgehalten haben, hingewiesen und die Einhaltung sichergestellt wird. Besonders für Mitarbeitende, die nur sporadisch Meetings organisieren, sind die Empfehlungen hilfreich, da sie sich mit dem Ready to Fly-Instrument gut auf die Meetings vorbereiten können. Dabei bietet es sich an, vorab einen „Eisbrecher“ als Einstieg in das Gespräch mitzubringen. Eine gute Vorbereitung ist der Schlüssel für einen reibungslosen Verlauf des Meetings. Mittlerweile haben die Teammitglieder die Maßnahmen in der täglichen Umsetzung verinnerlicht.
   - Virtualität: Videokonferenzen
   - Akteure: Teammitglieder, Team
   - Bedürfnis: Empathie
   - Gestaltung: Kommunikation, Zeitkompetenz
   - Outcome: Effektivität, Wirtschaftlichkeit
2. *Impuls: E-Coffee*
   Da bei standortübergreifender Arbeit der persönliche Kontakt leicht verloren geht, bietet der E-Coffee die Gelegenheit, einen Ausgleich zu schaffen. Bei einer virtuellen Kaffeepause haben die Mitarbeitenden die Möglichkeit, informelle Gespräche auch

ohne Face-to-Face Kontakt zu führen und sich auszutauschen. Der E-Coffee findet bei perbit per Skype for Business und MS Teams während der Arbeitszeit statt und unterstützt die informelle Kommunikation. Die Mitarbeitenden nutzen dabei ihren Laptop oder auch die Videokonferenztechnik in den Konferenzräumen.

- Virtualität: Standortübergreifende Teamarbeit
- Akteure: Teammitglieder, Teamleitung, Organisation
- Bedürfnis: Anschluss
- Gestaltung: Vertrauen, Kommunikation
- Outcome: Gesundheit, Motivation

3. *Impuls: E-Daily*

Das tägliche Stand-up Meeting dient in agiler Projektarbeit dazu, dass sich alle Teammitglieder täglich auf den neuesten Stand bringen. Damit das auch in virtuellen Teams reibungslos funktioniert, bietet es sich an, das „Daily" telefonisch oder per Videocall durchzuführen und über diese Kommunikationskanäle routiniert die wichtigsten Informationen auszutauschen.

Das Instrument wird auch in Teams angewendet, die nicht in festen agilen Strukturen arbeiten. Wir besprechen in möglichst kurzer Zeit die wichtigsten Punkte, damit alle Teammitglieder auf dem aktuellen Stand sind. Die E-Dailys waren eine gute Möglichkeit, um das neue Kommunikationsleitbild in der Praxis einzuüben und in regelmäßigem Austausch Feinheiten der Kommunikation zu verstetigen. Voraussetzung für einen reibungslosen Ablauf ist auch hier, dass die Technik funktioniert.

- Virtualität: Virtuelles Arbeiten
- Akteure: Team, Teammitglieder
- Bedürfnis: Anschluss, Orientierung
- Gestaltung: Prozessfeedback, Zeitkompetenz
- Outcome: Effektivität, Wirtschaftlichkeit

6.2.4 Die Umsetzung

Am Beispiel E-Coffee soll verdeutlicht werden, wie die Umsetzung im Unternehmen und in den einzelnen Teams gehen kann.

Bei perbit wurde der E-Coffee bereits vor der Corona-Pandemie über verschiedene Wege im Unternehmen verbreitet. Einen besonderen Stellenwert hatte dabei der E-Coffee mit Event-Charakter, der genutzt wurde, um die Maßnahme den Mitarbeitenden näher zu bringen. Die Events hatten zudem das Ziel, die Mitarbeitenden auf die Möglichkeit hinzuweisen, den E-Coffee auch teamintern zu nutzen. Für die Events wurden verschiedene Anlässe genutzt.

Im Sommer gab es ein gemeinsames unternehmensweites Eis essen, das gleichzeitig über die Videokonferenzräume der einzelnen Standorte übertragen wurde. Auch ein runder Geburtstag wurde per Übertragung zwischen den drei Standorten gefeiert. Zur Feier des Tages wurde in den Cafeterien jeweils ein Laptop aufgestellt und „Happy Birthday" gesungen. Anschließend gab es für alle Sekt oder andere Getränke, während sich Kleingruppen in den Räumen unterhalten haben und die feierliche Stimmung in allen Standorten virtuell übertragen wurde. Auch Gespräche zwischen den Standorten fanden dabei über die Laptops statt.

In der Weihnachtszeit gab es ein großes virtuelles Event, das eine perbit-Tradition begleitet hat: das Hexenhaus. Damit ist ein großes Lebkuchen- und Schokoladenhaus gemeint, das mit vielen Pralinen auf dem Dach besetzt ist und in dem eine „Hexe" wohnt. Bei der offiziellen Eröffnung wird das festlich verpackte Haus an allen Standorten ausgepackt und die Übertragung findet wieder über das Videokonferenzsystem mit einem Großscreen bzw. mit Leinwand statt. Die ersten Pralinen werden feierlich heruntergenommen. Diese Tradition ist eine schöne Gelegenheit für Begegnungen und Austausch. Da man sich standortübergreifend nicht sehr oft persönlich sieht, ist das Wiedersehen für viele ein „großes Hallo". Im Jahr 2020 konnte die gemeinsame Eröffnung nicht stattfinden, daher gab es als Ersatz einen virtuellen Adventskalender. Auch wurden virtuelle Weihnachtsfeiern sowohl unternehmensweit als auch teamintern durchgeführt. Bei der großen E-Weihnachtsfeier wurden den Mitarbeitenden vorher als Überraschung Päckchen mit allerlei Leckereien zugesandt, die dann bei der virtuellen Übertragung gemeinsam geöffnet wurden. Gefolgt von der Einladung, sich mit einem Getränk am Laptop im Home-Office einzufinden, wurde die Weihnachtsfeier so im virtuellen Raum begangen. Zu empfehlen ist dabei, auf eine ausgewogene Agenda zu achten. Diese sollte strukturiert sein, aber auch Freiräume für Kommunikation lassen. Zusätzlich gab es in den verschiedenen Teams kleine Weihnachtsfeiern, die auf ähnliche Art stattfanden. Hier stand der persönliche Austausch in der kleinen Runde stärker im Fokus. Als Vorbereitung wurde z. B. auch ein Päckchen mit Glühwein und Naschereien im weihnachtlichen Carepaket versandt. Diese Maßnahme war besonders in Hinblick auf das Onboarding einer neuen Mitarbeiterin eine gute Gelegenheit, sich in ungezwungener Atmosphäre besser kennenzulernen.

Seit der vermehrten Nutzung des Home-Office im Zuge der Corona-Pandemie hat sich ein virtuelles „After Work"-Treffen in vielen Teams etabliert. Dabei treffen sich die Teams teils wöchentlich, teils sporadisch in Videocalls, um gemeinsam etwas zu trinken und sich über Verschiedenes auszutauschen. Gesprochen wird über das Büro aber auch über andere Dinge. Die Calls finden meistens freitags nach der Arbeit statt und dauern etwa eine halbe bis eine dreiviertel Stunde. Organisiert werden die E-Coffees durch die Teams selbst, wobei auch ein übergreifender Austausch zwischen den Teams stattfindet und sie sich gegenseitig einladen.

Durch die verschiedenen Umsetzungswege kann ein wesentlicher Punkt der Zusammenarbeit aufgefangen werden, der beim virtuellen Arbeiten vielen fehlt: die informelle Kommunikation. Das Informelle ist sehr wichtig für die Unternehmenskultur und das Miteinander. Das haben inzwischen alle wahrgenommen. Nach und nach hat sich der E-Coffee von alleine verbreitet und erreicht zum Stand Dezember 2020 immer mehr Mitarbeitende, da sie die Maßnahme als eine Bereicherung und eine positive Abwechslung in der virtuellen Zusammenarbeit erleben. Das, was sonst auf dem Flur und spontan auf den Gängen und in den Büros passiert, nämlich der Austausch, der vielen fehlt, kann durch den E-Coffee gut aufgefangen werden. Wichtig ist dabei auch, dass Arbeit Spaß machen darf und soll, dass zwischenmenschliche Beziehungen dazugehörigen und sich Freundschaften entwickeln können. Manche verabreden sich sogar zum gemeinsamen Online-Gaming.

6.2.5 Fazit und Ausblick

Die Implementierung weiterer Maßnahmen ist aufgrund der Corona-Pandemie eingeschränkt. Die fortlaufende Digitalisierung erfordert auch bei perbit schnelles und agiles Handeln. Aufgrund zu erwartender kurzfristiger Umstellungen im Zuge der Pandemie hat es sich bewährt, unterschiedliche Szenarien zu planen, um flexibel zu bleiben. Seit mehreren Jahren beschäftigt sich perbit mit der Umsetzung der Digitalisierungsstrategie, u. a. mit dem vLead-Projekt. Das bedeutet insbesondere, dass technische Veränderungen mit einer entsprechenden Entwicklung der Unternehmenskultur einhergehen. Dies sollte mit Maßnahmen der Personal- und Organisationsentwicklung begleitet werden, um sicherzustellen, dass die Mitarbeitenden daran beteiligt werden und sich mitgenommen fühlen. Die technischen Veränderungen bedeuten konkret die Einführung von Software: Im Jahr 2019 wurde Skype for Business eingeführt. Daher war perbit für den Übergang zur stärkeren Home-Office-Nutzung gut vorbereitet. OneDrive wurde passend zum Jahresbeginn 2020 ausgerollt. Das Intranet wurde und wird im Zuge der Digitalisierung neu aufgesetzt, um eine optimale User Experience zu erzielen. Das Rollout weiterer Office 365 Komponenten und hier insbesondere MS Teams ist für 2021 geplant und befand sich im Jahr 2020 in mehreren Teams in der Pilotphase. Zudem beschäftigt sich der Digitalisierungsbotschafter seit 2019 mit den verschiedenen einhergehenden Themen. Dazu gehört neben der Koordination der verschiedenen Veränderungen auch die Begleitung des Prozesses als zentraler Ansprechpartner auf interner sowie auf externer Ebene.

Unternehmenskultur wird weiterhin ein großes Thema sein, da eine Auseinandersetzung mit Veränderungen ein stetiger Prozess ist. Dazu gehört ein offenes Mindset, der Mut zu Veränderungen und die Bereitschaft sich aktiv einzubringen. Um dies zu erreichen, sind verschiedene Maßnahmen in Planung. Besonders in Corona-Zeiten zeigen sich Recruiting und Onboarding als wichtige Aspekte im Change-Prozess. Es ist schwieriger, Menschen in einem virtuellen Gespräch kennenzulernen als im persönlichen Interview. Gleiches gilt für das Onboarding, da Führungskräfte und Teams sowie Mentorinnen und Mentoren neue Wege für die Einarbeitung und das Zurechtfinden in den Strukturen seitens der Mitarbeitenden finden müssen.

Die Teilnahme am vLead-Projekt war für perbit besonders aufgrund der Reflexion der Thematik wertvoll. Sich durch die Impulse aus dem Projekt mit neuen Themen zu beschäftigen und aktiv Lösungen zu erarbeiten, hat unsere tägliche Arbeit bereichert. Der Austausch in einem großen Netzwerk bot die Möglichkeit, immer wieder neue Ideen zu erhalten und ins Unternehmen zu tragen. Aufgrund der partizipativen Projektgestaltung und der Unterstützung durch das Management konnten viele Mitarbeitende an der Toolentwicklung und -implementierung mitwirken und von den Inhalten des Tools *Kompass – Zeit & Vertrauen* begeistert werden.

6.3 Evaluation des Kompass – Zeit & Vertrauen – Feedback zur Benutzungsfreundlichkeit und zur Nützlichkeit des Tools

Rebekka Mander und Ulrike Hellert

Die Evaluation des Handbuchs „Kompass – Zeit & Vertrauen" verlief in zwei Phasen: in Form einer schrittweisen Evaluation (formativ) und einer Ergebnisevaluation (summativ). Für eine optimale und reibungslose Praxisanwendung wurde eine höhere Gewichtung auf die formative Evaluation gelegt. Durch beständiges Feedback in den Testphasen konnten Korrekturen vorgenommen werden, um den Inhalt zu optimieren. Das Ergebnis ist somit ein nutzerfreundliches Handbuch, was sich auch in der Darstellung der Evaluationsergebnisse widerspiegelt.

6.3.1 Beschreibung Evaluationsverfahren

Nach der Toolentwicklung wurde der Kompass – Zeit & Vertrauen in Zusammenarbeit mit den Pilotteams der Unternehmen perbit Software GmbH und kubusIT GbR inhaltlich und strukturell angepasst.

Nach mehreren Rückkopplungsschleifen konnte der Prototyp im Frühjahr 2019 fertig gestellt werden. Daran schloss sich im Sommer 2019 ein Workshop in einer Mischung aus Präsenz und Videokonferenz an, in dem der Prototyp drei (Pilot)teams vorgestellt wurde. Hieraus entwickelte sich ein Plan für die gemeinsame Pilotphase des Kompasses. Die einzelnen Toolbestandteile (Instrumente) wurden auf die Pilotteams aufgeteilt, welche sich dazu bereit erklärten, ihre Erfahrungen und Bewertungen in einem schriftlichen und mündlichen Feedback zu formulieren. Die erste Feedbackphase der drei Pilotteams endete im September 2019.

Im Herbst 2019 erfolgten mit der perbit Software GmbH Feedbackgespräche zu den derzeit im Unternehmen implementierten Instrumenten (E-Coffee, Dashboard, E-Talk, Ready to fly). E-Leadership-Kompetenz und Overload wurden für das kommende Jahr 2020 zur Implementierung vorgemerkt.

Zudem erfolgte im Herbst 2019 eine Präsentation beim Executive Board der kubusIT GbR zur Information über das Projekt und zur Planung des Ablaufs der Implementierung. Die Implementierung des Tools Kompass – Zeit & Vertrauen sollte mit geplanten Qualifizierungsmaßnahmen und der Strategie zur Organisationsentwicklung abgestimmt werden. So sollten möglichst große Synergien erzeugt und die Nachhaltigkeit der Implementierung sichergestellt werden. Eine Arbeitsgruppe wurde mit der Entscheidung und Detailplanung beauftragt.

Bei der Umsetzung hat sich herausgestellt, dass die Implementierung und das formative Feedback in vollem Umfang in dem geplanten Zeitraum nicht zu bewältigen war. Um die Implementierung und Evaluation kongruent zur Unternehmensstrategie umzusetzen, wurde im Januar 2020 ein Workshop abgehalten, bei dem ausgewählte Instrumente vorgestellt wurden. Zudem wurde das Instrument „E-Leadership-Kompetenz" im Rahmen des Workshops getestet und in einer strukturierten Gruppendiskussion evaluiert.

Das Konzept des Tools Kompass – Zeit & Vertrauen sieht vor, dass Unternehmen geeignete Inspirationen erhalten und damit nach Bedarf arbeiten können. Die Unternehmen gaben ausschließlich zu jenen Instrumenten Feedback, die sie auch erprobten. Um die daraus resultierende Lücke zu schließen, wurde ein drittes Unternehmen zu den kooperierenden Unternehmen aufgenommen: die D.O.M. Datenverarbeitung GmbH. Dieses Unternehmen interessierte sich aufgrund des Transferworkshops für Instrumente mit dem Fokus auf Kommunikation. Daher wurden das Instrument „E-Talk" und die „Vereinbarung – Zeit & Vertrauen" im Unternehmen nach einem Planungstreffen mit dem iap im Sommer 2019 implementiert. Im Herbst 2019 erfolgte ein Feedback-Gespräch, bei dem die Arbeitsgruppe dem iap über die erfolgreiche Umsetzung berichtete. Die beiden Instrumente wurden zunächst in einem Teamleitbild und später in einem Unternehmensleitbild zusammengeführt. Der Kompass – Zeit & Vertrauen wurde um eine Beschreibung des Implementierungsprozesses als Best-Practice-Beispiel durch die D.O.M. Datenverarbeitung GmbH ergänzt. In einer letzten Evaluationsphase wurden einzelne Instrumente in weiteren Unternehmen getestet. Die Rückmeldung in Form von Telefoninterviews wurde im Februar 2020 in den Kompass – Zeit & Vertrauen integriert.

Anhand der Beschreibungen zu den jeweiligen Instrumenten, wurden die Instrumente v. a. in der zweiten Jahreshälfte 2019 in mehreren Projektteams angewendet und anhand der folgenden Rückmeldungen modifiziert. Vom Evaluationsprozess war dabei das Kapitel „Überblick" mit den Instrumenten „Checkliste", „Handlungsempfehlungen auf einen Blick" und „Best Practice" ausgenommen, da diese in direkter Zusammenarbeit mit Unternehmen entwickelt wurden. Zudem bieten diese Instrumente einen Einstieg in den Kompass – Zeit & Vertrauen und sind weniger als alleinstehende Maßnahmen zu verstehen.

6.3.2 Allgemeines formatives Feedback zum Kompass – Zeit & Vertrauen

Im Unternehmensvergleich konnte festgestellt werden, dass die Tools in einem Unternehmen besonders gut implementiert werden konnten. Vermutungen aus Gruppendiskussionen und Feedbackgesprächen deuteten auf den Zusammenhang mit der Führungs- und Unternehmenskultur hin. Die Befragten waren der Meinung, dass es wichtig sei, alle Beteiligten „mitzunehmen". Diese Einstellung findet sich laut den Befragten eher in Unternehmen wieder, in denen die hierarchischen Strukturen flach sind. Speziell agil arbeitende Teams scheinen aufgrund ihres offenen Mindsets besonders für die Umsetzung des Tools geeignet zu sein.

In einem weiteren Unternehmen wurden unterstützende Merkmale von Teams für die Akzeptanz des Tools beschrieben. Ein Pilotteam bestand aus sechs Personen. Dieser Umfang wurde als angemessen angesehen, um Veränderungsprozesse wirksam werden zu lassen. Zudem wurden zwei weitere wichtige Voraussetzungen angeführt, die unmittelbar vorhanden sein sollten, damit eine langfristige Veränderung eintritt. Eine davon ist die Partizipationsbereitschaft der einzelnen Teammitglieder. Durch die Beteiligung und die grundlegende Einstellung, Meinungen aller Teammitglieder ernst zu nehmen, wird Akzeptanz für die Einführung des Tools geschaffen. Die zweite Bedingung stellt die Aufnahmebereitschaft dar. Damit ist der richtige Zeitpunkt zur Platzierung von Anwendungstools für Veränderungsprozesse gemeint. Jedes Unternehmen hat unterschiedliche Zyklen, sogenannte „Leerlaufphasen" und „Crunch-Zeiten". Zudem gibt es Saisons im Jahresverlauf, die Menschen aufnahmebereiter oder verschlossener machen, wie etwa Weihnachten oder Schulferien. Es gilt daher ein wachsames Gefühl zu entwickeln, wann Teams und Menschen für Veränderungsprozesse empfänglich sind.

Das Tool wurde vorrangig in der IT-Branche (insbesondere IT-Dienstleistung) getestet und ist dementsprechend für diesen Bereich zu empfehlen. Zudem liegt die Vermutung nahe, dass die Teams in diesem Bereich eine höhere Affinität zu virtueller Kommunikation aufweisen und sie daher besonders empfänglich für die Analyse- und Gestaltungsempfehlungen aus dem Projekt waren. Weiterhin wurde im Feedback zurückgemeldet, dass der Kompass – Zeit & Vertrauen vor allem für kleine und mittelständische Unternehmen (KMU) ein hohes Potenzial aufweist. Da in KMU oft keine festgelegten Kommunikationsstrukturen gegeben sind, besteht hier die Möglichkeit, gezielt Arbeitsweisen zu etablieren und diese nachhaltig zu gestalten.

Insgesamt wurden besonders die Toolbestandteile „E-Talk – unsere Sprache" und „E-Daily" positiv hervorgehoben. Die beiden wichtigen Aspekte „Richtlinien für respektvolle Kommunikation" und „regelmäßige daily stand-ups" wurden durch das Tool aufbereitet und unterstützen das Tagesgeschäft im virtuellen Arbeitsumfeld. Besonders betont wurde, dass einzelne Toolbestandteile über einen längeren Zeitraum voraussichtlich zur Vertrauensbildung beitragen. Weiterhin wird der Impuls-Charakter des Tools Kompass – Zeit & Vertrauen als hilfreich beschrieben, da die Inhalte zu kreativen Handlungen in der Praxis inspirieren. Speziell in Bezug auf tägliches bzw. wöchentliches Planen von Aufgaben berichteten die Pilotteams, dass die Impulse bei der eigenen Arbeitsorganisation geholfen haben. Rückmeldungen aus den Projektgruppen wurden genutzt, um die Bearbeitungszeit der einzelnen Instrumente abzuschätzen.

6.3.3 Formatives Feedback zum „E-Talk – Unsere Sprache"

Das Instrument „E-Talk – Unsere Sprache" hat sich in den Projektgruppen als nützlich erwiesen, um einen unternehmensindividuellen Rahmen für virtuelle Besprechungen zu entwickeln.

In den ersten Versionen der Anleitung wurde für Wortmeldungen während einer Videokonferenz ein zusätzliches „Chatfenster" vorgeschlagen. Dieses führt in der Praxisanwendung jedoch zu mehr Ablenkungen während des Teamgespräches und wird deshalb nicht empfohlen.

Die Projektteams waren sich einig, dass Aufmerksamkeit und Konzentration besser waren, wenn im Videokonferenzsystem möglichst wenige Funktionen gleichzeitig aktiviert waren. Da zu viele Funktionen gleichzeitig überfordern, ist die Wahl der Tools von den konkreten Bedarfen abhängig. So kann jedes Team im Unternehmen für sich entscheiden, welche Elemente und Hilfsmittel für die gemeinsamen Besprechungen sinnvoll sind.

Zudem beinhaltete die Demoversion der Krisenkarten weitere Elemente, die die Tester in Frage stellten. So wurde darauf verwiesen, dass die technischen Angaben, wie Internetprovider, Version des Betriebssystems und des Browsers für Teammitglieder, nicht notwendig waren, da diese im Zweifelsfall dem IT-Support bekannt waren. Im Home-Office könnten diese Informationen wiederum nützlich werden. Im Allgemeinen schlug das Pilotteam vor, die Informationen auf die Teilnehmenden der Konferenz (Telefonnummer und Zuständigkeiten) sowie Kontaktdaten von IT-Support und einer Spezialkraft zu reduzieren. Des Weiteren wurden Begriffe herausgestellt, die nicht verständlich waren und nun im Glossar erklärt werden (z. B. Change Agent). Es wurde darauf hingewiesen, dass manche Angaben im E-Talk in Hinblick auf datenschutzrechtliche Vorgaben sensibel sind. Deshalb wurde im Kompass – Zeit & Vertrauen ein Hinweis formuliert, der die Nutzenden an die Berücksichtigung erinnert.

Bei einer Gruppendiskussion mit den Teammitgliedern, die den E-Talk getestet haben, wurde die Frage diskutiert, inwiefern eine Rollenverteilung für Meetings wichtig sei. Die Diskussionsteilnehmer stellten fest, dass die Bedeutsamkeit der Anwendung von Rollenverteilungen von Team zu Team variiert. So wurde das Prinzip des Tools Kompass – Zeit & Vertrauen als Baukastensystem bekräftigt, bei dem Unternehmen angehalten sind, die Elemente flexibel in vorhandene Strukturen zu integrieren.

Ein weiteres Unternehmen hat sich mit dem E-Talk beschäftigt, um Kommunikationsstrukturen zu gestalten. Dabei wurde berichtet, dass Treffen in Präsenz grundlegend seien, um Bindungen aufzubauen und sie zu erhalten. Es zeigte sich, dass dem Treffen zu Beginn einer Zusammenarbeit der größte Stellenwert zukommt, während im weiteren Verlauf zu empfehlen ist, den persönlichen Kontakt möglichst oft durch Präsenztreffen zu stärken. Aus diesem Grund empfahl die Arbeitsgruppe des Unternehmens, die große Bedeutung von Präsenz im Kompass – Zeit & Vertrauen stärker hervorzuheben.

Ein Bereich des Unternehmens verwendete alle Bestandteile des E-Talk bis auf die Checklisten, um analog zu der Anleitung ein Leitbild zu erarbeiten. Somit hat sich der Baukasten-Charakter bewährt. Alle Pilotteams bewerteten die Methodik als sinnvoll, da die Verwendung je nach Unternehmen und Team variieren kann. So wurden die Leitfragen in der Testanwendung übernommen und durch eine duale Skalierung nach persönlicher „Wichtigkeit" und „Verbesserungspotenzial" (im Team) ergänzt.

Das Pilotteam bestand aus sechs Personen. Diese Personenanzahl wird als angemessene Größe angesehen, um Veränderungsprozesse wirksam werden zu lassen. Zudem wurden zwei weitere wichtige Voraussetzungen angeführt, die unmittelbar vorhanden sein müssen, damit eine langfristige Veränderung eintreten kann.

Im Pilotteam konnte retrospektiv festgehalten werden, dass durch die Anwendung des Instruments wichtige ungeklärte Fragen in Bezug auf ein gemeinsames Verständnis der teaminternen Kommunikation identifiziert werden konnten. Zudem konnte herauskristallisiert werden, dass die Teammitglieder Aufgaben und Herangehensweisen unterschiedlich bewerteten und nicht von Anfang an eine Sicht zur präferierten Arbeitsweise teilten. Sich dies bewusst zu machen, half bei der Erarbeitung einer geteilten Sichtweise.

Besonders erwähnenswert ist, dass eine mittelfristige Verhaltensänderung in der Kommunikationsgestaltung bereits durch das (einmalige) Einsetzen des E-Talks berichtet wurde. Dennoch wird die Umsetzung zur Qualitätssicherung regelmäßig reflektiert, um die positive Entwicklung auch langfristig beizubehalten.

6.3.4 Formatives Feedback zu „E-Leadership-Kompetenz"

Das Instrument zum Selbstcheck der eigenen Kompetenzen wurde positiv bewertet. Viele Aussagen treffen im gleichen Maße auf die Projektleitung oder Scrum-Master zu. Daher kann das Instrument auch als Orientierung von Personen verwendet werden, die nicht als Führungskräfte bezeichnet werden. So wurden die Begriffe geändert, sodass sich alle Betroffenen wiederfinden. Wörter wie „Mitarbeitende" wurden durch „Teammitglied" und „Führungskraft" gegen „Teamleitung" ausgetauscht.

Ausführlicher diskutiert wurde die optische Gestaltung des Selbsttests. Der Test war in vier Handlungsfelder aufgeteilt, in denen jeweils vier Fragen im farblichen „Ampelsystem" beantwortet werden konnten. Je nach Anzahl der angekreuzten Kategorien konnten so Handlungsfelder identifiziert werden. Im Prototypen waren verschiedene Informationen zur Kategorisierung enthalten, die aufgrund des Feedbacks vereinfacht wurden. Nach einer Diskussion wurde das Ampelsystem als Darstellung ausgewählt, da es intuitiver erschien als eine Beschreibung anhand von Wörtern.

Die farbliche Orientierung kann von Personen mit einer Rot-Grün-Schwäche als unübersichtlich empfunden werden. Daher empfahl ein Pilotteam bei individuellen Schwierigkeiten, das Instrument im Zweierteam zu bearbeiten. Eine zusätzliche Beschriftung als Orientierungshilfe wurde zudem eingefügt. Ein weiteres Pilotunternehmen merkte an, dass in agilen Teams jedes Mitglied Führungsaufgaben übernehmen kann und das Instrument somit potenziell für alle Teammitglieder hilfreiche Aspekte enthält.

Die Impulse in der Gestaltungsempfehlung waren verständlich und praxisnah. Die Anwendung war intuitiv, jedoch konnte noch keine Aussage über die Wirksamkeit der einzelnen Führungstechniken getroffen werden, da der Zeitraum dafür noch nicht ausgereicht hatte.

In einem Workshop mit Entscheidungsträgern wurde das Instrument in der zweiten Testphase getestet. Dabei wurden insgesamt eine hohe Praxistauglichkeit und ein hohes Potenzial von den elf Teilnehmenden wahrgenommen. Die Relevanz wurde unterschiedlich bewertet, da Führungsaufgaben bei den Teilnehmenden unterschiedlich ausgeprägt waren. Das Instrument ist also insgesamt gut geeignet für Führungskräfte bzw. Entscheidungsträger und wurde durchweg positiv bewertet. Besonders hilfreich wurde eingeschätzt, dass das Instrument sinnvolle Impulse zur Reflexion gibt und Führungskräfte durch die Struktur einen niederschwelligen Zugang finden. Besonders bei Nutzung der Fremdeinschätzung wurde es als hilfreich erachtet, eine Außenperspektive zu erhalten.

Für erfahrene Führungskräfte und Personen mit einer besonders hohen Führungsspanne (bis zu 40 Mitarbeitende) war das Instrument am wenigsten hilfreich. Hier haben sich einige Teilnehmende mehr konkrete Empfehlungen gewünscht. Es wurde festgestellt, dass das Instrument auf die Strukturen im Unternehmen übertragen werden sollte, um eine möglichst hohe Passung gewährleisten zu können.

Zukünftig könnte das Instrument optimiert werden, indem Aufwand und Nutzen der einzelnen Führungstechniken evaluiert würden. Zudem wurde der Workshop als begleitende Maßnahme als hilfreich empfunden. Ein großer Wunsch vieler Teilnehmender bestand in der Digitalisierung der Selbst- und Fremdeinschätzung. So könnte eine Software die Auswertung des Handlungsfelds und die Navigation zusätzlich erleichtern. Konkrete Vorschläge aus den Rückmeldungen wurden in der Gestaltung umgesetzt.

6.3.5 Formatives Feedback zum „Dashboard"

Das Pilotteam fand das Dashboard aus verschiedenen Gründen ausgezeichnet. Auf Basis der beschriebenen Kriterien wurde ein Kanban-Board ausgewählt und implementiert. Durch die Anwendung des Boards konnte eine höhere Selbstorganisation im Team festgestellt werden. Als weitere Hilfestellung im Kompass – Zeit & Vertrauen empfahl das Pilotteam eine Beschreibung eines Kanban-Boards als Beispiel für ein sinnvolles Aufgabenverwaltungssystem. Eine Beschreibung relevanter Aspekte bei der Einführung empfand das Team als wichtig, da unklar war, in welchem Auflösungsgrad Aufgaben beschrieben werden sollten. Aus diesem Grund wurde nachträglich eine Beschreibung ergänzt, um für Teams die Herangehensweise zu vereinfachen.

Die cloudbasierte Ablage von Dashboard-Informationen ermöglicht den Zugriff von allen Standorten aus und vereinfacht so die überregionale Zusammenarbeit. Damit wird eine schnelle Übersicht der zu bewältigenden Aufgaben sichtbar und Aktualisierungen sind für alle Mitglieder gleichzeitig nachvollziehbar. Mit dieser transparenten Zusammenarbeit innerhalb des Teams konnte das Vertrauen untereinander gestärkt werden. Das Aufgabenverwaltungssystem zu pflegen, bedeutet zunächst auch eine Pflicht, die mit etwas Aufwand verbunden ist. Nach einer Eingewöhnungsphase geht dies jedoch schnell in die alltägliche Praxis über.

Ein weiterer Vorteil des Dashboards ist die Möglichkeit der Planung von Kapazitäten, die sich zum Testzeitpunkt noch schwierig gestaltete. Für eine gute Planung und auch praktische Umsetzung, benötigen die einzelnen Teammitglieder zudem Zeit, um ihre eigene Zeitkompetenz innerhalb der vertrauensvollen Teamarbeit weiterentwickeln zu können. In diesem Zusammenhang wies das Pilotteam darauf hin, bei der Planung darauf zu achten, wann welche Mitglieder verfügbar sind. Bezüglich der Aufgabenplanung betonte das Pilotteam, dass jeder und jede Einzelne selbst reflektieren und persönliche Herausforderungen ehrlich kommunizieren sollte, um eine hohe Transparenz zu erzielen.

Schulungen und Teamaustausch können das ganze Team dazu befähigen, verschiedene Kompetenzen auszubilden und einzelne Mitglieder mit bestimmten Aufgaben zu entlasten. Somit könnten ebenso Strukturen geschaffen werden, um unbeliebte Aufgaben gerechter zu verteilen. Im Prototyp des Tools Kompass – Zeit & Vertrauen fehlte dieser Punkt zur gerechten Verteilung von unbeliebten Aufgaben. Dementsprechend wurde ein Hinweis aufgenommen und darauf verwiesen, dass z. B. die Rotation von Aufgaben eine Möglichkeit darstellt.

Des Weiteren empfahlen die Testenden, Aufgaben genau auszuformulieren und Priorisierungen der Aufgaben festzulegen. So kann der Überblick bewahrt werden, auch wenn manche Aufgaben zurückgestellt werden müssen. Eine Schätzung von Zeitbedarfen und die Priorisierung von Aufgaben sollen dazu beitragen, Überlast-Situationen abzuwenden und Aufgaben fristgerecht bearbeiten zu können.

6.3.6 Formatives Feedback zur „Vereinbarung – Zeit & Vertrauen"

Aus der Evaluation ging hervor, dass durch die Anwendung der Vereinbarung – Zeit & Vertrauen wichtige Punkte im Team tatsächlich angesprochen und diskutiert werden konnten. Durch das Feedback des Pilotteams konnte ein Vorgehen herausgearbeitet werden, das bei der Anwendung unterstützen soll. Des Weiteren wurden die einzelnen Beschreibungen verständlicher ausformuliert. Das Pilotteam wünschte sich Felder zum Ankreuzen wie in einer Checkliste.

Zudem wurde diskutiert, ob eine Skala zur Bewertung der Relevanz der einzelnen Aspekte hilfreich wäre. Die Einstellungen zu bestimmten Themen können individuell unterschiedlich sein und die Bewertung der Gruppe steht im Vordergrund. Da jedes Team durch das gemeinsame Ausfüllen der Vereinbarung in einem offenen Gespräch selbst entscheiden kann, welche Aspekte als wichtig erachtet werden, wurde auf eine Skala verzichtet. In der digitalen Version des Tools Kompass – Zeit & Vertrauen wurde die Funktion des aktiven „Ankreuzens" in PDFs möglich gemacht.

Das Instrument Vereinbarung – Zeit & Vertrauen wurde in den Pilotteams mit hoher Akzeptanz angenommen, weil es eine hilfreiche Grundlage darstellt. Jedoch wird ein gemeinsames Verständnis zur Thematik vorausgesetzt. Das Instrument wurde von den Pilotteams wie vorgesehen angewendet und führte die Ergebnisse aus dem E-Talk zusammen. Es wurde angemerkt, dass einige Bestandteile zu Beginn zu stark auf Virtualität ausgelegt waren, obwohl die Präsenzmeetings weiterhin gepflegt werden müssen. Bereits in der Testversion wurde positiv hervorgehoben, dass durch die Bearbeitung des Instruments ein gemeinsames Verständnis von Vertrauen im Team sowie die Zusammenarbeit gefördert werden konnten. Ebenso ist auch die Schärfung der Basiskompetenz „Kommunikation" wichtig, um komplexe virtuelle Zusammenarbeit zu stärken. Neben dem Vertrauen konnte in den Pilotteams eine Verbesserung der Zeitkompetenz festgestellt werden.

Im Test eines weiteren Unternehmens wurde die Vereinbarung gemeinsam mit dem E-Talk in ein eigenes Instrument überführt. Das Testteam wendete die Vereinbarung an und fügte in die eigene Version eine Skala mit den Ausprägungen „Wichtig" und „Verbesserungspotenzial" an. Das Team sah in der Vereinbarung Potenzial für die Übertragung in anderen Unternehmen, die noch keine feste virtuelle Kommunikationskultur entwickelt haben. Teams müssen offen für neue Herangehensweisen sein und bereit sein, diese neuen Strukturen schnell zu implementieren.

Insgesamt dient das Instrument als Grundlage für eine unternehmensindividuelle Anwendung und ist aus diesem Grund für KMU geeignet. Es kann auf Basis des Feedbacks der Teams festgehalten werden, dass das Instrument durch seine Anwendung Vertrauen schafft und eine positive Auswirkung auf die Zeitkompetenz wahrgenommen wurde. Es wurde betont, dass Treffen in Präsenz für den Vertrauensaufbau einen hohen Stellenwert haben. Die Akzeptanz im Team war sehr hoch, da das Instrument eine Grundlage für die unternehmensindividuelle Anwendung bietet.

6.3.7 Formatives Feedback zu „Overload – Wahrnehmung und Bewältigung von Überlast"

Das Thema Überlast wurde in der Pilotphase als wichtig erachtet. Es erscheint aufgrund des schwierigen Zugangs empfehlenswert, dass die Anwender sich intensiv damit befassen, wie sie Betroffene unterstützen können. Dabei kann das Instrument helfen. Da es sich um ein sensibles Thema handelt, erfordert die Anwendung viel Feingefühl und Empathie. Aus diesem Grund stufte das Pilotteam die Indikatoren-Liste als bedarfsgerecht ein. Ein besonderer Nutzen des Instruments besteht in der Einstufung, ob eine Überlast, die zu einer Beeinträchtigung des psychischen Wohlbefindens führt, vorliegt. Ein wissenschaftlich fundierter Überblick über die Grundlagen zum Verlauf von einzelnen Stresssituationen bis hin zum Burnout wurde als guter Einstieg in das komplexe Themenfeld empfunden. Des Weiteren haben die praxisnahen Beispiele eine leichte und eigenständige Anwendung des Instruments ermöglicht.

Nach dem Feedback wurde die Struktur des Kapitels verbessert und mehr Übersichtlichkeit durch Überschriften und weitere grafische Elemente geschaffen. Im Prototyp des Tools Kompass – Zeit & Vertrauen war die Vier-Felder-Tafel noch nicht komplett ausgearbeitet. In der finalen Version können anhand einer Kategorisierung unterschiedliche Typen auf den Achsen „Überlast" und „Thematisieren" eingeordnet werden.

In der zweiten Testphase bewertete eine Führungskraft das ausgearbeitete Dokument als wichtig für die Teamarbeit. Konkret wurde angeregt, als zusätzlichen Indikator das „Verdrängen von Aufgaben" aufzunehmen. Zudem wurden einige Empfehlungen hinzugefügt.

6.3.8 Formatives Feedback zum Impuls „Ready to fly"

Der Impuls „Ready to fly" wurde von den Projektteams als nützlich für virtuelle Meetings empfunden. Es wurde empfohlen, zusätzlich einen Hinweis auf den Zeitplan in die Checkliste aufzunehmen. Die Zusammenfassung der Abläufe von Videokonferenzen wurde positiv hervorgehoben. In vielen Teams ist eine professionelle Moderation von Telefon- und Videokonferenzen theoretisch längst Standard. Dementsprechend wird das im Impuls beschriebene Vorgehen von Mitgliedern des Pilotteams akzeptiert bzw. gelebt. In Fällen, in denen es noch nicht der Standard ist, kann der Impuls eine gute Stütze sein. Wie bereits in den vorhergegangenen Anwendungskapiteln hervorgehoben wurde, arbeitet jedes Team individuell und deshalb kann auch dieser Impuls an die spezifischen Ansprüche angepasst werden. So wurde die Checkliste in allen angegebenen Schritten durchgearbeitet und in Bezug auf die ausführliche Darstellung kritisiert. Aus diesem Grund wurde ein Hinweis, gestaltet, der besagt, dass sich die Teams gemäß ihrem Bedarf orientieren sollen. So kann es vollkommen ausreichen, dass statt eines recht starren Vorgehens im „Ready to fly" einzelne Stichpunkte in die Anmoderation von Videokonferenzen übertragen werden. Die Umsetzung in einem Pilotteam erfolgte analog zur Beschreibung. Dabei war geplant, das Vorgehen in eine Routine zu überführen, um eine nachhaltige und „organische" Integration in den Arbeitsalltag sicherzustellen.

Die Bewertung in der zweiten Testphase war, dass die Checkliste „eine ganz tolle Sache [sei], um virtuelle Meetings zu verbessern" (Zitat aus einem Feedbackgespräch). Es wurde berichtet, dass Meetings durch die Anwendung strukturierter waren und der zeitliche Rahmen besser eingehalten wurde. Auch für andere Unternehmen wird der Impuls als gut geeignet eingestuft, da er individualisierbar ist.

6.3.9 Formatives Feedback zum Impuls „E-Coffee"

Die Resonanzen zur Wirkung und Anwendung des Impulses sind sehr positiv. Angewendet wurde es in den Unternehmen bei Mitarbeitenden und Teams, die von zu Hause aus oder an unterschiedlichen Orten (wie etwa bei Kunden) arbeiteten. Durch das wöchentliche (telefonische) Jour-fixe konnten die Mitarbeitenden im Home-Office stärker eingebunden werden und das Vertrauensniveau zwischen den Kolleginnen und Kollegen konnte aufrechterhalten werden.

In der zweiten Testphase wurde rückgemeldet, dass der Impuls „gut geschrieben" sei und helfe, Kollegen und Kolleginnen im Team einzubinden. Im Team stand die notwendige Technik und die Methodenkompetenz in der Anwendung zur Verfügung. Dies wurde als wichtig erachtet. So ist auch eine spontane Nutzung mit Videoübertragung möglich. Um eine langfristige Verwendung sicherzustellen, empfiehlt das Testteam, sich selbst durch wiederkehrende Kalendereinträge daran zu erinnern oder die Personalabteilung mit der Begleitung der Maßnahme zu beauftragen.

Die Gestaltung des E-Coffee kann entweder mit einem Termin oder auch spontan über Videoübertragungs-Systeme wie z. B. Skype, WebEx oder Zoom geführt werden. Der kurze dreißigminütige „Plausch" über die Videokamera bei einem warmen Getränk schafft laut Pilotteam eine entspanntere, lockerere und privatere Atmosphäre als bei einem regulären Telefonat. In dieser gestalteten vertrauten Situation können die Gesprächspartner sich intensiver und informativer austauschen. Im Testverlauf nutzte das Pilotteam den E-Coffee, um einen neuen Arbeitskollegen in das Team einzubinden. Als Ergebnis konnte festgehalten werden, dass durch die Maßnahme interpersonelle Beziehungsstrukturen in virtueller Zusammenarbeit positiv beeinflusst werden konnten. Das Vertrauen im Team wurde durch die Anwendung des E-Coffees gefördert.

6.3.10 Formatives Feedback zum Impuls „E-Daily"

Den Impuls für den täglichen telefonischen Informationsaustausch bewerteten die Pilotteams als nützliche Anwendung, um einen groben Rahmen für den Tagesablauf und die gegenseitige Abstimmung zu erhalten. Ein ähnlicher Fragenkatalog wird bereits bei dem agilen Rahmenwerk Scrum angewendet und praktiziert. Der Fokus des E-Daily liegt in einer kurzen Teamsitzung zur Abstimmung der Teammitglieder. Die Pilotteams empfahlen, das E-Daily telefonisch durchzuführen und auf eine Videoübertragung zu verzichten. Mit dem zusätzlichen visuellen Reiz können wichtige Informationen untergehen. Zudem können die für einen kurzen Zeitraum geplanten Besprechungen aufgrund vermehrter Ablenkungsmöglichkeiten verlängert werden. In einer zweiten Testphase empfand ein Team aus einem anderen Unternehmen die Videofunktion als hilfreich, um ein Gefühl von Verbindlichkeit und Konzentration bei den Teilnehmenden zu fördern. Hier sind die verschiedenen Vor- und Nachteile individuell abzuwägen.

Beim Feedback zu einzelnen Formulierungen wurde deutlich, dass der „Baukasten-Charakter" des gesamten Tools nicht aktiv wahrgenommen wurde. Diese Rückmeldung wurde anhand eines Hinweises im Kompass verdeutlicht, der eine individuelle Nutzung im Baukasten-Prinzip empfiehlt. So wurde auch darauf verwiesen, dass Impulse als Inspiration zu verstehen sind. Es ist für einen positiven Effekt ausreichend, wenn Teams jene Punkte und Strukturen in ihre Kultur aufnehmen, die für sie entsprechend wichtig sind.

In einer zweiten Testphase mit mehr Teams empfanden die Feedbackgebenden das E-Daily als sehr wichtigen und hilfreichen Impuls, wobei der Fragenkatalog als eine gute Stütze empfunden wurde. Es wurde empfohlen, für das Team wichtige Aspekte aus dem Fragenkatalog zu identifizieren und nicht davon abzuweichen. Ein Teammitglied, das viel virtuell arbeitet, berichtete, dass sich seine Arbeit durch ein wöchentliches Jour-fixe deutlich beschleunigte und die Anzahl unproduktiver Meetings reduziert werden konnte. Dies zeigt, dass ein „E-Daily", anders als durch die Bezeichnung suggeriert, nicht unbedingt täglich stattfinden muss. Vielmehr kommt es auf einen regelmäßigen Austausch an. Um gemeinsame Teamstrukturen einzuführen, stellt der Impuls eine gute Hilfestellung dar, z. B. in Bezug auf eine regelmäßige Teilnahme. Ein weiteres Teammitglied sieht in der Anwendung des E-Daily und ähnlicher Methoden einen guten Weg, die Wettbewerbsfähigkeit im digitalen Wandel zu verbessern.

Aufgrund des Feedbacks in der zweiten Testphase wurden weitere Hinweise zur Durchführung aufgenommen. Es ist ratsam, für jedes Teammitglied eine Redezeit festzulegen, sodass der Zeitrahmen eingehalten wird und Teammitglieder so eigene Schwerpunkte setzen können.

Das befragte Team weist auf den Prozesscharakter hin, bei dem sich schrittweise eine disziplinierte Anwendung im ganzen Team etabliert. Eine regelmäßige Reflexion der Anwendung in Form einer Retrospektive wurde als sehr hilfreich eingeschätzt.

6.3.11 Formatives Feedback zum „KompassGuide"

Begleitend zum *Kompass – Zeit & Vertrauen* wurde von Studierenden eine Software programmiert, die bei der Orientierung im Handbuch unterstützen soll. Die Entwicklung der Software durchlief mehrere Stadien: Im ersten Schritt lag ein analoger Prototyp vor. Anhand der Anwendungen und Rückmeldungen aus den ersten beiden Dialogforen sowie eines Evaluationsworkshops wurde beschlossen, das Tool in eine Software zu übertragen. In analoger Form bestand das Tool aus übereinandergelegten drehbaren Scheiben, mit denen unterschiedliche Situationen durch eine Kombination von Merkmalen dargestellt werden konnten. Das sogenannte „vLead-Wheel" (s. Abschn. 6.1) sollte als Unterstützung für Teamentwicklungsmaßnahmen und Personalgespräche genutzt werden. Beim ersten Dialogforum wurde von mehreren Teilnehmenden empfohlen, weitere Funktionen zu integrieren. Ein Vorschlag konnte direkt in die analoge Version übernommen werden. Somit führten die Kombinationen der Scheibenfelder direkt zu den passenden Empfehlungen. Im direkten Zusammenhang damit stand der komplette Aufbau des Tools Kompass – Zeit & Vertrauen, sodass gleichzeitig die Navigation im Handbuch erleichtert wurde. Weiterhin wurde empfohlen, Informationen über die einzelnen Merkmale zu integrieren. In der analogen Anwendung war dies schwer realisierbar, in der digitalen Version wiederum konnte der Vorschlag eingepflegt werden.

Im weiteren Verlauf konnte über ein studentisches Projektseminar die Möglichkeit einer digitalen Version realisiert werden. Die Software mit Namen „KompassGuide" wurde in einem iterativen (schrittweisen) Prozess im Wintersemester 2019/2020 entwickelt. Parallel fand im Dezember 2019 eine Evaluation mit einer Testgruppe aus zehn Studierenden statt. Das Feedback wurde implementiert, sodass eine finale Version im Februar 2020 vorlag.

Aus dem Pilotteam wurde zurückgemeldet, dass das Tool inhaltlich einen großen Mehrwert hatte, die Anwendung des Prototyps jedoch intuitiver gestaltet werden sollte. Ein großes Potenzial wurde in dem kreativen haptischen Ansatz gesehen, das vLead-Wheel für Gespräche in der Personalentwicklung zu verwenden. Das Tool gibt dabei neue Denkanstöße, ist als flexibler Gesprächsleitfaden einsetzbar und fördert eine offene Kommunikation. Alle Kategorien und Merkmale basieren auf fundierten wissenschaftlichen Ergebnissen, die wichtige Aspekte digitaler Teamarbeit abdecken. Das Pilotteam und die Testgruppe fanden das Tool in der getesteten Funktion als Gesprächsleitfaden sinnvoll.

Auf Basis der Evaluation der Software in einer Gruppendiskussion wurde ein Tutorial gestaltet. Zudem wurde die Darstellung für „Windows-Fenster" vereinheitlicht, da sie im Test nicht bei allen Endgeräten korrekt funktionierte. Zudem ist deutlich geworden, dass die Einführung der Software von einer Person begleitet werden sollte, welche die Anwendung und den Sinn verstanden hat. Während die User Experience und Selbstbeschreibungsfähigkeit als gering eingestuft wurden, wurde die Erlernbarkeit und Steuerbarkeit als hoch eingestuft. Der KompassGuide sollte demnach als Maßnahme nicht alleinstehen. Vielmehr kann er in Kombination mit dem Kompass – Zeit & Vertrauen im Rahmen von Maßnahmen der Team- und Organisationsentwicklung sein Potenzial als Impuls entfalten. Ein weiteres hilfreiches Feedback war, dass Anwendende nicht von allein wissen, welche Buttons zu ihrer jeweiligen Situation passen. Als wirksame Hilfestellung erwies sich hier, für jede Ebene eine Frage eingeblendet zu bekommen, welche im Tutorial eingebunden wurde.

6.3.12 Summatives Feedback

Ob und inwiefern der *Kompass – Zeit & Vertrauen* tatsächlich hilft, Zeitkompetenz und Vertrauen in virtuellen Teams zu fördern, wurde durch ein summatives Feedback erfasst. Anschließend an die Phase des formativen Feedbacks ging es hierbei darum, die Wirksamkeit der Maßnahmen zu beurteilen. Die Maßnahmen kamen über einen Zeitraum von mehreren Monaten in den kooperierenden Umsetzungs-Unternehmen zum Einsatz und waren unterschiedlich auf die Unternehmen verteilt. Gemäß dem Anspruch des Handbuchs, ein Baukastensystem zu bieten, wurden gezielt passende Instrumente in verschiedenen Teams eingesetzt. Die Veröffentlichung des Kompass – Zeit & Vertrauen verzögerte sich zwar aufgrund der Pandemie, doch den Unternehmen standen die Inhalte nach einer Anpassung gemäß dem formativen Feedback bereits im April 2020 zur Verfügung. Im Juni wurde in einem Bilanz-Workshop ein abschließendes Feedback der kooperierenden Umsetzungs-Unternehmen zusammengetragen, das im Kreis weiterer Teilnehmender aus Wissenschaft und Praxis diskutiert wurde. Zudem haben Ansprechpartnerinnen und Ansprechpartner aus den Unternehmen ihr Feedback je nach Bedarf telefonisch, über Befragungsbögen oder per E-Mail kommuniziert. Im Folgenden werden die gesammelten Rückmeldungen zusammengefasst.

Grundsätzlich wurde zurückgemeldet, dass die Instrumente im Kompass – Zeit & Vertrauen sehr hilfreich waren. Zudem berichteten die befragten Unternehmen, bei Anwendung gut auf die Corona-Krise und das verstärkte virtuelle Arbeiten vorbereitet gewesen zu sein. Es wurde angemerkt, dass Prozessfeedback nicht überall in einem angemessenen Ausmaß praktiziert wird, obwohl es sehr hilfreich ist. Außerdem ist es gemäß der Befragten wichtig, bei der Implementierung auch viel „Kulturarbeit" zu leisten, also Maßnahmen zur Entwicklung einer vertrauensvollen Kommunikations- und Unternehmenskultur zu etablieren. Als wichtigste Erfolgsfaktoren wurden gemeinsame Erwartungen der Beteiligten, ausreichend Zeit zur Konzeption, Durchführung und Reflexion sowie eine nachhaltige Entwicklung genannt. Dabei ist das „Commitment" des Managements maßgeblich. Auf Team-Ebene wurde empfohlen, bei der Auswahl der Maßnahmen eine Prioritätenliste zu erstellen, da jedes Team individuelle Bedürfnisse hat. Zudem erschien eine Analyse des aktuellen Ist-Zustands als sehr wichtig. Bei der Anwendung der Instrumente wurden einige positive Entwicklungen besonders hervorgehoben. In einem Unternehmen wurde auf Basis der Instrumente eine Leitlinie für virtuelle Meetings auf organisationaler Ebene erstellt, die dynamisch anpassbar ist und sich sehr gut bewährt hat. Die aktive Auseinandersetzung mit der Organisation virtueller Meetings half den Befragten sehr. Auch für den Einarbeitungsprozess neuer Mitarbeitender wurden die Instrumente als hilfreich empfunden.

Die Instrumente „Impuls: E-Coffee" und „Impuls: E-Daily" wurden sehr gut angenommen und wurden von einigen Befragten als gut etabliert beschrieben. Zu diesen beiden Impulsen gab es das meiste positive Feedback. Der E-Coffee wird als motivationsfördernd wahrgenommen und viele Mitarbeitende sind davon begeistert. Besonders während der Pandemie wurde der E-Coffee sehr geschätzt. Das E-Daily wurde als hilfreich beschrieben, um einen schnellen und unkomplizierten Austausch zu fördern. Speziell in Zeiten von Corona wurde das Instrument sehr gerne genutzt. Dabei ist jedoch zu berücksichtigen, dass es nicht zu einer Methodenüberforderung, also Stress durch eine Vielzahl an (agilen) Methoden kommen sollte. Es besteht ein Spannungsfeld zwischen Austausch und Transparenz, welche gestärkt werden sollen, und der Zeitinvestition, die möglichst geringgehalten werden soll. Dabei sollten die Beteiligten Empathie nutzen, um das richtige Maß zu finden.

Die vier Instrumente „E-Talk", „Dashboard", der „Impuls: Ready to fly" und „E-Leadership-Kompetenz" wurden ebenfalls als sehr nützlich empfunden. Der E-Talk wird geschätzt, da durch die Anwendung ein einheitliches Verständnis für eine Kommunikationskultur geschaffen werden kann. Eine Befragte berichtete, dass sie bislang noch nicht durchgängig Einladungen mit Agendas verschickt hatte und dies seit einem vLead-Workshop nun konsequent macht. Das Dashboard wurde mehrfach dafür gelobt, dass der Einsatz des Instruments Orientierung schaffte. Nach dem Einsatz in Pilotteams soll es jetzt gemäß einer Befragten auch unternehmensweit eingesetzt werden. Der Impuls: Ready to fly überzeugt durch die einfache Handhabung und Anwenderinnen und Anwender berichten von einem positiven Einstieg in Meetings. Das Instrument E-Leadership-Kompetenz wird von Führungskräften und sonstigen Verantwortungstragenden geschätzt, da es die Selbsteinschätzung und die eigene Entwicklung unterstützt. Es stellt eine gute Reflexionshilfe für verschiedene Aspekte der Führung dar. Ein Befragter berichtete, dass er sich aktiv damit befasst hatte, die Handlungsfelder aus dem Instrument zu testen, und sie in seiner täglichen Arbeit ausprobierte.

Die Vereinbarung – Zeit & Vertrauen wurde kontrovers diskutiert. Wenn Vertrauen gegeben ist, kann das Instrument als Ergänzung zum E-Talk sinnvoll eingesetzt werden. Wenn die Unternehmenskultur jedoch nicht auf Vertrauen aufbaut, dann wird das Instrument daran wenig ändern. Es wurde angemerkt, dass die Vereinbarung – Zeit & Vertrauen besonders in Ausnahmesituationen, wie aufgrund der Corona Pandemie 2020/21, wichtig sein kann. Die Erwartungen an das Instrument sollten jedoch im Kontext des Teamvertrauens betrachtet werden.

Analog zum formativen Feedback ist auch in der summativen Evaluation deutlich geworden, dass das Thema Überlast sehr individuell ist. Aussagen zur Wirksamkeit können aufgrund von Einzelfällen nicht gemacht werden. Die Befragten berichteten vielmehr, worauf es bei der Prävention und dem Umgang mit Überlast ankommt. Dabei sollte gemäß der Befragten der präventive Charakter im Vordergrund stehen. Ob Maßnahmen wirksam sein können, hängt stark von der Unternehmenskultur ab. Es wurde berichtet, dass Führungskräfte für das Thema sensibilisiert und unterstützt werden sollten. Gemäß dem agilen Ansatz besteht eine wirksame Methode zur Vermeidung von Überlast darin, „work in progress", also die Anzahl gleichzeitig bearbeiteter Aufgaben, zu limitieren. Ein transparentes System kann dabei helfen, eine ständige Überforderung durch zu viele Aufgaben sichtbar zu machen.

Zum Abschluss wurde in einem Unternehmen, das die Maßnahmen schon am weitesten ausgerollt hatte, eine Befragung anhand von Bewertungsbögen durchgeführt. Dabei sollten die einzelnen Instrumente anhand der folgenden Kriterien bewertet werden: „für mich persönlich", „für andere", „zur Optimierung der Zeitkompetenz", „für Vertrauen im Team", „zur Optimierung des Prozessfeedbacks", „zur Steigerung der Produktivität" und „zur Inspiration". Es wurden 19 Bewertungsbögen eingereicht, in denen die Instrumente in einem Schulnotensystem bewertet wurden. Die Impulse wurden für die summative Evaluation zu einem Instrument zusammengefasst. Die Teammitglieder haben immer nur die Instrumente bewertet, die sie selbst getestet haben, daher gibt es bei dem Unternehmen, bei dem die Bögen ausgefüllt wurden, für drei Instrumente nur ein bis zwei Rückmeldungen. Somit sind Aussagen über diese drei Instrumente, E-Leadership-Kompetenz, die Vereinbarung – Zeit & Vertrauen sowie das Overload-Instrument, auf Basis der Bewertungsbögen nur bedingt aussagekräftig. Zum Dashboard gab es die meisten Rückmeldungen, weil es im Unternehmen am häufigsten (n = 17) angewendet wurde.

Die Instrumente wurden insgesamt in allen Kategorien mit „gut" bewertet. E-Talk wurde insgesamt mit „sehr gut" bewertet. Das Dashboard wurde insgesamt und zur Steigerung der Produktivität positiv bewertet. Unter allen Instrumenten wurde die Steigerung der Produktivität am ehesten durch das Dashboard unterstützt. Die Vereinbarung – Zeit & Vertrauen wurde besonders zur Optimierung der Zeitkompetenz und für das Vertrauen im Team als nützlich empfunden. Das Overload-Instrument hat nur eine Person bewertet, sie fand es besonders als Inspiration sehr hilfreich. Die besten Wertungen insgesamt hatten die Impulse, die sowohl aus persönlicher Sicht als auch für andere sehr gut bewertet wurden. Diese Impulse haben laut den Befragten besonders zum Vertrauen im Team, zur Optimierung des Prozessfeedbacks und zur Inspiration beigetragen.

Abschließend ist festzustellen, dass das Angebot aus verschiedenen Instrumenten für die Unternehmen insgesamt hilfreich war, da aus einer Auswahl die jeweils passenden Instrumente herausgesucht und angewendet werden konnten. Auch die Rahmenbedingungen können zwischen einzelnen Teams stark variieren. Zudem variiert auch die Frequenz teaminterner Absprachen und somit die Intensität, mit der die Instrumente angewendet werden. Besonders deutlich war die Wirksamkeit bei dem Thema Kommunikation zu beobachten. Maßnahmen zur Gestaltung der Kommunikation und des Prozessfeedbacks sind direkt auf der Gestaltungsebene angesiedelt, wodurch es leichter ist, direkte Erfolge zu messen. Beispielsweise schätzten die Befragten Impulse für die Gestaltung von virtuellen Meetings besonders. Der gezielte Einsatz von Instrumenten für die Arbeit in virtuellen Teams wurde zudem hervorgehoben. Eine Befragte stellte fest, dass oft eine Fokussierung auf „Collaboration-Tools" stattfindet. So leistet der Kompass – Zeit & Vertrauen einen Beitrag zur Förderung von virtuellen Kommunikationsstrukturen.

Literatur

Bulger, C. A., Matthews, R. A., & Hoffman, M. E. (2007). Work and personal life boundary management: Boundary strength, work/personal life balance, and the segmentation-integration continuum. *Journal of Occupational Health Psychology, 12*(4), 365–375. https://doi.org/10.1037/1076-8998.12.4.365

Fonner, K. L., & Stache, L. C. (2012). All in a day's work, at home: Teleworkers' management of micro role transitions and the work – home boundary. *New Technology, Work and Employment, 27*(3), 242–257. https://doi.org/10.1111/j.1468-005x.2012.00290.x

Germain, M. L., & McGuire, D. (2014). The role of swift trust in virtual teams and implications for human resource development. *Advances in Developing Human Resources, 16*(3), 356–370. https://doi.org/10.1177/1523422314532097

Hellert, U. (2018). *Arbeitszeitmodelle der Zukunft. Arbeitszeiten flexibel und attraktiv gestalten. Inklusive Arbeitshilfen online* (2. Aufl.). Haufe Gruppe.

Hellert, U. (2019). Gesundheitsgerechte Vertrauensarbeitszeit. In A. Gerlmaier & E. Latniak (Hrsg.), *Handbuch psychosoziale Gestaltung digitaler Produktionsarbeit* (S. 439–444). Springer Gabler.

Jett, Q. R., & George, J. M. (2003). Work interrupted: A closer look at the role of interruptions in organizational life. *Academy of Management Review, 28*(3), 494–507. https://doi.org/10.5465/amr.2003.10196791

Luhmann, N. (2014). *Vertrauen* (5. Aufl.). UVK.

Mander, R., Müller, F., & Hellert, U. (2018). *Gewährte und gebotene Flexibilität in virtuellen Teams.* Posterpräsentation beim 6. Symposium der Arbeitszeitgesellschaft, BAuA, Oktober 2018, Dortmund.

Mander, R., Hellert, U., & Müller, F. (2019). Gestaltungsansätze in virtuellen Kooperationsstrukturen: Zeitkompetenz und Vertrauen. In Gesellschaft für Arbeitswissenschaft e.V (Hrsg.), *Arbeit interdisziplinär analysieren – bewerten – gestalten, C.6.3.* GfA Press.

Mander, R., Müller, F., & Hellert, U. (2020). *Kompass – Zeit & Vertrauen (eBook).* MA Verlag.

Moser, K., Preising, K., Göritz, A. S., & Paul, K. (2002). Steigende Informationsflut am Arbeitsplatz: belastungsgünstiger Umgang mit den neuen Medien (E-Mail, Internet). *Bundesanstalt für Arbeitsschutz und Arbeitsmedizin*, Dortmund u. a.

Olpe, H. R., & Seifritz, E. (2014). Bis er uns umbringt? In *Wie Stress Körper und Gehirn attackiert – und wie wir uns schützen können.* Verlag Hans Huber.

Schaufeli, W. B., Bakker, A. B., & Van Rhenen, W. (2009). How changes in job demands and resources predict burnout, work engagement, and sickness absenteeism. *Journal of Organizaional Behavior, 30*(7), 893–917. https://doi.org/10.2307/41683873

Schulz-Dadaczynski, A., Junghanns, G., & Lohmann-Haislah, A. (2019). Extensives und intensiviertes Arbeiten in der digitalisierten Arbeitswelt – Verbreitung, gesundheitliche Risiken und mögliche Gegenstrategien. In B. Badura, A. Ducki, & H. Schröder (Hrsg.), *Fehlzeiten-report 2019* (S. 267–283). Springer.

Tuckman, B. W., & Jensen, M. A. C. (1977). Stages of small-group development revisited. *Group & Organization Studies, 2*(4), 419–427. https://doi.org/10.1177/105960117700200404

Welpe, I. M., Brosi, P., & Schwarzmüller, T. (2018). *Digital work design: Die Big Five für Arbeit, Führung und Organisation im digitalen Zeitalter.* Campus.

SPRINGER NATURE

GPSR Compliance

The European Union's (EU) General Product Safety Regulation (GPSR) is a set of rules that requires consumer products to be safe and our obligations to ensure this.

If you have any concerns about our products, you can contact us on ProductSafety@springernature.com

In case Publisher is established outside the EU, the EU authorized representative is:

Springer Nature Customer Service Center GmbH
Europaplatz 3
69115 Heidelberg, Germany

Kolibri 360 GmbH
Ferdinand-Jühlke-Straße 7
99095 Erfurt, Deutschland
produktsicherheit@kolibri360.de